CULPEPER'S
COMPLETE H

カルペパー
ハーブ
事典

Nicholas　　　　Culpeper

ニコラス・カルペパー 著
監修：木村正典　訳：戸坂藤子

注　意

本書は、17世紀に書かれた歴史的書物です。
できる限り原書に忠実に翻訳しています。
本書に記載されているハーブ、その他全ての効能については
17世紀当初のものです。

現代において、医療用、飲用及び外用として
紹介するものでは決してありません。
使用すると体に害を及ぼす可能性があります。
実際には、使用することは一切せずに、
歴史的資料として御覧ください。
万が一、使用して生じた一切の損傷、負傷、
その他についての責任は負いかねます。

Contents

◆ ニコラス・カルペパーの業績と『カルペパー ハーブ事典』の価値
　　　　　　　　　　　　　　　　　鏡リュウジ
　　　　　　　　　　　　　　　　　　　　　　　　　4

◆ 『読者への手紙』〜ニコラス・カルペパー 序文〜
　　　　　　　　　　　　　　　　　　　　　　　　　9

◆ ハーブ事典《属性と効能》
　　　　　　　　　　　　　　　　　　　　　　　　　15

◆ ハーブの収集、保存法とシロップなどの作り方
　　　　　　　　　　　　　　　　　　　　　　　　　541

　　第1部　ハーブの収集・乾燥・保存の方法
　　第2部　化合物のつくり方と保存の方法

付　録

- 英国の医療と家庭の調剤解説書
  （English Physician一部抜粋）
- ハーブの気質と度数
- 季節・元素・気質・人生の段階
- 各惑星に対応する身体部分と性質及び四体液
- 12星座と対応する身体部分
- 原書ハーブ名と別名対応表
- 単位換算表

ニコラス・カルペパーの業績と
『カルペパー ハーブ事典』の価値

鏡リュウジ

　　占星術抜きの医術は、オイルのないランプのようなものである。
——ニコラス・カルペパー

　ついにこの日がきました。17世紀の伝説的なハーバリスト（本草学者）にして占星術師、ニコラス・カルペパーによる名高い『カルペパー ハーブ事典』（Culpeper's Complete Herbal）が日本語で、しかもわかりやすいスタイルで気軽に読むことができるようになったのです。

　この本の原書は、この種の薬草事典としては知識人にしか読めないラテン語ではなく、一般市民にも読める英語で書かれた初めての本であり、初版の刊行以後、350年近くも一度も絶版にならずに今に伝わる、稀有の生命力を示している書物であります。この本が癒しの世界に与えた影響力は測りしれません。

　ニコラス・カルペパーの名前は、もしあなたがアロマセラピーやハーブについて、あるいは占星術について学んでおられるとしたらきっとたびたび耳にされていると思います。

　カルペパーが駆け抜けるように生きたのは、イギリスが議会派と王党派の真っ二つに別れ内乱状態に陥り、ついには国王チャールズ１世が処刑されるという激動の時代。またこの時代は政治的な激動に揺らいだということだけではなく、科学や文化面でも伝統的な世界観から真の意味で近代的な世界観への移行期であるという意味でも、歴史上大きな転換

点でもありました。そして、カルペパーはまさにその時代そのものを凝縮したような人物なのです。

　ニコラス・カルペパーは1616年10月18日正午過ぎ、おそらくサリー州オクリーに生まれ54年に38歳の短く濃い人生を終えました。
　聖職者の家系に生まれるものの、父親はニコラスの誕生直前に他界。母方の祖父である、やはり聖職者のウィリアム・アタソルの強い影響下で幼年期から少年期を過ごします。この祖父はケンブリッジ大学で二つの学位を取得した学者であり、孫の将来には大いに期待していたようで、幼いニコラスにラテン語、ギリシャ語の教育を施した上で、16歳のニコラスをケンブリッジ大学へ送り込みます。自分と同じような聖職者になることを望んでのことでした。
　しかし、10歳のころからニコラスはすでに占星術や薬草学への興味を抱いていたようで、神学への関心がどの程度のものだったかは判然としません。
　結論からいえばニコラスは1年もしないうちにケンブリッジ大学を離れることになります。最大のきっかけはロマンスでした。
　ニコラスはある女性と恋に落ち、駆け落ちをはかります。しかし、待ち合わせ場所に向かう途中、その女性は雷に打たれて命を落としてしまいます。ニコラスはすっかり憔悴し学問への意欲を失った上、この事件に立腹した祖父から学費の援助も打ち切られ、ロンドンの薬局（アポカセリー）へ丁稚奉公させられることになります。これがカルペパーの人生を決定づけました。
　1640年頃にはロンドンのスピタルフィールドのレッドライオンスクエアで自ら開業。多くの患者を集めるようになります。
　さらにカルペパーの名声を確たるものにしたのは49年に出版した『ロンドン薬局方』（A Physical Directory)の英訳でした。これは英国の医師会が作成していた処方箋集ですが、もともとはラテン語で書かれてい

ました。医師会はラテン語を用いることで自分たちの知識を独占していたわけですが、カルペパーが許可もなくこの処方箋を英語にしてしまったがゆえに激怒、カルペパーを強く糾弾します。

しかし、カルペパーはひるむことなく反論、52年には本書の原本である『英国の医療』(The English Physician) を出版します。同じく、この本もたくさんの人が読むことができる英語で書かれたのです。そしてこれら二つの書は三百数十年もの間、かたちを変えつつも一度も市場から姿を消すことなく今日に伝わっています。今回、邦訳出版された本書はその流れを受け継ぐものです。

敬虔なピューリタンであり、政治的な立場としては議会派であったカルペパーは、つねに貧しい人、庶民の側に立とうとしました。貧しい人からは安い費用で治療にあたり、1日に何十人もの患者を診療したといいます。この書は英語で書かれた上に、構成も読みやすく、また価格をなるべく下げるようにと原書では挿絵もなく、またボリュームを減らすべく誰もが知っている植物については叙述を省くなど徹底して低コスト化をはかり、30シリングで発売することになりました。

ここには自らの政治的信念に基づき、内乱時には戦地の最前線に赴いたカルペパーの情熱を見ることができます。ちなみにカルペパーは戦場で弾を受け、傷を負い、これがカルペパーの早い死の一因になったとも考えられます。(カルペパーの出生ホロスコープは彼が短気で頑固な胆汁-憂鬱質であることを示しています)

カルペパーを理解するためには、17世紀中葉当時の英国における医療事情を知ることが不可欠です。真の意味で近代的医学、人体観の誕生はウィリアム・ハーヴェイによる「血液循環論」が重要な契機だとされます。これは心臓をポンプだとみなし、機械論的な人体観への歩みを打ち出すわけですが、その出版は1628年。この説はすぐには受け入れられませんでしたが少なくとも近代科学がはっきりした輪郭を示し始めた時代です。

医学の内実も過渡期にありましたが、同時に、制度的にも医療は過渡

期にありました。法の上ではロンドンとその周囲においてはオックスフォード、ケンブリッジ大学の学位をもつか、あるいは王立医師会から免許を与えられたもののみに、それ以外の地方では学位があるか司教から免許を与えられた人々に開業の許可が与えられていました。しかしそうした知的エリートだけでは、大衆のニーズに応えることは全くできません。計算上、ロンドンでは「公的」医師一人が五千人もの人々をカバーしなければならない状況だったのです。

1524年には、民間治療者も代金さえとらなければ治療にあたってよいという法律が制定されますが（偽医師法と悪名高い）その背景にはこのような事情もあったのでしょう。今日につながるように大学出の医師たちが専門職として制度化されていく一方で、「医師」よりはるかに多くの民間治療者たち…薬剤師や産婆や呪術師たち…が人々の治療に当たっていたわけです。彼ら民間治療者が向き合ったのは、多くは貧しい人々であったでしょう。

カルペパーが果敢にも体制派の医師の権威に挑んだのにはこうした背景があります。

同時に占星術の評価も現在とはまったく違いました。占星術は現在では科学としての医学とは正反対のロマンチックな迷信だと捉えられがちですが、当時はまだれっきとした学問であり、とくに医学とは不可分の関係にありました。当時の医師たちは当然のごとく占星術の知識も持っていました。

当時の主流の医学はギリシャのガレノス以来の体液説に基づくものでした。体内の四種類の体液…血液、胆汁、粘液、黒胆汁…のバランスが人体の健康を決定づけるとされていたわけですが、その体液はさまざまな条件でバランスが変動するとされました。そして四つの体液は風、火、水、地の四大エレメントに対応し、それらは自然界の熱・冷・乾・湿の状況に影響されるというアリストテレスの世界観が当時の常識だったのです。そして、この熱や冷とした質は季節に代表されるように太陽や月、

惑星の運行と連動していると考えられていたのでした。

　本書にはそれぞれの植物の効能（Virtue）の最初に、対応する惑星が挙げられています。現代人には奇異に見えますが、これは当時は必須の条項でした。

　今でも寒い時には生姜をとって体を温めることが当たり前のように行われていますが、生姜に含まれるジンゲロールという体をあたためる物質の存在が知られていない当時においては、生姜が身体を温める作用はまさに「隠された自然の徳目」《＝オカルト・ヴァーチュー》だったのです。だってそうでしょう？　生姜自体は熱くないのに体を温めます。これは熱の性質が生姜のなかに隠されている（＝オカルト）ことの査証であり、その性質は熱い天体である火星に由来するとされていたのです。

　カルペパーら占星医術者たちは、患者の出生ホロスコープや相談が持ちかけられたときの星図を参照しながら、患者に益するハーブを処方していたわけで、カルペパーはその知識を広く万人のものにしようと生涯をかけて戦ったのです。そう、ミントもローズマリーもカモマイルも、いくらでも自生しています。知識さえあれば癒しへの手がかりは貧しいものにも与えられることになるのです。

　ついでに言うと、抗生物質もなく近代的な科学知識も未成熟であった時代、多くの医師が行っていた主な治療法は瀉血（血を抜く）と下剤処方という荒っぽいものであったわけで、皮肉なことにその治療効果はもしかしたら薬草を用いる占星術のほうに軍配が上がったかもしれません。少なくとも激しい瀉血や下剤より危険はずっと小さかったことでしょう。

　紙幅の都合もあり、カルペパーの業績についてここでは詳述できませんが、幸いカルペパー研究の第一人者であるグレアム・トービン著の『占星医術とハーブ学の世界』（原書房）が邦訳出版されていますので、興味をもたれた方はぜひ、そちらを参照していただきたいと思います。

　権威に屈せず、万人の健康を願って戦い続けたカルペパー。その大きな遺産が、今、ここに蘇ります。

読者への手紙 〜ニコラス・カルパパー序文〜

　今回の改訂では全頁にわたって大幅に加筆をしたことを、最初に記しておく。小型サイズの聖書と同じ活字を使って刷られた私の著作は、多くの偽物が出まわっている。それらの偽物にはどの頁にも山のように誤りがあるため、鵜呑みにするときわめて危険である。そこで、ここで広く警告しておきたい。とはいえ、さしあたり私にできるのは、読者諸賢に本物と偽物を見分けるための注意を以下に記すことだけだ。

　注意その１：本物には各頁の上部に『THE COMPLETE HERBAL AND ENGLISH PHYSICIAN ENLARGED』と題名が記されている。一方で、小型サイズの偽物には『THE ENGLISH PHYSICIAN』とだけ記されている。

　注意その２：本物には「季節」の項目のあとに「属性と効能」という項目がある。小型サイズの偽物には「季節」のあとが「効能と使用法」という項目名になっている。

　注意その３：本物は小型サイズの聖書に使われているのと同じように、偽物よりも大きい活字が使われている。

　続いて、本書の内容について説明したい。

　私をのぞき、ハーブの性質に関するこれまでの書籍の著者たちは、個々のハーブが人体の特定の部位への使用に適している根拠や、あるハーブが特定の病気を治す理由についてはいっさい説明していない。私は病を得たことで、健康こそがこの世で何よりも貴重な宝であることを難なく理解できるようになった。その真理を信じられないのは、健康を害したことのない者だけだ。そこから私は、薬物というものはすべてハーブ、根、花、種などの化合物であると考えるようになり、それをきっかけに薬草(シンプルズ)の性質についての研究を始めた。そうしたハーブのほとんどは、どこかで見たことがあるものだった。ただ、どの書物を読んでも、

その内容は満足するにはほど遠いものばかりだった。いずれの著者の言葉も信頼できず、そのまま受け入れることなどできなかった。そのため、彼らが語っていることや、行っていることすべての根拠を見つけ出すことに心血を注ぎたいと願うに至ったのである。理性こそが人間と獣を分けると言われるが、それが真実だとしたら、理性によって判断し記述するのではなく、古い著作をそのまま引用するだけという態度はいかがなものであろうか。おそらくそうして引用されたいにしえの書物の著者たちは、自らの言葉の根拠を知っていたのであろう。しかし、今日の著者たちにはその知識はないのだ。ひるがえって、私たちはその根拠を知っているだろうか。実のところ私は、本書を執筆するにあたり、まず自らを満足させるため、ごく普通に使われている一般的なハーブ、植物、樹木などの効能すべてを、これまでに自分が読んだなかではもっとも優れた、あるいはもっとも評価が高い書物から書き出してみた。そしてすべてを書き終えると、それぞれの論拠を調べはじめた。この神の創りたもうた世界は、そしてそこにあるすべての事物は、相反する要素がからみ合って形づくられていること、その調和は偉大な神の叡智と力なくしてはあり得ないことは十分によく理解している。この世界は相反するものの雑多な集まりでありながら、結びついた一つの存在であること、そして人間はその縮図であることもよく理解している。病気と健康という面だけを見ても、人間の心身のさまざまな変化は、小宇宙のさまざまな作用によって自然に引き起こされることを（神にしかわからない目的があるのかもしれないが）理解している。原因がそこにあるなら、治療も同じであってしかるべきだ。それゆえ、ハーブが効果をもたらす理由を知るためには、占星術の知識をもって空高く星を見あげなければならない。病気が星のさまざまな動きに従って変わることには日頃から気づいていた。原因とその影響が密接に結びついていることはすぐにわかる。それで私は、ハーブ、植物などの作用が星の影響を受ける理由を突き止めることを目指すようになったのである。そして、卵が肉で満たされているというに等しいでたらめや矛盾を並べたてる著者たちが少な

からずいることを知ることとなった。私にとっては嬉しくも得になることでもない。そこで理性と経験をもとに、自然を探求することにした。そして理性と経験に助けられ、勤勉に研究に励んだ結果、ついに望みをかなえることができた。そしてこの時代にあっては珍しい正直さを発揮して、この本を世に送り出すことになった次第である。

とはいえ、こんな声が聞こえるようだ。〝これまでに数多くの有名で知識豊かな人々が、おまえよりもはるかに多くのことを英語で書き記してきたというのに、今さらこの話題について書く必要があったのか？〟

この問いには、こう答えよう。ジェラルドもパーキンソンも（訳注：どちらも同時代の偉大な植物学者、ハーバリスト）、それに劣らぬ優れた論文を書いた他の者たちも、その執筆に大義名分などなかった、と。彼らとて、歴史ある学府で医術を学ぼうとする若き学徒たちに、あたかもオウムにしゃべり方を仕込むのと同じように教えようとしただけなのだ。立派な著者がそう言ったら、真実だと言えるのか。もし立派な著者たちのすべてが真実を語っているなら、どうして彼らは互いを否定し合うのだろうか。しかるに私の著作は、理性の目で読みさえすれば、書かれていることすべてに理由が記されていることがわかるはずだ。そこから医術の基礎と本質を見つけ出すことができるかもしれない。自分が何を、何ゆえにすべきか、わかるかもしれない。それはこれまで（私の知る限り）なかったことであり、私は先駆者と呼ばれるにふさわしいと自負している。

あとは、二つのことを書けば十分である。
1．本書がもたらす利益と恩恵は何か
2．その使い方に関する指示

1．本書がもたらす利益と恩恵、そして賢明な者であれば得られるはずの示唆はとても多い。それを一つずつ並べあげていたら、この序文だけで本文と同じ長さになってしまうほどである。ここでは、いくつか一般的なことがらについて記すにとどめたい。

第1に、本書をひもとけば、ハーブや人体に対する星の影響のなかに、神が創造した世界の素晴らしい調和を見ることができる。ある創造物の一部が、いかにして他の一部に従属しているか。すべては人が使うためにあり、創造物のなかに神の無限の力と叡智がひそんでいる。その意味で、喧騒派(ランターズ)の信者たちの純朴さにはある意味感心させられる。その神秘が誰の目にも明らかだというのに、創造物を見てもそれがいにしえの時よりただそこにあるだけという、愚かきわまりない考えを持てるのだから。その謎をひもとくあかしは、聖書の次の言葉にあるだろう。ローマ人への手紙第1章20節「神の見えない性質、すなわち神の永遠の力と神性は、天地創造このかた、創造物において知られていて、明らかに認められるからである。したがって、彼らには弁解の余地がない」──ある詩人がさらに優れた教えを記している。

「汝の考えから神が通り過ぎることはない、 神のイメージはあらゆる草に刻まれている」

　これはたしかに真実である。神はあらゆる創造物に自らのイメージを刻みこんだ。それゆえに創造物の乱用は大罪である。しかし、もしすべてのハーブの効能と作用のなかに世界の調和を考えるようになれば、神の叡智と偉大さがいっそう明らかとなるだろう。

　第2に、本書によって、アダムが堕落する前に持っていた無限の知識の一端に触れることができるかもしれない。アダムは創造物を見ると、その性質に従って名前をつけることができた。そのことを知れば、あなたは自らの無知を、そして人間がどれほどに深く堕落したかを改めて思い知らされ、その一点において謙虚にならざるを得ないだろう。

　第3に、もしあなたが正しい目的で医術をきわめるつもりなら、本書はその研究を始める正しい第一歩となる。ここには医術のすべてを支える理論があるからである。かつて私は『Astrological Judgement of Diseases』(「病気の占星術的判断」未訳)を書いた。ある占星術の講義

の折に読み、印刷し、題をつけたものだが、そのなかですべての病気の原因は（第二の原因として）惑星にあること、さらにどの惑星がどの病気をもたらすかということが、どうすればわかるかを説明した。本書を読めば、どの惑星が共感と反感という二つの作用によって病気を治すかがわかる。かくして最後の指示を記す。

　本書を正しく使うために──
　最初に簡潔に述べておく。本書では、ハーブ、植物などがそれぞれに対応する惑星へ割りあてられている。それゆえに、最初に、どの惑星が病気の原因となっているか考える。それは、先に記した『Astrological Judgement of Diseases』に記されている。
　第2に、その病気により体のどの部位が悩まされているかを考える。肉、血液、骨、もしくは体腔のいずれであるか。
　第3に、悩まされている体の部位が、どの惑星によって支配されているのかを考える。それもまた、『Astrological Judgement of Diseases』に記されている。
　第4に、病気に対しては、原因となる惑星に対抗している惑星のハーブを使って治すことを試みてもよい。たとえば木星の病気には水星のハーブを使う。その逆でもよい。ルミナリーズ、すなわち太陽と月の病気には土星のハーブを使う。その逆でもよい。火星の病気には金星のハーブを使う。その逆でもよい。
　第5に、ときとして共感によって病気を治す方法もあり得る。すなわち、すべての惑星には自らが引き起こす病気を治す力がある。たとえば太陽と月は自らが司るハーブにより目を癒す。同様に、土星は脾臓を、木星は肝臓を、火星は胆嚢や胆汁の病気を、金星は生殖器の病気を癒す。

レッド・ライオン通りの近く
スピタルフィールズの寓居にて
1653年9月5日
ニック・カルペパー

最愛の妻 アリス・カルペパーへ

いとしい妻よ

　私が世に向けて送り出したこれまでの著作は（無教養な医師たちに妬まれはしたが）、絶賛されてしかるべきものばかりであるから、私が遺すあらゆるもの、とりわけこの傑作は自信をもって出版するとよい。この本は、私の友人や広く一般の人々に、『ロンドン薬局方』や、比類なき名著『Astrological Judgement of Diseases』、『English Physician（注：巻末付録抄訳掲載）』にまさるとも劣らぬ利益を間違いなくもたらすことができるのだから。

　ここには、私が長いあいだ胸に秘めてきた至高の秘密が明かされている。それらは、日々の実践のなかで手に入れてきた奥義であり、私の名声を高める源泉ともなっていた。その奥義を公開すれば、おまえは世間から大いにたたえられることだろう。そしてそれにより、私の名声はいつまでも語り継がれることになるだろう。だが、どうやら私の人生と研究に与えられた時間は終わりが近いようだ。そろそろ、太陽のもとにあるすべての事物に別れを告げねばならない。さらば、いとしい妻と子よ。さらば、心から愛する芸術と科学よ。さらば、この世のすべての栄光よ。そして読者の皆さんも、さようなら。

ハーブ事典
《属性と効能》

ハーブの順序は原書の掲載に準じています。

CULPEPER'S
COMPLETE HERBAL

AMARA DULCIS
アマラ・ドゥルキス

モータル、ビタースイート、ウッディ・ナイトシェード、フェロンワートとも呼ばれる。

特徴

ごつごつした茎は人の背丈ほど、ときにそれ以上の高さになる。葉は冬の訪れとともに落ち、春には同じ茎からまた芽吹く。枝は白っぽい樹皮に包まれ、中心に髄を持つ。主枝は巻きひげのついた多数の小枝に分かれ、そのひげが蔓（つる）のように近くのものにからみつく。たくさんの葉をばらばらと、規則性なくつける。葉は長くて幅広、先がとがっている。その多くは葉柄の付け根に小葉を2枚伸ばす。小葉は1枚だけのこともあれば、まったくないものもある。葉は薄緑色。花はヴァイオレットによく似た紫色で、多数が固まって咲く。実は最初は緑色だが、熟すと真っ赤になる。食べてみれば、ビタースイーツとも呼ばれるとおり、最初は甘く、あとで苦くなる。

分布

イングランドのほぼ全土に自生する。とりわけ湿った日陰を好む。

季節

葉は3月の終わりに出る。花は7月に咲き、通常、種はそのすぐあとの翌月に熟す。

✳ 属性と効能 ✳

 水星が支配する（ハーブとしての薬効が現れにくい）。

 人や動物にかけられた魔法、さらに突然の病をとり除く効能がある。首にかけて結ぶと、めまいやふらつきに対する治療法の1つとなる。ドイツでは、飼っている牛がそうした疾患にかかったとき、首にこのハーブをかける。田舎の人々は実をすりつぶして、ひょうそと呼ばれる手足の指の炎症につけて治す。

 木と葉を一緒に1ポンドとり、木はすりつぶしてすべてを鍋に入れて白ワインを3パイント注ぎ、きっちりと蓋を閉める。弱火で12時間煮たものを漉して、4分の1パイントずつ毎朝のむ。ある種のハーブのように激しい影響はなく、穏やかな排出作用がある。肝臓と脾臓の閉塞を開き、呼吸困難・傷を改善する。血液を凝固させ、黄疸・むくみ・黒黄疸に効果がある。

ALL-HEAL
オールヒール

〝万能薬〟〝ヘラクレスの万能薬〟〝ヘラクレスの傷薬〟と呼ばれる。ヘラクレスがこのハーブとその効能を、ケイローンから医術を学んだ際に教わったとされるためである。パネイ、オポパネとも呼ばれる。

特徴　根は長く太く、汁液に富み、刺激的な味。葉は大きくて広く、アッシュのように曲がっているが、毛が生えており、それぞれの葉は葉柄の先に5枚から6枚が組みあわさってつき、付け根に近いほど広く、先端は細くなる。その中で1枚は他よりも底が広く、きれいな黄色みを帯び、鮮やかな緑色である。口に入れてかむと、ほろ苦い味がする。茎は緑色で円筒形をしており、太くてたくましく、150〜180センチの高さになる。多数の節を持ち、そこから葉が出る。花柄を持つ多数の黄色い花が放射状につく繖形花序(さんけい)で咲き、花後には白みがかった黄色い、短くて平らな種ができる。種の味も苦い。

　さまざまな場所の庭に生息する。

　栽培種では夏の終わり近くまで花は咲かず、そのすぐあとに種を落とす。

CULPEPER'S COMPLETE HERBAL　　18

✳ 属性と効能 ✳

 火星の支配のもとにあり、性質は熱く、鋭く、胆汁質である。火星がもたらす不調を共感によって治す。

 寄生虫を駆除する。腱の炎症・かゆみ・結石・歯痛・狂犬や有毒な生物にかまれた傷にとりわけ効果的である。

 痛風・けいれんを改善する。排尿を促す。全身の関節の痛みをやわらげる。頭痛・めまい・てんかん・疲労・ガスによるさしこみ・肝臓と脾臓の閉塞・腎臓と胆嚢の結石を改善する。分娩を促し、胎児が死んでしまった場合は子宮から出す。黄胆汁を穏やかに排出する。

ALKANET
アルカネット

オーチャネット、スパニッシュ・バグロス、薬剤師のあいだではエンシューサと呼ばれる。

特徴 多くの種類があるが、イングランドで一般的に見られるのは1種類だけである。根は大きくて太く、赤色。葉は細長く毛が生えており、ビューグロスに似た緑色で、地面近くに密生する。複数の茎には周囲に多数の葉がつくが、下部よりその数は少なく、幅が狭い。茎は柔らかくて細く、花は袋状で小さく赤色である。

分布 ケント州のロチェスター近くや、デボンシャーならびにコーンウォールなど西部の多くの場所で自生する。

季節 花は7月と8月初めに咲き、種はそのすぐあとに熟すが、キャロットやパースニップと似て根は茎が伸びる前が最盛期である。

✳ 属性と効能 ✳

 金星が支配し、実のところビーナスのお気に入りだが、手に入れるのが難しい。

 古い潰瘍・炎症・やけど・丹毒を改善する。最善の方法は軟膏にすることである。バラ酢をつくるようにこの酢をつくれば、水疱とかったい（訳注：ハンセン病）を治す。陰部につければ、胎児が死んでしまった場合に子宮から出す。軟膏は新しい傷・刺し傷・突き傷にすぐれた効果がある。

 黄疸・脾臓・腎砂を改善する。有毒な生物にかまれた際に有効である（傷口に塗ってもよい）。さらにこのハーブを食べた直後にヘビの口に吐き入れると、それだけでヘビは即座に死ぬ。下痢を止め、寄生虫を駆除し、子宮の発作を改善する。ワインでつくった煎じ汁をのむと、背中を強化し、痛みをやわらげる。傷と打ち身を改善し、天然痘を治す。

ADDER'S TONGUE, SERPENT'S TONGUE
アダーズタン、サーペンツタン

特徴 葉が1枚だけ、茎とともに地面から指1本分だけ上に伸びる。葉は平らで緑色で、サジオモダカのように幅広だが、中肋はまったくなく、数は少ない。葉の内側の底から、通常は1本、ときに2本か3本の茎が伸びる。その上半分はかなり大きく、クサリヘビ(有用なハーブと異なり、危険極まりない)の舌のような形に見える、黄緑色の小さな切れこみができる。根は1年中伸びる。

 分布 湿った草地で自生する。

 季節 4月か5月に見られるが、少しでも暑いと枯れてしまう。

✳ 属性と効能 ✳

月と蟹座が支配する。そのため、月と蟹座が司る体の部位の保持能力が土星の影響で弱まったとき、共感によって治す。土星の影響を受ける部位の病気を反感によって治す。

あたためる性質は穏やかだが、乾かす性質は強い。
油と未熟なオリーブで煮た葉を4日間日干しするか、葉をその油で充分に煮つめれば、すぐれた緑の香膏ができる。それは新しい傷だけでなく、古くて治りにくい潰瘍にも効く。とりわけそこに少量の上質で純度の高いテレビン油を溶かすと効果が大きい。外傷や傷による痛みから生じる炎症全般を改善する。

ホーステイルの蒸留水とともに葉の汁液をのむのは、乳房や腸などのあらゆる傷を治し、吐き気、口や鼻の出血、あるいは他の不調に有効である。オークの芽の蒸留水で汁液をのむと、月経中の女性、あるいはおりものが多すぎる女性に有効である。目のただれを改善する。

AGRIMONY
アグリモニー

特徴

長い葉（大きいものと小さいものがある）を多数茎につける。葉はすべて縁が鋸歯、上部は緑で、下部は灰色。毛がうっすらと生えている。そのあいだから、通常は1本の頑丈な円筒形で毛が生えた茶色い茎が60〜90センチの高さまで伸びる。途中には小さな葉があちこちにつき、先端には多数の小さな黄色い花が上下に重なるようにして長い花穂の上に咲く。花後にはざらざらした種が頭を下にして垂れさがり、裂けて服などにこすれて貼りつく。黒く、長い木質のこぶは長い年月枯れずに、毎年春に芽を出す。根は小さいが、よい香りがする。

 土手の上、垣根の脇近くに自生する。

 7月と8月に花が咲き、そのすぐあとに種が熟す。

✳ 属性と効能 ✳

 木星と蟹座が支配する。両者が支配する体の部位を強化し、そこに生じる病気を共感によって治す。土星、火星、金星がもたらす病気は反感によって治す。

 このハーブを古い豚脂に混ぜて押しあてると、長くつづく痛み・腫瘍・潰瘍を改善し、体に刺さった木片や爪などとがったとげやかけらを抜きとる。脱臼した部位を強化する。すりつぶしてつけるか、その中に汁液を落とすと、耳の膿瘍(のうよう)を治す。痛風には油か軟膏を外用しても、舐剤(しざい)・シロップ・濃縮汁液を内服しても有効である。

 あたためすぎることなくゆるやかに乾かして固める性質がある。肝臓を開いて浄化し、黄疸を改善する。

腸にとても有用で、あらゆる内臓の傷や他の不調を改善する。ワインでつくった煎じ汁をのむと、ヘビにかまれた際に有効で、膿・血尿を改善する。さしこみをやわらげ、胸を浄化し、咳を鎮める。発作前にあたためた煎じ薬をのむと、三日熱や四日熱を抑え、治癒へと導く。ワインにつけた葉と種は、下血を止める。

葉の蒸留水は内服でも外用でも有効だが、効果はきわめて弱くなる。

暑さと寒さで弱った肝臓が弱った者には最も推奨できるハーブによる治療法である。肝臓は血液をつくりだし、血液は体に栄養を与え、肝臓を強くする。

WATER AGRIMONY
ウォーターアグリモニー

地域によりウォーター・ヘンプ、バスタード・ヘンプ、バスタード・アグリモニー、エウパトリウム、肝臓を強化するのでヘパトリウム（訳注：〝ヘパ〟はギリシャ語で肝臓の意味）などと呼ばれる。

特徴

根は長いあいだ残り、多数の長く細いひげ根を伸ばす。茎は暗紫色で、60センチからときにそれ以上の高さまで伸びる。枝は1つずつが距離を置くようにして茎の両側に何本も伸びる。葉は曲がり、縁には深い切れこみがある。花は枝の先で咲き、茶黄色で黒い斑があり、デイジーのようにその真ん中に実がある。指で挟んでこすれば、ロジンや焼いたヒマラヤスギのにおいがする。種は長く、触れると服にすぐに貼りつく。

分布

暑さに弱いため、北部には多数自生するが、南部ではそれほど見られない。池のそばや溝の脇、流水の近くなど、涼しい場所で目にすることがあるかもしれない。ときには水の中に自生する。

季節

すべて花は7月か8月に咲き、種はそのすぐあとに熟す。

✳ 属性と効能 ✳

 木星と蟹座が支配する。

 肝臓の閉塞を開き、硬化した脾臓を柔らかくする。

 悪液質・体の不調・むくみ・黄疸を改善し、膿瘍・三日熱を治す。排尿と月経を促し、寄生虫を駆除する。かゆみや疥癬(かいせん)の原因である粘性の体液を乾かして浄化する。

 葉を焼くと、その煙はハエやスズメバチを追い払う。田舎の人々は、牛が咳や息切れで苦しんでいる際にのませる。

ALEHOOF, GROUND-IVY
エルフーフ、グランドアイビー

いくつかの州では別の名で呼ばれる。これだけの大きさに育つハーブで、これだけたくさんの名前を持つものはまれである。キャッツフット、ジルゴーバイグランド、ジルクリープバイグランド、ターンフーフ、ヘイメイズと呼ばれる。

特徴　地面を這うように広がり、茎がつながった柔らかなこぶから根を伸ばす。毛が生えてしわが寄り、縁が不規則な鋸歯の丸い葉を節ごとに対生させる。同様に節では、葉が枝の端を向いてつき、長い袋状の花を咲かせる。花は青紫色で、垂れさがる唇弁には小さな白い斑がある。根は小さくてひげ根がある。

分布　生け垣の下、溝の脇、家の下、日陰の小径、荒れ地など、イングランドのあらゆる地域で見られる。

季節　花はかなり早く咲き、長いあいだ残る。葉は冬まで緑色で、寒さが厳しすぎなければときとして枯れずに残る。

✳ 属性と効能 ✳

 金星が支配する。極端に寒い冬でない限り、1年中どこかで見つけることができる。

 煎じ汁にハチミツと少量の焼いたミョウバンを混ぜたものは、口や喉の痛みの際にうがいとして、また陰部の痛みや潰瘍にとても効果がある。すりつぶして患部につけると、新しい傷やけがをすみやかに改善する。汁液を少量のハチミツと緑青（ろくしょう）で煮ると、瘻孔（ろうこう）と潰瘍をきれいにし、がんや潰瘍の広がりや悪化を止める。かゆみ・かさぶた・じんましんを改善する。セランダイン・デイジー・グランドアイビーの不純物を除去した汁液に少量の上質の砂糖を溶かして目にさせば、痛み・充血・うるみのすべてに対するすぐれた治療となる。さらに視野を曇らせる病変や薄膜にも有効である。人だけでなく、動物に対しても効果がある。耳に汁液を入れると、耳鳴りと難聴を改善する。

 味は刺激的で鋭く苦く、あたためて乾かす性質がある。
内臓全般の傷・肺などの潰瘍に対して、このハーブ単独か、他の似たハーブと一緒に煮たものをのむと、胃・脾臓・腸の締めつける痛み・ガスの張りと胆汁質の体液を改善する。胆嚢と肝臓の詰まりを解消することで黄疸を治し、脾臓の詰まりを解消することで憂鬱を癒やす。毒や感染症を追いだし、排尿と月経を促す。煎じたもの

をワインに入れてしばらくのあいだのみつづけると、坐骨神経痛・痛風の症状をやわらげる。

　新しい酒の樽に入れれば、夜のあいだにその酒を純化して、翌朝いっそうおいしくなる。

ALEXANDER
アレクサンダーズ

アリサンダー、ホースパセリ、ワイルドパセリ、ブラックポットハーブとも呼ばれる。その種は薬局でマケドニアのパースリーの種として売られている。

 6月と7月に花が咲く。種は8月に熟す。

✽ 属性と効能 ✽

 木星が支配するので、自然に親しみがあり、冷えた胃をあたため、肝臓と脾臓の詰まりを解消する。

 月経や、分娩ののちの後産を促進し、ガスを出させ、排尿を促す。痛みを伴う排尿困難を改善する。種にも同じ効果がある。葉か種のいずれかをワインで煮るか、すりつぶしてワインでのむと、ヘビにかまれたときにも有効である。

THE BLACK ALDER-TREE
ブラックオルダー

特　徴

大きく育つことはめったになく、大部分は生け垣の茂みか、枝を広げた木にとどまる。木質部は白く、暗赤色の髄がある。外側の樹皮は黒っぽい色で、多数の白い斑がある。けれども木質部に接する内皮は黄色く、内皮を吸うと唾はサフラン色になる。葉はドッグベリーの木にかなり似ているが、それより黒くて短い。花は白く、節からの葉とともに出て、のちに小さな丸い実となる。実は最初は緑色でのちに赤くなり、完全に熟すと黒くなって、2つの部分に割れ、その中に小さくて丸く平らな種がおさめられている。根は地面の奥深くには伸びず、表面近くに広がる。

分布

ホーンシー近くのセント・ジョーンズ・ウッド、ハムステッドヒースの森で豊富に自生している。またエセックスのバーコムの小川近く、オールド・パークと呼ばれる森でも見られる。

季節

花は5月に咲き、実は9月に熟す。

✳ 属性と効能 ✳

 金星と蟹座が支配する。

 内皮を酢で煮たものは、シラミを殺し、かゆみを治し、すみやかに乾燥させてかさぶたをとり去る。歯を洗うと痛みをとり、ぐらついていた歯を固定し、浄化して落ち着かせる。

 黄色い内皮をアグリモニー・コモンワームウッド・ネナシカズラ・ホップ・フェンネル・セロリ・エンダイブ・チコリと煮て、しばらくのあいだ毎朝適量をのみつづければ、黄疸・むくみ・体の不調に効果的である。とりわけ便通をよくするために、それ以前に適切な排出薬をのんでいた場合には効果が著しい。悪影響を与える悪い体液を浄化して、肝臓や脾臓から排出し、両方を強化する。これらは乾燥させた内皮による効果だと理解されている。新鮮なままで内服すると、激しい嘔吐・胃の痛み・しぶり腹を引き起こす。それでも煎じ汁を2日か3日寝かせて、黄色から黒に変わるのを待てば、それまでより作用は落ちるが、胃を強化して食欲を増進させるようになる。

逆に外側の樹皮は下痢や不適切な体液の流出を改善する。やはり最初に乾燥させれば効果があがる。

春に葉を1つかみとり、エルダーのつぼみを1つかみ加えてすりつぶし、できたてのビール1ガロンで30分煮て、さらに3ガロン加えて熟成させ、毎朝のむと、すぐれた排出作用が得られる。宝石のように貴重なハーブである。

 葉は雌牛のミルクの出をよくする餌にもなる。

THE COMMON ALDER-TREE
コモンオルダー

特　徴

かなりの高さまで育ち、好ましい場所にあればたっぷりと茂る。

 湿った森、水辺を好んで育つ。

 4月か5月に花を咲かせ、9月に熟した種をつくる。

✻ 属性と効能 ✻

 金星と魚座が支配する。

 外用　葉の煎じ汁あるいは蒸留水をつけると、傷のあるなしにかかわらず、やけどや炎症に有効である。とりわけ一般におこり（訳注：間欠的に発熱し、震えをもたらす病態）と呼ばれる、胸の炎症に対してすぐれた効果がある。もし葉が手に入らなければ（たとえば冬は不可能である）、樹皮を同じように使うとよい。葉と樹皮には冷やして乾かし、固める性質がある。新鮮な葉をのせればできものは引き、炎症も消える。旅ですりむいた足の裏に直接葉をあてれば、大いにすっきりさせる。

 その他　朝露がのっている葉を集めてノミのいる部屋に置くと、ノミはそこに引き寄せられるので、それをとり去れば悩ましい害虫を追い払える。

ANGELICA
アンジェリカ

たいていの庭で栽培される。異教の時代、人はすぐれたハーブを見つけると神々にささげた。ゲッケイジュをアポロに、オークをユピテルに、ヴァインをバッカスに、ポプラをヘラクレスに。この風習はローマカトリックの時代となっても、教皇が聖者にささげる形でつづく。アワレディスシスルを聖母マリアに、セントジョーンズワートを聖ヨハネに、セントピーターズワートを聖ペテロに、というふうに。医師と呼ばれる者たちもそれを猿まねしたらしく（ただしサルの半分も賢くない）、不敬にもパンジーを、3色であることから〝三位一体のハーブ〟と呼び、ある軟膏を12の成分からなるというだけで〝使徒たちの軟膏〟と呼ぶ。ローマカトリック教徒はその美しさではなく、その効用にちなんでハーブに偶像崇拝的な名前をつけた。それゆえに〝精霊のハーブ〟、あるいはより穏便にその天使のように優しい効能からアンジェリカと呼ばれた。その名前はいまだ残り、どの国でもそれぞれの言語に応じてそれに近い名前を使っている。

✴ 属性と効能 ✴

 太陽と獅子座が支配する。そのため太陽か木星の時間に集めるとよい。ハーブの効果をあげるためには、それぞれを支配する星に合わせて摘む時間を変えるとよい。土星がもたらす感染症に対して優れた予防効果がある。

外用 汁液かその蒸留水を目か耳にさせば、目のかすみや難聴を改善する。虫歯で穴のあいた歯に汁液を入れると、痛みをやわらげる。根の粉を少量のロジンと混ぜて硬膏（訳注：常温では固形。体温で粘着する外用剤）をつくり、狂犬や有毒な生物にかまれた箇所に塗ると効果がある。古い潰瘍に汁液か蒸留水を直接、またはガーゼに浸したものをあて、どちらもないときは根の粉を使い、むきだしになった骨を肉芽で覆うことで、患部をきれいにし、すみやかに治す。痛風・坐骨神経痛で痛む箇所につければ、大いに痛みがやわらぐ。

内服 根を粉にして一度に半ドラムを上質な糖蜜を溶かしたシスル水でのませたあと、ベッドに寝かせて汗をかかせれば、あらゆる感染症を治す効果がある。糖蜜がない場合は、シスルかアンジェリカの水でのんでもよい。茎か根の砂糖漬けを空腹時に食べると、感染症の流行時にすぐれた予防薬となる。それ以外のときには冷えた胃をあたため、いたわる。根を酢に漬けて、その酢を少しずつ空腹時にのむか、その根のにおいをかぐと、同じ効果がある。根だけをワインに漬けてガラス瓶に入れた蒸留水は、葉の水よりもはるかに効果的である。蒸留水を一度に2さじか3さじのむと、冷えやガスによる痛みや苦しみをやわらげ、便秘を治す。最初に粉にした根をのむと、胸膜炎だけでなく、咳・喘息・息切れなど肺や胸の疾患全般を改善する。茎のシロップにも同じ効果がある。さしこみ・痛みを伴う排尿困難・尿閉を改善し、月経や後産を促し、肝臓と脾臓の詰まりをとり、ガスと腫瘍をすみやかに除去する。おこりの発作の前に煎じ汁をのみ、（可能なら）発作前に汗をかければ、二度か三度のむことで完全に治すことができる。消化を助け、暴飲暴食の症状をとる。

　野生種のアンジェリカは、栽培種ほどには効果がない。ただ、上記のどの目的についても安全に使えるかもしれない。

AMARANTHUS
アマランサス

フラワー・ジェントル、フラワー・ベルーア、フロラモール、ベルベット・フラワーなどと呼ばれる。

特徴 庭に咲く花で、茎は50センチほどの高さである。筋があり、根の近くは赤みを帯びるが、表面はとてもなめらかで、先端は小さな枝に分かれ、そこに赤緑色でつるつるした長くて幅広の葉がつく。花は正確には花ではなく房で、赤色で見た目はとても美しいが、においはない。すりつぶすと同じ色の汁液が出て、それをのむと美しさが長いあいだ保たれる。種は光沢のある黒色である。

季節 8月から霜で枯れるまでのあいだ、花が咲きつづける。

✴ 属性と効能 ✴

 土星が司るハーブで、金星の放埒さと情熱を抑える作用に優れている。

 内服 乾燥させて砕いた花の粉は月経を止め、他のほとんどの出血も止める。この花は血液のあらゆる流れを止める。鼻血にも、けがでの出血にも効果がある。白い花を咲かせる種類もあり、そちらはおりものを止め、男性の腎臓の流れを止める。性欲を抑える効果が最も強く、梅毒に対する特効薬でもある。

ANEMONE
アネモネ

ウインドフラワーとも呼ばれるのは、風が吹かないと花が決して開かないからである。種も風にのって飛ぶ。

 園芸好きの庭に種がまかれる。

 花は春に咲く。

✳ 属性と効能 ✳

 クロウフットに似ていて、火星が支配する。

 軟膏にしてまぶたに塗ると、浸透して目の炎症を改善する。この軟膏は、悪性で浸潤性の潰瘍を治す。

 葉を煮た煎じ汁をのむと、月経を促す作用がきわめて強い。その煎じ汁に体を浸すと、かったいを治す。葉を粉にして汁液を鼻から吸うと、頭から大量に排出する。根をかんでも同じ効果があり、たっぷりと唾を出させて粘液質の体液をとり去るので、無気力に対するすぐれた効果がある。薬局にある薬はどれも、このように口内にたまる熱をとり去りはしない。

GARDEN ARRACH
ガーデンアレック

オラック、アラージとも呼ばれる。家庭で利用するために栽培される。

 6月から8月の終わりまで花が咲き、種をつくる。

✳ 属性と効能 ✳

 月が支配する。月と似て、冷やして湿らせる性質がある。

 すりつぶすか、煮て喉につけると、喉の腫れにすぐれた効果がある。

 食べると体をやわらくしてゆるめ、排出機能を高める。煎じ汁は黄疸に効く。

ARRACH, WILD AND STINKING
ワイルドアレック、スティンキンググーズフット

バルバリア、ドッグズ・オーリッチ、ゴーツ・オーリッチ、スティンキング・マザーワートとも呼ばれる。

特徴 葉は小さくて楕円形で、少しとがっていて切れこみや鋸歯はなく、くすんだ粉のような色をしている。細い茎と枝が地面に広がり、小さな花が葉とともに咲く。他の植物と同じようにそのあと小さな種ができ、毎年枯れ、落ちた種からまた芽を出す。腐った魚のような、あるいはさらにひどい悪臭がする。

分布 通常は堆肥の上に育つ。

季節 6月と7月に花が咲き、種はそのすぐあとに熟す。

✳ 属性と効能 ✳

 金星と蠍座が支配する。

 子宮の痛みを軽減する薬として使われる。そのにおいをかぐだけでも、子宮の閉塞を改善する。内服すれば、月のもとでその閉塞に対してこれ以上の治療法はなく、子宮のための万能薬としてすすめたい。発作・位置の異常・脱落など子宮のいかなる疾患もたやすく、安全に、すみやかに治す。また過剰に熱を持った子宮を冷やす。子宮の熱は難産の最大の原因の1つである。不妊を治して多産にする。化膿した子宮をきれいにして強化する。月経が止まっているときは促し、過多の際には止める。あなたが子供を愛し、健康を愛し、安楽を愛しているなら、いつもそばにこのハーブの葉と砂糖（あるいは子宮を浄化するためにはハチミツ）を足してつくったシロップを備えるとよい。

ARCHANGEL
アークエンジェル、デッドネトル

自らの診療に箔をつけるため、医師たちはこのハーブを〝大天使〟と呼ぶ（田舎の人々は愚かにも、〝死んだネトル〟という名前で呼んでいる）。赤いアークエンジェルは〝ハチのネトル〟とも呼ばれる。

特徴

赤いアークエンジェルは角張った、毛が生えた茎を複数伸ばし、長い茎の根元に向けては、2枚のくすんだ緑色の縁に切れこみがある葉を対生させるが、上部に葉はなく、先端は丸いがとがっていて、少ししわが寄り、毛が生えている。葉が密生する上側の節のまわりには、薄赤色の袋状の花が多数咲く。花後には、莢（さや）に3つか4つの種ができる。根はより小さく細いひげ根で、毎年枯れる。植物全体に強いにおいがあるが、臭くはない。

白いアークエンジェルは角張った複数の茎を持つが、どれも直立はせずに垂れさがる。節に赤いアークエンジェルより大きくとがった2枚の葉がつく。縁は鋸歯。緑が濃くてネトルに似ているが、においはなく、毛が生えている。節には葉とともにさらに大きく開いた袋状の白い花が咲き、莢が茎を囲むようにつくが、花は葉ほど密生せず、他の莢には小さな丸く黒い種がおさめられている。根は白く、多数のひげ根を持ち、下向きには伸びずに地中浅くに広がり、何年も枯れずに増えつづける。赤いアークエンジェルほど強いにおいはない。

黄色いアークエンジェルは白いアークエンジェルと茎と葉が似ている。けれども茎はより直立し、葉がつく節の間隔はより広く、葉は赤いアークエンジェルよりも長く、花は少し大きくて開きも広く、ほとんどは黄色で一部が薄い色になる。根も同じように白いが、それほど多くは伸びない。

あらゆる場所に自生する(道の真ん中は除く)。黄色いアークエンジェルはイングランドのさまざまな地方で、通常は森の湿った場所に、ときにはもっと乾いた土地でも自生する。

春の初めから夏のあいだずっと花が咲く。

✴ 属性と効能 ✴

金星が支配するので、主として女性に対して使われる。

刺激のあるネトルよりも、あたためて乾かす性質が強い。葉の煎じ汁をワインでのみ、のちにあたためた葉か煎じ汁を浸した海綿を脾臓の上にあてると、ネトルよりも脾臓の詰まりや硬化を治す効果が大きい。白い花はおりものを止めるために、また赤い花は女性の出血を止めるために砂糖漬けなどで保存される。心を陽気にし、憂鬱を消し去り、精神を高揚させ、四日熱に効き、うなじに貼りつければ口と鼻の出血を止める。葉をすりつぶして塩・酢・豚脂と混ぜると、固い腫瘍や、〝王の邪悪〟という悪趣味な名前がついた、るいれき(訳注:結核性頸部リンパ節炎)という首のできものを治す。痛風や坐骨神経痛などの関節や腱の痛みもやわらげる。また新しい傷や古い潰瘍にも効果的で、出血を抑える。とげなど体に刺さった異物を排出し、傷やけどにもとても効く。古くて化膿した傷や潰瘍には、黄色のアークエンジェルが最も推奨できる。ただし、治癒した箇所は空洞になる。また腫瘍も消す。

ARSSMART
アースマート

A

　刺激的なアースマートは、ウォーターペッパー、あるいはカルレイジと呼ばれる。穏やかなアースマートは〝死んだアースマート・ペルシカリア〟、あるいは葉がピーチによく似ているのでピーチワートと呼ばれる。プラムバゴとも呼ばれる。

特徴

　穏やかなアースマートは茎の大きな赤い節に、広い葉が複数つく。葉には半円形の黒い模様があり、通常は青か白色、同じような種がつづく。根は長く、ひげ根が多数伸び、毎年枯れる。味は鋭くないが（他の種類は刺激的でひりひりする）、かなりすっぱく、少し口が乾くようになるか、無味である。

分布

　水のある場所、あるいは夏にはおおむね乾いている溝などに自生する。

季節

　6月に花が咲き、8月に種が熟す。

✳ 属性と効能 ✳

両方とも効能はさまざまで、支配星も異なる。刺激的なアースマートは火星が支配するが、穏やかなアースマートは土星が支配する。

冷やして乾かす性質があり、人や胸の潰瘍に効果的で、寄生虫を駆除し、化膿した場所をきれいにする。そこに汁液を垂らすと、冷たいできもの全般を治し、卒中や打ち身などによる固まった血液を溶かす。根のかけらや種をすりつぶし、虫歯につけると、痛みをやわらげる。すりつぶした葉をひょうそのできた関節につけると、それをとり去る。液汁を耳に垂らすと、虫を殺す。

刺激的なアースマートを部屋にまけば、ノミを完全に駆除できる。葉か冷たい汁液を馬や他の牛のできものにつけると、夏の最も暑い時期にもハエを追い払う。1つかみの刺激的なアースマートを馬の鞍の下に入れれば、ぐったりしていた馬も元気に旅をつづけられるようになる。作用が穏やかなアースマートは、初期の膿瘍や炎症全般に有効で、新しい傷を癒やす。

　2種類のアースマートの質は正反対である。刺激的なアースマートは穏やかなアースマートほどには高く伸びないが、ピーチと同じ色でほとんど斑のない葉を多数つける。他の点では似ているが、葉を舌につけてみれば、違いがわかるだろう。刺激的なアースマートは舌をしびれさせるが、穏やかなアースマートはそうならないからだ。両方を並べてみれば、穏やかなアースマートは葉がはるかに大きいので、たやすく見分けることができる。

ASARABACCA
アサラバッカ

特徴

　見た目は常緑樹で、冬のあいだずっと葉をつけているが、春になると新しい葉をつける。根からたくさんの頭が出て、そこから多数のなめらかな葉がそれぞれ葉柄の先につく。ヴァイオレットの葉よりも丸く、大きく、厚く、表は光沢のある暗緑色、裏は薄黄緑色で、縁にはほとんど切れこみがない。そのあいだから小さくて丸く、袋状で茶緑色の3センチほどの莢が短い茎をつけて出る。その縁が5つに分かれる。カップやヘンベインの種の頭ととてもよく似ているが、それらよりも小さい。その部分が花で、かぐとかなり甘く、熟すとブドウや干しブドウの種とよく似た小ぶりでごつごつした種が中におさめられる。根は小さく白色で、地面のあちこちに広がり、複数の頭を伸ばす。けれども他の這う種類のハーブのように地中に根を伸ばしたりはしない。においは甘く、生よりも乾燥させたときのほうがナルデに似ている。刺激はあるが、不快ではない味である。

 庭で栽培される。

 冬のあいだずっと葉は緑色を保つ。けれども春には新しい葉を出し、そこから芽が出て花が咲き、真夏かそれ以後に種が熟す。

✳ 属性と効能 ✳

 火星が支配する。体力をそぐ作用がある。

 太陽にあて、アヘンチンキを加えてつくった油は発汗を促し（背筋に塗る）、おこりによるけいれん発作を止める。葉と根を灰汁で煮て、それがあたたかいうちに頭を洗うと、風邪による頭痛などの症状を抑え、記憶力を改善する。

 汁液をのむと、吐き気だけでなく下痢ももたらし、尿によって黄胆汁や粘液も排出する。スピグネルを加えてヤギのミルクの乳清かハチミツ入りの水と混ぜるといっそう強力になるが、黄胆汁よりも粘液をより多く排出させ、腰や他の部分の痛みに大いに効果がある。乳清で煮たものは、肝臓や脾臓の障害を改善し、むくみや黄疸に有用である。ワインに漬けてのむと、大量の体液の停滞による、長期間にわたるおこりを改善する。長く煮すぎると、主要な効力を失ってしまう。つぶしすぎるのも問題で、細かすぎる粉では吐き気と多尿を引き起こし、いっそう激しい下痢を誘う。一般的な使い方は、5枚か7枚の葉で汁液を少量の酒でのみ、吐き気を引き起こすものである。根にも同じ効果があるが、強制的な効き目はない。ヘビにかまれた際に有効で、耐毒剤とベネチア産の糖蜜の成分としても使われる。
　根の排出作用はより穏やかで、白ワイン4分の1パイントに1ドラムの粉を溶かして朝にのむと、がん・古い膿瘍・瘻孔に有効である。

ASPARAGUS, SPARAGUS, SPERAGE
アスパラガス

特徴

複数の白と緑のうろこ状の穂先を立ちあげる。最初はとてももろく壊れやすいが、やがてとても長く伸び、細く緑色の茎が乗馬鞭ほどの大きさになる。根の成長につれて底が最も大きく、数は少なくなる。そこからフェンネルよりも短く小さい緑の葉が多数ついた枝がいくつも伸びる。その節から小さな黄色い花が咲き、のちに丸い実となる。実は最初は緑色、熟すと鮮やかな赤色、ビーズやサンゴのようになる。その中にはとても固い黒い種がある。海綿状の頭から長く、太い円筒形の根を伸ばし、土からたっぷりと栄養を吸収して、数多く広がっていく。

PRICKLY ASPARAGUS, SPERAGE
プリックリーアスパラガス

 庭で栽培される。他にグロスターシャーのアップルトンの草地に自生する。そこでは貧しい人々が若いつぼみを集め、ロンドンで売られている栽培種のアスパラガスよりも安く売っている。

大部分は１年の終わりに花を咲かせ、実をつける。実はつかないこともあるが、冬には温室に入れられる。

✴ 属性と効能 ✴

 木星が支配する。

 白ワインで煮た根の煎じ汁を背中や腹につけるか、かがんで腰湯を使うか横たわって全身浴をすると、膀胱の痛みと閉塞・子宮の痛み・さしこみ、さらに下半身の痛みすべてに対して効果がある。また腱のこわばり・しびれ・けいれんによる萎縮にも有効で、坐骨神経痛をやわらげる。

 若いつぼみと枝をブイヨンで煮て、実を溶かして開かせ、白ワインで煮たものは、止まっていた排尿を促し、痛みを伴う排尿困難に効果がある。腎結石を排出し、それによる痛みをやわらげる。白ワインか酢で煮たものは、動脈の弛緩、坐骨神経痛に広く使われる。根をワインで煮た煎じ汁をのむと目のかすみをとり、口に含めば歯痛をやわらげる。栽培種のアスパラガスは野生種より栄養があるが、同時にこれらの疾患すべてに同じ効果がある。

ASH TREE
アッシュ

✳ 属性と効能 ✳

 太陽が支配する。

外用 樹皮の灰からつくった灰汁に頭を浸すと、かったい・疥癬・やけどを治す。

冬には葉を摘むことができないので、代わりに樹皮を使うのが無難だろう。翼果は熟したものを摘めば、1年中たやすく保存できる。

 若くて柔らかな穂先と葉を内服し（あるいは外用すると）、クサリヘビや他の有毒な生物にかまれた際にきわめて有用である。蒸留水を毎朝空腹時に少量のめば、むくみや過度の肥満を改善する。白ワインでの煎じ汁は結石を砕いて排出し、黄疸を治す。莢の中の種は、アッシェン・キーズと一般に呼ばれるが、脇腹の痛みやさしこみをやわらげ、排尿を促して結石をとり去る。

AVENS, COLEWORT, HERB BONET
アベンス、コールワート、ハーブ・ボネット

特徴 長くごつごつしていて、暗緑色の曲がった葉を多数、根から出す。多数の葉が密生し、中肋の両側につく。最も大きな3枚は端にあり、縁のまわりに鋸歯か切れこみがある。他のものは小さく、ときに2枚か4枚、それらの下にある中肋の両脇につく。そのあいだから60センチほどの高さまで、ごつごつして毛が生えた茎が何本か伸びて、それぞれの節から下部ほどは長くない葉をつけたいくつもの枝に分かれる。それらの葉も縁には同じように切れこみが入り、3つ以上の部分に分かれる。枝の先には5弁の小さい薄黄色の花が咲く。シンクフォイルの花に似ているがそれより大きい。花が落ちたのちには真ん中が丸く育ち、服に貼りつく、長い緑色の種（穀物のよう）をおさめる。根は多数の茶色く細いひげ根からなり、クローブに似たにおいだがそれより背が高く、あたためて乾かす性質を持ち、空気が澄んだきれいな場所に自生する。

分布 生け垣の脇や野原の小径近くなど、多くの場所で自生する。日あたりのよい場所よりは日陰を好む。

季節 大部分は5月か6月に花が咲き、遅くとも7月には種が熟す。

✳ 属性と効能 ✳

 木星が支配し、健康を期待させるハーブである。

 根を煮たワインで患部を洗い流せば、あらゆる傷に効く。洗うことで顔のしみやくすみをとり去る。
　とても安全なハーブで、用量を処方し指示する必要はない。あらゆる家で保存すべきである。

 甘い味とあたためる性質により、胸の疾患や痛み・さしこみに効果があり、腹と胃の体液をとり除く。生のものでも乾燥させたものでも、根をワインで煮たものをのめば、傷による体内の血液の凝固を溶かし、吐血を止める。煎じ汁をのむと心臓を落ち着かせ、胃と冷静な脳を強化する。春には肝臓の閉塞を開く効果があり、さしこみをやわらげる。下痢・ヘルニアを改善する。生の根の汁液と乾燥させた根の粉は、煎じ汁と同じ効果を持つ。春の根をワインに漬けたものは精妙な味になり、毎朝空腹時にのむと心臓を落ち着かせ、感染症や他の毒に対してすぐれた予防となる。消化不良を助け、冷えた胃をあたため、肝臓と脾臓の閉塞を開く。

CULPEPER'S
COMPLETE HERBAL

BALM
バーム、レモンバーム

✳ 属性と効能 ✳

 木星と蟹座が支配する。

 女性がその煎じ汁で全身浴をするか腰湯を使えば、月経を促す。また口をすすげば歯痛をやわらげ、下血に対しても有効である。塩と一緒に使うと、体や喉のできものやしこりをやわらげる。また膿瘍をきれいにし、痛風の痛みをやわらげる。肝臓と脾臓に有益である。葉をすりつぶして少量のワインと油で煮たものを、あたたかいままできものにつけると、破れて膿を出させる。

 乾燥させて保存してもよく、他の有用なハーブと同じく、疾患次第ではハチミツと混ぜて舐剤にすることもある。アラビア人の医師はその効能を褒めたたえ、対照的にギリシャ人の医師は語る価値もないと思っている。心と気持ちを陽気にし、とりわけ睡眠中に起きた心臓発作・失神を回復させ、黒胆汁がもたらす悩みごとや不安を消し去る。消化を助け、脳の詰まりをとり、心臓や血管の中にある精気や血液から黒胆汁をとり去る強い排出作用があるが、体の他の部分には効果がない。

ワインに漬け、そのワインをのみ、葉は外用すれば、サソリに刺されたり、狂犬にかまれたりしたときの治療になる。葉に少量の硝石を加えた飲み物は、キノコの食べすぎに効果があり、腹部の刺すような痛みをやわらげる。舐剤を服用すれば、呼吸困難の際に効果がある。タンジーか、コードル（訳注：卵でつくる滋養飲料）にまだ若いレモンバームの汁液を加え、砂糖とバラ水を混ぜたものは、後産が進まない場合、あるいは陣痛の痛みで失神した場合に効果がある。

BARBERRY
バーベリー

✳ 属性と効能 ✳

 火星が支配する。

 この木と水でつくった灰汁で頭を洗うと、髪を火星の色である黄色に染める。

 田舎の人々は黄胆汁を排出するために使っている。木の内皮を白ワインで煮たものを毎朝4分の1パイントのむと、胆汁質の体液を浄化し、かさぶた・かゆみ・発疹・白癬（はくせん）・黄疸・できものなど黄胆汁が引き起こす疾患にかからないようにする。おこり・やけど・血液の熱・肝臓の熱・下血にも有効である。実には樹皮と同じ効果があり、より食べやすい。これは火星が支配するハーブであるための作用である。火星が支配する快楽の機能を強化することで、食欲を高め、胃を強化する。

BARLEY
バーリー

イングランドでは数種類が豊富に育っており、毎年種がまかれる。

✵ 属性と効能 ✵

 土星が司るハーブで、共感と反感によりさまざまな作用をもたらす。大麦のパンが憂鬱質の人々に悪影響を与えるのもそのためである。

 バーリーの粉を酢とハチミツで煮て、乾燥させたフィグをいくつか入れてつくった湿布をあてると、膿瘍をすべて消し、炎症を抑える。メリロットとカモミールの花、それにアマニ・コロハ・ルーの粉と合わせて煮て、あたたかいままつけると、脇腹や胃の痛み、脾臓のガスをやわらげる。バーリーとプランテンの粉を水で煮て、ハチミツとユリの油とでつくった湿布をあたたかいままつけると、耳・首・喉などのできものを治す。タールと合わせてつくった硬膏を強い酢と合わせて湿布にし、熱いままつけると、かったいを改善する。バーリーの粉・塩・

ハチミツ・酢をまとめて混ぜたものは、かゆみをすみやかに確実にとる。5月の終わりに緑のバーリーからつくった蒸留水は、目に体液が流れこむ症状を大いに改善し、それがもたらす痛みをやわらげる。あるいは白パンを浸して目にあてても同じ効果が得られる。

内服　バーリーのすべての部分とその構成要素（麦芽を除く）は、ウィートよりも冷やす性質が強く、浄化作用を少しだけ持つ。それらやバーリー湯でつくられた調剤すべては、発熱・おこり・胃の熱に悩まされる者にたっぷりと滋養を与える。赤ワインにザクロの皮やギンバイカとともに入れて煮たものは、下痢や腹部の他の流れを止める。酢とマルメロと煮ると、痛風の痛みをやわらげる。

GARDEN BAZIL, SWEET BAZIL
ガーデンバジル、スイートバジル

 通常1本の茎を直立させ、そこから枝をあちこちに伸ばす。節ごとに広く丸く、先がとがった薄緑色の葉が対生する。縁には少し切れこみがあり、強くさわやかな香りがする。花は小さく白く、枝の先に咲き、節には緑色と茶色のまだらの葉が2枚つき、花が咲いたあとに黒い種ができる。根は冬が迫ると枯れるので、毎年種をまかなければならない。

 庭で栽培される。

 遅い時期に種をまかなければならない。花は真夏に咲く。とても繊細な植物である。

✳ 属性と効能 ✳

♂ 火星と蠍座が支配する。サソリのイメージそのままに激烈な性質を持つ

 有毒な生物にかまれたか、スズメバチに刺された場所にあてると、すみやかに中和する。馬糞の中で腐らせると、有毒な生物を生みだす。なんらかの問題により、このハーブとルーは絶対に一緒には育たず、決して近くにはない。そしてルーはいかなる植物よりも毒に対して効果がある。

バジルは分娩と後産を促進する。ビーナス（金星）の不在を助け、その逆にその働きを妨げる。

THE BAY TREE
ベイ

✵ 属性と効能 ✵

太陽と獅子座が支配する。魔法に強力に抵抗し、魔女も悪魔も雷も、ゲッケイジュ（ベイ）があるところで人を傷つけることはない。

外用 葉と果実の煎じ汁で腰湯を使えば、子宮の不調と疾患・月経不全・膀胱の疾患・ガスによる腸の痛み、乏尿にとりわけすぐれた効果をあげる。ベーラムノキ・クミンシード・ヒソップ・オレガノ・ユーフォルビウムの同じ部分の煎じ汁にハチミツを加えたものを頭に浸すと、体液や分泌物を大幅に減らし、喉の腫れを安定させる。

果実からつくった油は、関節・神経・血管・胃・腸・子宮の不調を改善し、あらゆる部位のまひ・けいれん・痛み・震え・鈍麻を改善し、疲労や劣悪な旅行による痛みにも効く。ガスにより生じる頭・胃・背中・腹・子宮の諸症状や痛みは、患部にこの油を塗ることで改善する。耳の痛みもその油を少し垂らすか、果実の煎じ汁の

蒸気を漏斗で耳に入れてやれば治る。油はけがによる皮膚の跡を消し去り、固まった血液を溶かす。皮膚のかゆみ・かさぶた・みみずばれも改善する。

　葉や樹皮は乾かして癒やす効果があり、果実は葉以上に効果が大きい。根の皮は苦く、結石を砕く作用を持ち、黄疸やむくみをもたらす肝臓、脾臓その他の内臓の閉塞を開く。果実は有害な生物の毒に対抗し、ハチに刺された際にも有効である。

　感染症にも有効で、さまざまな糖蜜に入れられる。さらに月経を促す。7粒を難産で苦しむ女性に与えれば、分娩と後産を促進する。臨月を迎えていない者に対しては、流産や早産をもたらす恐れがあるために与えてはならない。脳から目、肺や他の臓器へ冷たい体液が流れるのを大幅に減らす。ハチミツでつくった舐剤は、肺病・しつこい咳・息切れ・痰に効く。片頭痛にもよい。ガスをたっぷりと排出し、排尿を促す。子宮を助け、寄生虫を駆除する。葉にも同様の効果がある。

BEANS
ビーンズ

✳ 属性と効能 ✳

 金星が支配する。

 栽培種の花の蒸留水で洗うと、しみやしわができるのを防ぐ。すりつぶした粉や、小さなマメにも同じ効果がある。緑色の殻からとった蒸留水は、結石に対して有効で、排尿を促す。マメの粉は傷による炎症や、母乳の凝結による乳房の腫れを抑える湿布として使われ、母乳の出を抑える。マメとコロハの粉をハチミツと混ぜ、ひょうそ・できもの・傷・打ち身によるあざ・耳の奥の膿瘍につけると、そのすべてに効果があり、バラの葉・乳香・卵白を混ぜたものをワインとともに目に使えば、腫れ・流涙・打ち身に効果がある。マメを2つに割って皮をむき、ヒルが貼りついて出血がひどい場所にあてれば、その出血を止める。マメの粉をワインと酢で煮て湿布にし、そこに油を足したものは、陰嚢の痛みと腫れをやわらげる。莢の灰を古い豚脂と混ぜると慢性的な痛み・挫傷・腱の傷・坐骨神経痛・痛風を改善する。野生種のマメには栽培種とまったく同じ効能がある。

莢を水で3分の1まで煮つめた液は下痢を止める。

 マメは大量のガスを発生させる食べ物だが、オランダ風に軽く煮て皮をむき、さらに煮こむととても健康的な料理になる。

FRENCH BEANS
フレンチビーンズ

　フレンチビーンズあるいはキドニービーンズは、最初1本だけの茎を伸ばし、それがのちに多くのツルや枝を広げるが、とても弱いので棒や支柱で支えないとむなしく地面に垂れさがってしまう。枝のいくつかの場所に葉柄が伸びて、その先に3枚の広く丸くとがった緑色の葉をつける。先端に向けてマメの花に似た多数の花を咲かせる。色は実と同じく白、黄、赤、黒、濃い紫など様々だが、白色が最も多い。花のさいたあとには細長く平らな莢ができる。形は曲がったものもあればまっすぐなものもあり、細い筋が背を流れ落ちて、中には腎臓のような形の平らで丸い実がおさめられている。根は長く、多くのひげ根を伸ばしており、毎年枯れる。

　イングランド各地で自生する別の種類のフレンチビーンズもあり、〝緋色の花のマメ〟と呼ばれる。

　それも同じように多数の枝を広げ、支柱の上まで高く伸びる。支柱にからまりながら育つが、太陽とは逆方向を向き、やはり3枚の葉がつく葉柄を持つ。葉も形は似ているものの、いかにも東洋的な緋色である。マメは一般的な種類よりも大きく、暗い紫色だが、熟して乾くと黒くなる。根は冬には枯れる。

✳ 属性と効能 ✳

 金星が支配する。

 乾燥させ、すりつぶして粉にすると、他の何よりも腎臓を強化する。これ以上にすぐれた治療法はない。一度に1ドラムを白ワインでのむと結石を防ぎ、腎臓の砂や詰まりを浄化する。フレンチビーンズは消化がよい。腹部を動かし、排尿を促し、息切れで狭まった胸を広げ、精子をつくり、性欲をかきたてる。

 緋色のフレンチビーンズは、見た目の輝かしい美しさから生け垣のそばに植えられる。とても目立つ色で、生け垣を這いのぼるため、はるか遠くからでも見分けがつき、見る者に賞賛の声をあげさせる。ただし、緋色で覆ってしまうために生け垣を損ないかねない。

LADIES BED-STRAW
レディーズベッドストロー

チーズレネット、ガリオン、ペッティムゲット、メイドヘア、ワイルド・ローズマリーとも呼ばれる。

特徴　小さくて茶色く、角張った複数の茎を1メートルほど直立させる。ときに節に富む枝をいくつも伸ばす。節ごとにとてもきれいな小さな葉が多数つく。葉はおおむねなめらかである。枝の先にはいくつかの節から多数の黄色い花が長い房に密集して咲く。花は4弁、香りは強いが、不快なにおいではない。種はポピーの実のように小さくて黒い。たいていは2つが1組になっている。根は赤く、たくさんのひげ根を伸ばし、大地に根を張る。枝は地面に向かって少しだけ垂れさがり、節の部分に根をつけ、そこからすぐに増えていく。

　イングランドで数多く自生する別の種類もあり、そちらは黄色ではなく白い花を咲かせる。枝はとても弱く、生け垣やその近くにある植物の支えがないと地面を這うことになる。葉は前者よりも少しだけ大きく、花の数は少ない。根は細く、長いあいだ枯れずに伸びる。

　草地や牧草地など、ぬれた場所でも乾いた場所でも自生する。生け垣のそばも好む。

　大体は5月に花が咲き、7月と8月に種が熟す。

✳ 属性と効能 ✳

 どちらの種類も金星が支配し、ビーナスが体の内外の部位を強化する。

 葉か花をすりつぶして鼻孔に入れれば、同様にその出血を止める。葉と花を太陽にさらし、10〜12日間置いたのちに油にするか、オリーブ油で煮てミツロウを溶かし、さらにそれを漉して軟膏にする。そうしてつくった油と軟膏は、火や熱湯によるやけどに効く。同じもの、あるいは葉と花の煎じ汁は、長いあいだ歩いて疲れこわばった腱や関節につけてもよい。煎じ汁をあたためて関節につけ、そのあと軟膏も塗ると、乾いたかさぶた、子供のかゆみに効く。白い花のハーブは旅行のあとや、冷えや痛みを感じたのちに、腱・血管・関節を落ち着かせて強化する効果がとても強い。

 前者の煎じ汁をのむと結石を溶かして壊し、排尿を促し、内臓の出血を止め、傷を癒やす。

BEETS
ビーツ

　一般によく知られているビーツには2種類ある。ここでは白いビーツと赤いビーツとそれぞれの効能を扱う。

特徴　　白いビーツは地面近くに多数の大きくて白緑色の葉を広げる。茎は大きく強く、うねがあり、ほぼ先端まで多数の葉をつける。とても長くて端が小さく、頭を垂らした房の先に花が咲く。つぼみは小さく薄緑色と黄色、とげのあるとがった種をつくる。根は太く長く固く、種ができたあとはなんの役にも立たない。

　赤いビーツは白いものと大きな違いはないが、ただ数が少なく、葉と根がかなり赤い。葉は赤いので明らかに異なるが、葉柄や葉脈が赤いだけのものもある。鮮やかな赤もあれば、暗い赤もある。その根は赤く、海綿状で食用にはならない。

✲ 属性と効能 ✲

２種類のビーツの支配星はまったく異なる。赤いビーツは土星が支配し、白いものは木星が支配する。したがって、それぞれの効用はまったく異なる。

　白いビーツはこめかみにあてると、目の炎症を抑える。やけどを治し、油と少量のミョウバンを加えて使うと、丹毒に効く。皮膚のあらゆる膨疹（訳注：じんましんなど）・水疱・膿疱を治す。葉を煮て、しもやけやあかぎれにつけると治癒へと導く。水と酢での煎じ汁をつければかゆみを抑える。さらに頭のふけや乾いたかさぶたをきれいにし、擦り傷・潰瘍・頭や足などのただれに有効であり、抜け毛やはげにも大いにすすめられる。

　赤いビーツは血流・月経・おりものを止め、黄疸を改善する。根の汁液を鼻孔につけると、頭をすっきりさせ、耳鳴りや歯痛を改善する。汁液を鼻から吸うと、鼻の傷が原因の口臭を消し、そのせいで生じる嗅覚の低下にも効く。

　白いビーツは浄化して分解する作用があり、排尿を促す。汁液は肝臓と脾臓の閉塞を開き、頭痛・めまい・脳の不調に効く。また有毒な生物にも効果的である。

WATER BETONY
ウォーターベトニー

ブラウンワート。ヨークシャーでは〝主教の葉〟とも呼ばれる。

特　徴　角張っていて硬い緑色あるいは茶色の茎を伸ばす。幅広の葉は濃い緑色、ウッドベトニーと似て切れこみがあり、縁が鋸歯だが、はるかに大きく、ほとんどは節から出る。茎や枝の先端に多数咲く暗赤色の花は丸くふくらみ、縁は外側にめくれ、2つの部分に分かれて、上部はフードのように、下部は尻が垂れたようになる。花後には端がとがった小さくて丸い頭がついて、その中に小さな茶色い種ができる。根は頭から伸びる細いひげ根がたっぷりとからみあう。

分布　水路や小川の脇など流れる水のそばに自生する。イングランド各地で見られるが、水辺から離れた場所ではほとんど目にすることがない。

季節　花は7月に咲き、種は8月に熟す。

✳ 属性と効能 ✳

 木星と蟹座が支配する。

 ウッドベトニーよりも乳房の傷に適切である。すりつぶした葉をつけると、古い潰瘍全般に効果がある。とりわけ葉の汁液を少量のハチミツと煮て垂らすと、ただれを治す。体の内外の傷やけがを治す。葉の蒸留水も同じ目的に使われる。それで顔や手を洗えば、しみ・吹き出物・日焼けによる変色に効果がある。

ただし、私は蒸留水をあまり評価していない。蒸留水にも効能のいくばくかはあるだろうが、一般に行われているピューター（スズを主成分とする合金）の蒸留器による蒸留は化学的な油と塩が残るために、それを燃やさないとすべてが損なわれ、そうした過程において肝心の効能がほとんど失われてしまうからだ。

 ブタの病気に対してすぐれた治療薬となる。

WOOD BETONY
ウッドベトニー

特徴 　根から多数の葉を出す。葉は広くて端が丸く、縁は丸く切れこみが入り、長い葉柄につく。そのあいだから小さく角張った、細くて毛が生えている茎を直立させる。節には根につくものよりも小さな葉がつき、ラベンダーと似ているがほとんどは厚く短い花の繖形花序ができる。花は赤色か紫色、上部と下部どちらにも白い斑がある。種は花を支える萼の中にでき、黒くて長く、いびつである。白いひげ根を多数伸ばす。茎は枯れるが、根は数枚の葉をつけたまま冬を越す。植物としてかなり小さい。

分布 　森の中に自生することが多く、日陰を好む。

季節 　7月に花が咲き、そのあとすぐに種が熟す。ただし最も茂るのは5月である。

✳ 属性と効能 ✳

木星と牡羊座が支配する。初代ローマ皇帝アウグストゥスの主治医アントニウス・ムーサがこのハーブの効能を記した書物を著している。そこには感染症から肝臓や体を守り、魔法からも守るとある。

　ハチミツ酒に少量のハッカを加えてつくった煎じ汁を目に流しこめば、視力を悪化させる血液や体液を減らして排出する。ワインで煎じた汁でうがいをすると、歯痛をやわらげる。すりつぶした葉かその汁液を内臓の傷や頭や体の新しい外傷につけると、すみやかに治してその傷を閉じる。腱や血管が切れた際にも効果があり、体に刺さった折れた骨やとげを抜きとる。空洞になっていなければ、古い傷や潰瘍にも同じように有益である。その際、少量の塩を足すとよい。少量の豚脂を混ぜてつければ、ただれやできものを改善する。煎じ汁をあたためてその湯気を漏斗で耳に入れれば、痛みをやわらげ、虫を殺し、腫れを治す。耳に汁液を直接入れても同じ効果がある。

　とても貴重なハーブであることは間違いなく、シロップ・砂糖漬け・油・軟膏・硬膏として家の中に保存するべきである。花は通常、砂糖漬けにされる。

内服

　食欲がなく食事を消化できない者、胃弱で苦いげっぷが出たり、胃の内容物がくり返し逆流したりする者のために、そのままでも乾燥させても、葉でも根でも花でも、飲み物・食べ物に入れても、砂糖漬けでもシロップでも水でも、舐剤でも粉でも、とにかくそれぞれの好みで、また時期や季節に応じて使うと効果がある。どの使い方でも黄疸・てんかん・まひ・けいれん・腱の萎縮・痛風・むくみ・頑固な頭痛に効果があるが、興奮をもたらしやすくなる。

　粉を純度の高いハチミツと混ぜれば、あらゆる咳・風邪・喘鳴（ぜんめい）・息切れや、肺病をもたらす漿液がたまる症状にも同じように有用である。ハチミツ酒に少量のハッカを加えてつくった煎じ汁は、毎日熱であれ三日熱であれ、ひどいおこりに有効である。ワインでの煎じ汁をのめば、腹の中の寄生虫を駆除し、脾臓と肝臓の閉塞を開く。さしこみ・背中の痛み・腸の不調・腹部の膨満感を治す。ハチミツと混ぜたものは腹をきれいにし、月経を促し、子宮の下降とその痛みに特別に役立ち、分娩の際にはすみやかな安産をもたらす。さらに腎臓と膀胱の結石を砕いて排出する。

　毒ヘビや狂犬にかまれた際には、内服しても、かまれた場所につけてもよい。粉1ドラムを酢に入れて少量のハチミツを足してのめば、旅のひどい疲れを見事に回復させる。口や鼻の出血を止め、ヘルニアを改善し、打ち身などによるけがに有効である。根は不快な味で胃にも悪いが、葉や花は甘くて刺激があり、食べても薬にしても好ましい。

THE BEECH TREE
ビーチ

ここで記すのはグリーン・マスト・ビーチであって、サセックス州ではスモーラー・ビーチ、エセックスではホーンビーンと呼ばれる、小さくごつごつした種類とは異なるものである。

分布 森の中でオークや他の木々とともに、また公園、森林、狩り場に自生し、シカの餌となる。他の場所ではブタの餌にもなる。

季節 おおむね4月の終わりか5月の初めに花が咲く。実は9月に熟す。

✳ 属性と効能 ✳

 土星の司るハーブであり、土星という惑星の性質が反映した効用や効能を備えている。

 外用 ビーチの葉は冷やして固める性質があり、熱を持った腫れに有効である。腐ったビーチの木のうろにたまった水で洗うと、人や動物のふけ、発疹全般を治す。葉を煮て湿布に、あるいは季節によっては軟膏としてもよい。

BILBERRIES, SOME WHORTS, WHORTLE-BERRIES
ビルベリー、サムホーツ、ホートルベリー

特徴

ここではイングランドで一般的な2種類についてのみ記す。黒いビルベリーと赤いビルベリーである。

黒いビルベリーは小さな茂みが地面に沿って広がり、50センチの高さまで伸びることはほとんどない。緑の枝に小さな緑色の葉が多数つく。対生ではなく、縁は少し切れこみがある。葉腋に小さな袋状の薄青色の花が咲く。花は5弁、真ん中に赤いおしべが伸び、花後の実はジュニパーの実と同じ色で小さく丸いが、強く甘く鋭い味がする。食べたり触ったりして、とりわけつぶしたときには手や唇が汁液で紫色に染まる。根は土の中を斜めに伸びて、さまざまな方向に這う。葉は冬には落ちる。

赤いビルベリー（あるいはホートルブッシュ）は、黒いビルベリーと同じように育ち、ツゲのように固い緑色で丸くとがった葉を多数つける。葉は枝の途中ではなく、先端からだけ伸びる。黒いビルベリーと同じように丸く、赤く、汁の多い実を多数つける。果実は熟すと鋭い味がする。根も同じように地中を這うが、葉は冬のあいだも残る。

分布

黒いビルベリーは森やヒースといった不毛な場所に自生する。赤いビルベリーはランカシャー、ヨークシャーなど北部で自生する。

季節

3月と4月に花が咲き、7月と8月に黒い実が熟す。

✴ 属性と効能 ✴

 木星が支配する。

 　下剤としてしか使われないのが残念である。黒いビルベリーは熱に有効で、肝臓と胃の熱を冷まし、吐き気と不快感を抑える。実の汁液からつくったシロップや、果肉のジャムは、上記の目的に有効である他、しつこい咳・肺の潰瘍などにも効く。赤いビルベリーは月経を止め、出血あるいは血液や体液の流れを抑える（外用してもよい）。

BIFOIL, TWABLADE
バイフォイル、トゥワブレイド

特徴

ほのかに甘い根から長く細いひげ根を多数下に伸ばし、緑色の円筒形の茎は地面から3センチほどの高さになる。育つと真ん中まで5〜8センチほどになり、そこから上向きに花がつく。茎の中ほどにプランテンに似た（ただし、より白い）2枚の広い葉を対生させ、花を底から支えるようにぐるりととり囲む。

分布

森、低木の茂みなどさまざまな場所に自生している。湿った場所や沼地には、これとは異なる別の種類が自生する。そちらはさらに小さくて緑が濃く、ときには3葉となる。花穂は前者より少なく、根は地中に伸びる。

✳ 属性と効能 ✳

♄ 土星が支配する。

 外用 新しい傷にも古い傷にも効果があり、頻繁に使われる。

THE BIRCH TREE
バーチ

特徴　とても高くまっすぐに育つ木で、たくさんの大枝を伸ばし、細い枝は下向きにしなる。古い木は色あせ、ひび割れた樹皮に覆われているが、若い木は古い木よりもはるかに濃い茶色である。最初に出る葉はしわが寄り、やがてビーチの葉に似てくるが、それよりは小ぶりで緑色が濃く、縁は鋸歯である。セイヨウハシバミに似た小さくて短い実をつける。実は長いあいだ枝についているが、熟すと地面に落ちて種を残す。

分布　通常は森の中に自生する。

✳ 属性と効能 ✳

 金星が支配する。

外用　若葉の汁液やその蒸留水、木に錐(きり)で穴をあけてとった水の蒸留水で口内のただれを洗うと有効である。

内服　上記のいずれの蒸留水も、数日間のみつづければ腎臓と膀胱の結石を砕く効果がある。

BIRD'S FOOT
バーズフット

　この小さなハーブは、手を広げた幅ほどの高さにもならず、小さな葉のかたまりがついた多数の枝を地面近くに広げる。薄黄色の小さな花が頭を寄せあうようにして枝に多数咲き、のちには固まって小さな莢になるが、それが小鳥の鉤爪に似ていることからこの名前がついた。

　ほぼ同じ形で、少しだけ大きい種類もある。花は薄いピーチ色、莢は同じように節がはっきりしているが、少しゆがみが強い。細い根には、たくさんの小さな節や粒ができる。

 分布　ヒースや、多くの開けた未耕地に自生する。

 季節　花と種は夏の終わりにできる。

✴ 属性と効能 ✴

 土星が支配する。

 軟膏と硬膏が傷に効くように、すべての塩は結石に対して最も効力があるので、このハーブの塩を結石のためにつくってもよい。

 乾かして固める性質を持つがゆえに、傷薬としてのむのが最適である。ただし後者の種類の煎じ汁は、腎結石を砕いて排出する。ヘルニアを劇的に改善する（外用してもよい）。

BISHOP'S-WEED
ビショップスウィード

　ビショップスウィードという名前の他に、通常はそのギリシャ語名であるアミあるいはアモアスがよく知られている。エチオピアン・クミンシードあるいはクミンロイヤル、ハーブ・ウィリアム、ブルワートとも呼ばれる。

特徴

　円筒形の茎を直立させる。ときに人の背ほどの高さになるが、通常は90〜120センチ、小さくて長く幅広の葉を多数つける。葉は暗緑色で何箇所か切れこみ、縁は鋸歯、対生する。葉の上に枝がいくつも広がり、先端には白い花の繖形花序がつき、それがパースリーより少しだけ大きい丸い種になる。種は強烈で刺激的な香りと味である。根は白く細く、毎年枯れて、通常は落ちた種からまた芽を出す。

分布

　イングランドとウェールズの数多くの場所、グリーンハイズとグレーブセンドのあいだで自生する。

✳ 属性と効能 ✳

 金星が支配する。

 ハチミツと混ぜたものをつけると、打ち身や外傷によるあざを消す。上気した顔のほてりを白くする（内服してもよい）。ロジンと混ぜた蒸気は子宮を浄化する。

 あたためて乾かす性質があり、金星の影響により、性欲をかきたてる作用がある。体液を分解し、排尿と月経を促し、ガスを消し去り、ワインでのめば痛みと腸の締めつけをやわらげ、ヘビにかまれた際に有効である。尿の通りをよくして、甲虫の毒の効力を消す。

BISTORT, SNAKEWEED
ビストート、スネイクウィード

スネークウィード、イングリッシュ・サーペンタリー、ドラゴンワート、オステリック、パッションズなどと呼ばれる。

特徴　根は太く短くてこぶがあり、外皮は黒くて中は赤みを帯びている。少し曲がり、あるいはからみあい、苦みが強く、多数の黒いひげ根を伸ばし、そこから毎年長い柄を持つ葉が多数出る。葉はタデに似て幅広で長く、端が少しとがっている。表は青緑色、裏は灰色で少し紫がかり、多数の葉脈がある。そのあいだから小さく細い茎が何本も60センチほどの高さまで伸びる。茎は裸で葉はついてもごくわずか、細く薄い色の花が繖形花序をつくって咲く。花が枯れたあとには、ソレルに似ているがそれよりも大きい種ができる。

イングランドには他の種類も自生している。そちらは丈が低く、根も茎も、とりわけ葉が小さい。根は外皮は黒くて中は白く、前者と同じように強く苦い味がする。

分布　日のあたらない湿った森や、丘のふもとに自生するが、主として庭で栽培される。細い葉の種類は北部のランカシャー、ヨークシャー、カンバーランドで見られる。

季節　5月の終わりに花が咲き、7月の初めに種が熟す。

✳ 属性と効能 ✳

 土星が支配する。

 プランテンの汁液を足して外用すれば、淋病や腎臓の膿を大いに改善する。根の粉を1ドラム水に溶かし、熱い鉄を浸して冷却したものもすぐれた効果があり、体がまず有害な体液に備え、それを排出できるようにする。葉も種も根も、すべて煎じてものんでも塗っても、内臓や皮膚のさまざまな傷に有効である。粉を傷に振れば、出血を止める。根を水で煎じてザクロの皮と花を少々加え、子宮に注入すると、月経異常を改善する。

根にペリトリーオブスペインと焼いたミョウバンをそれぞれ少しだけ足して細かく刻み、ハチミツと混ぜてペーストにしたものを虫歯の穴に入れるか、もしくは歯の隙間につけると、痛みをもたらす分泌物を抑え、頭を浄化し、有害な水を排出する。蒸留水で鼻や他の部位の傷や潰瘍を洗い、そのあとに根の粉をつけるととても効果がある。葉・根・種をすりつぶした煎じ汁か汁液をつけると、歯肉を引きしめ、顎・扁桃・口の熱や炎症をとり去る。根が最も効力がある。

冷やして乾かす性質を持つ。葉も根もあらゆる毒に対抗する。根を粉にしてのむと、天然痘・嚢虫・紫斑・その他の感染症の毒を、汗をかかせることで排出する。根の粉、あるいはワインによる煎じ汁をのむと、体内のあらゆる出血・吐血・体液・嘔吐を止める。ヘルニアや打ち身による傷にとても有用で、固まった血液を溶かし、痛みをやわらげる。黄疸も改善する。

葉と根からつくった蒸留水は、有毒な生物にかまれたり刺されたりしたときの特効薬になる。また上記の目的にも使え、ただれに有効である。根をワインで煎じてのむと、早産や流産を防ぐ。葉は子供の寄生虫も殺し、尿をつくれない者にとって大いに役立つ。

ONE-BLADE
ワンブレイド

特徴　この小さな植物は、葉を1枚しかつけない。ただし茎が伸びると、ときにもう1枚だけつけることもある。葉は青緑色、柄に近いほど広がり、プランテンのようにとがっていて多数の葉脈がある。茎の先には、ほのかに甘く香る星形の小さな花が多数咲く。花が落ちると小さな実がついて、熟すと赤くなる。根はラッシュの小型版で、地面よりわずかに下を這い、さまざまな方向に伸びて広がる。

分布　イングランドに多くある、森の中の湿った日陰の草むらで自生する。

季節　5月頃に花が咲き、6月に実が熟したのちすぐに枯れ、翌年同じように芽を出す。

✷ **属性と効能** ✷　　太陽が支配する。

内服　強心効果がある。根を粉にしてワインと酢をそれぞれ少量加えて半ドラムか最大1ドラムをのませ、しばらく寝かせて、汗をかかせると、感染症あるいはできものの毒素を排出し、心臓と精神を危険から守る。他のハーブと合わせてつくった香油は新しい傷にも古い傷にも欠かせない薬で、特に神経が傷ついたときに有効である。

THE BRAMBLE, BLACK-BERRY BUSH
ブランブル、ブラックベリー

✴ 属性と効能 ✴

 牡羊座にある金星が支配する。ヴィーナス（金星）が怒りっぽくなるのは、火星のハウスにいるからである。

 葉と果実は、生のままでも乾燥させたものでも、口内や陰部のできものに効く塗り薬となる。実の汁液をマルベリーの汁液と混ぜるとさらに効果的で、部位を問わず治りにくいできものや潰瘍を改善する。枝・葉・花・果実の蒸留水は味がとてもよく、発熱や体・頭・目・その他の部分の熱を持った不調にとても効果があり、先に述べた目的にも有用である。

葉を灰汁で煮たもので頭を洗うと、かゆみやできものをとり、髪を黒くする。葉の粉を潰瘍に振りかけると、驚くほどの治療効果がある。葉や実の汁液を濃縮して、先述の目的のために1年中いつでも使えるよう保存する者もいる。

 つぼみ・葉・枝は口・喉・扁桃の潰瘍やただれに有効で、同様に他の傷やできものも治す。一方で、花や熟していない実は血液の流れや下痢にとても有用で、吐血の

治療薬でもある。粉か根の煎じ汁をのめば、腎砂や結石を砕いて排出する。葉と果実あるいは乾燥させた枝の煎じ汁は月経過多を改善する。花の実は、最も強力なヘビの毒に対するすぐれた解毒剤となる。尻のできものや痔を治す（患部に塗ってもよい）。

BLITES
ブライツ

特徴

一般に知られているものとしては、白と赤の2種類がある。白いブライツの葉はビーツに似ているが、それより小さくて丸く、白緑色で、どれも小さくて長い葉柄を持つ。茎は60～90センチまで伸び、そのような葉をつける。花は先端に長く丸い房になって咲き、その中に小さく丸い種ができる。細い糸状の根が多数伸びる。

赤いブライツは白とほぼ同じだが、葉と房の頭は最初はとても赤く、やがて紫色を帯びる。

これらの他にも異なる種類があるものの、まれであり、野生種はあらゆる部分が小さい。

分布　庭で栽培される。野生種はイングランドの数多くの場所に自生する。

季節　種は8月と9月にできる。

✳ 属性と効能 ✳

 金星が支配する。

 どの種類も冷やし、乾かし、固める性質があり、とりわけ赤いブライツは男女双方の血液の流れを抑える効果が大きく、月経過多を改善する。白いブライツはおりものを減らす。

 他のハーブと同じようにブライツにも野生種があり、長くとがった頭の緑色の種が密集しているので、1つの種のように見える。

野生種は漁師が餌として日常的に愛用している。魚はすぐに食いついてくるので、手応えがあったときすみやかに対応できれば釣りあげることができる。

BORAGE and BUGLOSS
ボリジとビューグロス

　ボリジ、ビューグロスはとてもよく知られているが、もう1種類ラング・ド・ボフと呼ばれるものもある。
　どうして1つのハーブをバッグロスと呼んだり、ラング・ド・ボフと呼んだりするのか、ずっと疑問だったが、前者はギリシャ語で、後者はフランス語で同じ〝牛の舌〟という意味だった。

特徴　　ラング・ド・ボフの葉はビューグロスよりは小さいが、それよりもざらついている。茎は45センチほどに伸び、最も多いのは赤色である。花はうろこ状のぎざぎざの頭にのり、ダンデライオンに似た多数の小さな黄色い花のかたまりになる。種も同じように風にのって飛び、地面に落ちる。この花はとても苦いので、味で簡単に見分けがつく。

分布　イングランドのさまざまな場所に自生する。ロンドン近郊のロザヒースとデットフォードのあいだの水路近くに多く見られる。その効能はボリジと同じだが、こちらのほうがあたためる性質が強い。

季節　花は6月と7月に咲き、種はそのすぐあとに熟す。

✳ 属性と効能 ✳

 木星が支配し、獅子座のもとにある。

 目を蒸留水で洗えば、充血や炎症を改善する。生のもののみを使い、乾燥させたものは使わない。ハチミツ酒かハチミツ入りの水で灰を煮た液でうがいをすると、口や喉の炎症や潰瘍に効く。アンチューサの根を舐剤にしたものは咳に効く。

すぐれた強心効果を持ち、体力を強化する。葉と根は化膿性、あるいは感染症の発熱に適し、心臓を守り、毒のある植物を食べたときや有毒な生物にかまれたとき、毒に抵抗して排出する。種にも同様の効果がある。種と葉は母乳の出をよくする。葉・花・種はすべて一緒でも別々でも、憂鬱質をとり去る。血液を浄化し、熱をさげる。汁液からつくったシロップはそれらの目的すべてに大いに役立ち、冷やし、開き、浄化する作用を持つ他のハーブと併用すれば閉塞を開き、黄疸を改善する。カラムサケマンと混ぜれば、血液を冷やして浄化する。かゆみ・白癬・発疹・かさぶた・できものを改善する。花の砂糖漬けはこれらの例に役立つが、主として強心薬として使われ、長患いで弱った体を支え、肺病・頻繁な失神・動悸に悩まされている者の心臓や精神をなだめてくれる。

BLUE-BOTTLE
ブルー・ボトル、コーンフラワー

〝傷の鎌〟という名前は、穀物を刈る鎌の縁のように曲がっているからである。ブルーブロウ、コーンフラワーとも呼ばれる。

特徴 白緑色の葉を地面に広げる。そのあいだから茎が伸びて、輪郭がほぼなめらかな長い緑色の葉がついた、いくつもの枝に分かれる。花は青色で、そこからこの名前がついている。数えきれないほど多数の花がうろこ状の頭に固まる。種はなめらかで光沢があり、冠毛に包まれている。根は毎年枯れる。

分布 すべての穀物畑（エンドウマメ、フレンチビーンズ、ソラマメを除く）に自生する。そこから引き抜いて、特に満月が近づく時期を選んで庭に植えたら、それまでより2倍に育ち、何度も色を変える。

季節 5月の初めから収穫期の終わりまで花が咲く。

✳ 属性と効能 ✳

土星が支配する。

汁液を新しい傷にかければ、すみやかに傷口を閉じる。口内の潰瘍やできもの全般を改善する。汁液を目にさすと、その熱と炎症を鎮める。葉の蒸留水にも同じ効果がある。

 冷たく乾いたハーブで、固める性質を持つ。乾燥させた葉やその粉は、転倒による傷・血管の損傷を治す。口内の大出血を止める。プランテン、ホーステイル、より大きなコンフリーの水でのむと、サソリなどにかまれたときに解毒剤となる。種か葉をワインでのむと、あらゆる感染症に有効で、それによる発熱を抑える。

BRANK URSINE
ブランクアーサイン

ブランク・アーサインという英語名の他に、〝クマの尻〟あるいはアカンサスとも呼ばれる。

| 特　徴 |

大きくて厚みがあり暗緑色で、とても太く汁に富む中肋を持ち、表面がなめらかな葉をとてもたくさん地面に広げる。葉の縁には深い切れこみが多数ある。葉は長いあいだ残り、そののちに茎が伸びて90～120センチほどのかなりの高さにまで成長し、上部に花を豊かに咲かせる。茎の下方には枝も葉もつかない。花は袋状で口を開き、色は白、茶色い萼に立ち、切れこみのない細長い花弁がそれぞれ二重に出る。イングランドではめったに種はできない。大きくて太い根が多数伸びる。外皮は黒くて中は白く、水分をたっぷり含んでいる。一部を庭に埋めて最初の冬の寒さから守れば、しっかりと育つだろう。

| 分布 | イングランドの庭でのみ育ち、とてもよく茂る。

| 季節 | 6月と7月に花が咲く。

✴ 属性と効能 ✴

 月が支配する。

 葉をすりつぶすか、煮て湿布のようにしてつけると、折れた骨をつなぎ、はずれた関節を強化する。やけどにはこれ以上の治療薬はなく、ただれを消して傷跡を残さずに癒やす。

 葉を煮て浣腸として使うと、腸をきれいにして通りをよくする。煎じ汁をのむと、血液の流れをすばらしくよくする。葉か根の煎じ汁をのみ、葉の煎じ汁を患部につけると、くずれて患部が露出したるいれきに有効である。ヘルニアにはすぐれた治療薬となる（外用してもよい）。同じようにして、けいれんと痛風も改善する。消耗性の発熱にとりわけ有効で、消耗したときの水分過剰を調整する。

BRIONY, WILD VIN
ブライオニィ、ワイルドヴァイン

〝森のブドウ〟、タムス、〝淑女の印章〟と呼ばれる。白いものはホワイトヴァイン、黒いものはブラックヴァインと呼ばれる。

特徴

白いブライオニィは生け垣を這いのぼるように育ち、最初はたくさんのざらついたとても柔らかく長い枝を広げる。それぞれにとてもざらざらした広い葉がつく。葉は（大部分が）5裂、ヴァインの葉にとてもよく似ているがもっと小さく、ざらざらして白っぽい緑色である。とても遠くまで広がり、小さな巻きひげで（節から葉とともに伸びる）距離があっても隣にあるものにからみつく。いくつかの節からは（とりわけ枝の上部に向かって）長い房が出て多数の白い花が固まるように咲く。花は5弁で、星のように広がる。花後にヴァインの房よりも1つずつが離れた形で実がつく。最初は緑色で、完全に熟すと真っ赤になり、においは臭く、吐き気をもよおす最悪の味である。根はとても大きくなり、多数の長い蔓や枝を広げる。外皮は薄白色で中はさらに白く、やはり鋭くて苦い、ひどい味である。

分布
イングランドの土手や生け垣の下に自生する。根はとても深くまで伸びる。

季節
7月と8月に花が咲く。前後することもある。

✳ 属性と効能 ✳

> きわめて好戦的な植物である。

　葉・実・根は古いできものを治し、傷・潰瘍・壊疽、発疹に有効であり、その実は田舎の人々にテッターベリーと呼ばれることもある。根は皮膚の黒いしみ・青あざ・そばかす・かったい・化膿した傷などの症状を見事にきれいにする。さらに乾燥させた根か汁液、とりわけ上質の白く固めた汁液は、治りにくいかさぶたや疥癬を治す。根の蒸留水にも同じ効果があるが、弱い。すりつぶした根を骨が折れた箇所につけると回復を早め、皮膚に刺さったとげもとる。少量のワインを混ぜたものをつければ、できものを破り、関節のひょうそを改善する。このうちできものや腫瘍などについては、豚脂や他の適当な軟膏を少し混ぜて塗るとよい。

　ブライオニィの根は暴力的なまでに強力な下剤になり、胃を傷つけて肝臓を焼くので、一気にのんではならない。けれども正しく使えばてんかんやめまいなど頭の疾患に対して、頭・関節・腱を圧迫する粘液やリウマチ性の体液を大幅に減らす。まひ・けいれん・さしこみ・むくみに有効であり、排尿を促す。腎砂や結石を排出し、脾臓の閉塞を開いてその硬化や腫れをやわらげる。

根を煎じたワインを1週間に一度、寝る前にのめば、子宮を浄化してそのできものを治し、胎児が死んでしまった場合は流産させる。根の粉1ドラムを白ワインでのむと、月経を促す。

　根とハチミツでつくった舐剤は、息切れに悩まされている者の胸の粘液をとり去り、しつこく長い咳をすっきりと治す。内臓の傷にも有効で、凝固した血液を排出する。疾患については内服が基本だが、排出力が強烈なため、専門家によって正しく扱う必要がある。

BROOK LIME, WATER-PIMPERNEL
ブルックライム

 地面を這う根から節ごとにひげ根を伸ばす。そこから樹液の多い、円筒形で緑色の茎が伸びる。いくつかは枝が分かれ、幅広で丸く、深緑色で分厚い葉が対生する。根元からは長い花柄が出て、多数の小さく青い花を咲かせる。小ぶりで丸い、とがった５弁の花である。

よく似ているが、より大きく、花がより薄い緑色の種類もある。

 小さな水たまりに自生する。ウォータークレスのそばで育つことが多い。

 ６月と７月に花が咲き、翌月以降に種をつくる。

✳ 属性と効能 ✳

強烈なまでに好戦的な植物である。

 ブルックライムとウォータークレスは一般に減量のための飲み物として使われ、健康を損なう悪い体液を血液と体からとり去る役割を果たし、壊血病にも効果がある。どちらも排尿を促進し、結石を砕いて排出させる。月経を促し、胎児が死んでしまった場合は流産させる。バターと酢で焼いてあたためたものは、腫瘍全般・できもの・炎症を改善する。

BUTCHER'S BROOM
ブッチャーズブルーム

ラスカス、ブルスカス、ニーホーム、ニーホーリー、ニーハルバー、ペティグリーとも呼ばれる。

特徴　根から最初に伸びる若枝は太くて白くて短く、アスパラガスと似ているがもっと大きく、45センチほどの高さになり、緑色で先端は丸みを帯び、しなやかなたくさんの枝に分かれ、そこにかなり幅広で楕円形の硬い葉がつく。葉にはとげがあり、端がとがっていて暗緑色で、たいていは2枚ずつ重なるようにつく。葉の真ん中あたり、裏の中肋の下側に小さな白緑色の花が咲く。花は小さく丸くとがった4弁、たいてい花柄はなく、そのあとに小さくて丸い実ができる。実は最初は緑色で熟すと赤色に変わり、中には3つほどの白くて硬く丸い種がある。根は太くて白く、先端が大きく、そこから白く長く強いひげ根が密生する。

 分布　低林やヒース、荒れ地に自生する。ホーリーの茂みの下か、その近くに見られることもある。

 季節　若芽を春に出し、実は9月頃に熟し、枝の葉は冬のあいだずっと緑色のままである。

✷ 属性と効能 ✷

 火星が支配する。

 実と葉でつくった湿布をあてれば、折れた骨をつないで固め、はずれた関節をもとに戻す。

 根をワインで煎じたものは閉塞を開き、排尿を促し、砂や結石の排出を助け、痛みを伴う排尿障害・月経・黄疸・頭痛を改善する。ハチミツと砂糖を足すと、胸の粘液やそこに集まる粘性の体液を浄化する。

基本的な使い方は、根とパースリー・フェンネル・セロリを白ワインで煮て、同量のイネの根を加えた煎じ汁をのむことである。根が多いほど、煎じ汁の効果は強くなる。副作用はないので、頑強な者には最も効果が強い煎じ汁をのませる。

BROOM
ブルーム

　さまざまな場所で（多くは生け垣の脇やヒースなどの野原で）、根から芽を出す。茎は指ほどの太さで、60センチほどの高さになり、たっぷりと葉をたたえ、先端に茎や葉と同じような赤黄色の花が多数咲く。

分布　自らが育つ場所を損なう程、いたる場所に自生する。

季節　夏のあいだに花が咲き、冬になる前に種ができる。

✳ 属性と効能 ✳

 火星が支配する。

外用　焼いた枝の端からつくった油や水は歯痛を改善する。若枝の汁液を古い豚脂で軟膏にして塗るか、すりつぶして油か豚脂で熱した若枝を、ガスやさしこみで痛む脇腹に一度か二度つけると、痛みをやわらげる。同じものを油で煮れば、頭などについたノミを殺す最も安全で確実な薬になり、体液の流入による関節の痛み・膝の腫れの特効薬となる。

内服　若枝の汁液や煎じ汁・種・種の粉は下剤となり、関節から粘液と漿液を抜きとり、むくみ・痛風・坐骨神経

痛・腰や関節の痛みを改善する。また強い吐き気をもたらし、脇腹の痛み・脾臓の腫れを改善し、腎臓と膀胱の結石を排出し、排尿を強く促し、結石の再発を防ぐ。葉と種の粉を継続してのみつづけると、黒黄疸を治す。花の蒸留水にも同じ効果がある。暴飲暴食後の回復に、また3、4オンスを同量の水に少量の砂糖を加えて発作の直前にのませ、ベッドに寝かして汗をかかせれば、おこりの発作を抑えられる。

BROOM RAPE
ブルームレイプ

✳ 属性と効能 ✳

 火星が司るため、肝臓に対してきわめて有害である。これは木星と火星のあいだの反感によるものである

 ワインでの煎じ汁は、ブルームと同じように腎臓や膀胱の結石を排出し、排尿を促す。汁液は新しい傷だけでなく化膿した古いできもの、悪性の潰瘍にもきわめて有効である。上部の茎を三度か四度くり返し漬け、漉した花を加えて日にさらした油は、日光の熱や体液の悪影響によってもたらされるしみ・そばかす・吹き出物などを皮膚からきれいにとり去る。

BUCK'S HORN PLANTAIN
バックスホーンプランテイン

特徴

種をまくと最初は小さくて細い毛が生えている、暗緑色の芝のような葉が出る。最初の葉に切れこみや鋸歯はないが、それにつづく葉は3裂か4裂、端はとがり、シカの枝角に似て（そこから名前がとられている）、地面の上を這う根のまわりにつき、あるいは1つずつ星の形のように並ぶ。毛が生えている複数の茎は10センチほどの高さになる。それぞれにプランテンのような小さくて長くとがった頭ができて、やがて花が咲き種ができる。長く小さな1本根で、そこから多数のひげ根が伸びる。

分布

ウェストミンスター近くのトットヒルのような砂地をはじめ、イングランドのさまざまな場所に自生する。

季節

5月から7月にかけて花が咲き、種ができる。葉は緑色が鮮やかなまま冬を越す。

※ 属性と効能 ※

 土星が支配する。

おこりの際、脇腹にすりつぶした葉をつけると、発作をすみやかに抑える。葉と根を粗塩と混ぜて砕き、手首につけても同じ効果がある。葉をビールとワインで煮たものを数日間朝晩のみつづければ、頭から目に流れこむ熱い体液を浄化し、目の痛み全般をやわらげる。

強く乾かして固める性質がある。ワインで煮たものをのみ、何枚かの葉を傷ついた場所にあてると、クサリヘビにかまれたときにすぐれた治療薬となる。同じものをのむと、血管や腎臓に結石がある者の患部の熱を冷まして強化し、弱って食事を受けつけない胃を強化する。口や鼻のあらゆる出血・血尿・下血・下痢を止める。

BUCK'S HORN
バックスホーン

　ハーツホーン、ハーバステラ、ハーバステラリア、サンギナリア、ハーブアイ、ハーブアイビー、ワートトレセス、スワインクレセスなどと呼ばれる。

 　小さく華奢な枝をばらばらと地面に多数伸ばす。葉は多く、小さくてぎざぎざしており、セリバオオバコと似ているが、ずっと小さくて毛もない。花は葉のあいだから咲き、小ぶりでごつごつしており、白いかたまりをつくる。種はさらに小さくて茶色、苦い味である。

 乾燥した不毛な砂地で育つ。

他の種類のプランテンと同じ時期に花と種をつける。

✴ 属性と効能 ✴

 　土星が支配する。

 　効能はバックスホーンプランテインと同じである。葉をすりつぶして患部につけると、出血を止める。葉をすりつぶしていぼにつければ、短期間でつぶれて消える。

BUGLE
ビューグル

　ミドル・コンファウンド、ミドル・コンフリー、ブラウン・ビューグル、さらにシックルワート、ハーブカーペンターとも呼ばれる。ただし、エセックスでは他のハーブをその名前で呼んでいる。

特　徴

　葉はセルフヒールよりも大きいが、形はほぼ同じで、わずかに長い。表は緑色、裏は茶色、縁は鋸歯、わずかに毛が生えており、角張った茎もときに50センチ近くまで伸びる。葉はそのほぼ中央から対生し、離れた下の茎には花が上向きに咲き、他よりも小さく茶色い葉が寄り添う。そのあいだの茎は裸である。花は青色で、ときに灰色、グランドアイビーのような形で、花後には小さくて丸く黒い種がつく。根は多数のひげ根を伸ばし、地面の上に広がる。

　白い花のビューグルは、青い花のものと形も大きさも変わらないが、葉と茎は常に緑色で、他の種類のように茶色くはならない。

分布　森、低林、野原などイングランド各地に自生するが、白い花のビューグルは青い花のものほど多くはない。

季節　5月から7月にかけて花が咲き、そのあいだに種が熟す。地面に貼りつく根と葉は、冬のあいだもずっと枯れずに残る。

✳ 属性と効能 ✳

金星が支配する。その効能にほれたなら、のむためのシロップと、外用のための軟膏と硬膏をいつもそばに備えておくべきである。このハーブの効果は土星に対する共感による作用と私は考えている。土星は天秤座のもと、金星のハウスのなかで高められる。

外用　すりつぶした葉をつけるか、汁液で患部を洗ってきれいにすると、壊疽や瘻孔にも効果があり、同じものをローションにしてミョウバンを足すと、極端にこじれてさえいなければ口や歯茎の腫れを治す。陰部にできた潰瘍やできものにも同じくらい強力かつ効果的に働く。骨折や脱臼にも有効である（内服してもよい）。ビューグルとスカビアスとサニクルの葉をすりつぶして、豚脂で葉の水分がなくなるまで煮つめて軟膏をつくり、必要な機会のために瓶に入れて保存しておくとよい。あらゆる傷に有効であるため、欠かせない常備薬となる。

内服　ワインでつくった葉と花の煎じ汁をのむと、打ち身による内臓の傷で固まった血液を溶かし、さらに体内の傷、体や腸の刺し傷にとても効果がある。またあらゆる傷薬の作用を助け、肝臓の成長を促す。重症度を問わず、潰瘍やできものを治すすぐれた効用がある。

酒をのみすぎたときに、奇妙な妄想・夜間の幻視・幻聴・悪夢に悩まされることはよくある。強い酒をのみすぎたせいで憂鬱が薄まり、舞いあがって脳を刺激し、悩ましい想像を育んでしまうからである。この症状は夕食の2時間後、就寝前にシロップを2さじのむだけで治る。

BURNET
バーネット

　サンギソルビア、ピンピネッラ、ビプロ、ソルベグレラなどと呼ばれる。庭に育つバーネットはよく知られている。それとは別の野生種について、特徴を以下に記す。

　野生種も栽培種と同様に根から曲がった葉を出すが、枚数は少ない。それぞれの葉は栽培種の２倍以上の大きさで、縁には同じように切れこみがあり、裏は灰色である。茎はさらに太く高く伸び、そうした葉がかたまりになってつく。先端にある頭は茶色で大きく、そこから栽培種と同じ暗紫色で大きめの花が咲く。根は同じように黒くて長いが、やはり太い。栽培種と同じように、においも味もほとんどしない。

　あちこちの庭で栽培される。野生種はイングランドのさまざまな地域で自生する。とりわけハンティンドンやノーサンプトンシャーの草地に多い。ロンドン近郊のセント・パンクラス教会の近く、あるいはパディントン近くの草地の中ほどの土手にも見られる。

　６月の終わりから７月の初めに花が咲き、８月に種が熟す。

✹ 属性と効能 ✹

> 太陽が支配する、ウッドベトニーにも劣らない、最も貴重なハーブである。継続して使えば体の健康を保ち、心に活力を与えてくれる。この作用は、太陽が生命を守る存在であることによる。

2本か3本の茎を葉とともにワイン、とりわけクラレット（ボルドー産の赤ワイン）1カップに入れると、心を活気づけ、心臓を清新にして浄化し、憂鬱を消し去る。心臓を有害な蒸気（訳注：当時の医学では、体内に有害な蒸気が流れて病気をもたらすという考え方があった）や感染症から守る特別な力があり、汁液をのませたあと横にして汗をかかせるのがよい。さらに乾かす性質と収縮させる作用があるため、体液の流出に有効であり、体の内外の出血・下痢・肺病・血液の流出・月経過多・おりものの過剰・腹部の膨満感・嘔吐を鎮める。部位を問わずすべての傷・潰瘍・ほとんどのできものに対して汁液・煎じ汁・葉と根の粉・葉の蒸留水・軟膏、その他の保存法によるものは、万能薬となる。種も粉にしてワインか、あるいは熱い鉄の棒を浸した水でのむかすれば、体液の流出を止め、じくじくするできものを乾燥させる。粉や、軟膏と混ぜた種も有効である。

BUTTER BUR, PETASITIS
バターバー、ペタサイティス

特　徴　　2月に芽吹き、太い茎が30センチほどの高さに伸び、いくつかのかけらのようなごく小さな葉が組みあわさってつき、先端には長い穂形花序ができる。花は土壌によって青色か濃赤色になり、花の咲いたあと茎は1カ月もたたないうちにしおれ、風にのって飛び散る。そのあと葉が出はじめ、充分に育つととても大きく幅広になるが、かなり薄くほぼ円形である。赤く太い葉柄は30センチほどの長さになり、葉の真ん中につく。低いところは2つの丸い部分に分かれ、それぞれが重なるように伸び、薄緑色で裏側には毛が生える。根は長く地中に伸びる。指1本分ほどのものもあれば、それよりはるかに大きいものもあり、外皮は黒くて中は白く、苦くて不快な味がする。

　川や水辺の低く湿った土地に自生する。

　花は2月と3月に咲いて枯れ、4月になって葉が出る。

✳ 属性と効能 ✳

太陽が支配するので、心臓を強化して活力を持たせる作用が強烈である。

根は汗をかかせて感染症による熱を冷ます。根を粉にしたものをワインでのめば、他の毒にも対抗する。根はゼドアリーとアンジェリカと合わせてのんでも、子宮のできものを改善する。根をワインで煎じた汁は重症の喘鳴や息切れにきわめて有効である。排尿や月経も促し、腹の中の寄生虫を駆除する。根の粉は治りにくく湿ったできものを乾燥させ、皮膚のしみや吹き出物をすべて消し去る。

THE BURDOCK
バードック

パーソネータ、ロッピーメジャー、グレート・バードック、クロッドバーとも呼ばれる。

 水路や水辺、イングランドのあらゆる場所の道の脇に自生する。

✵ 属性と効能 ✵　 金星が支配する。

 　葉か種によって、子宮を望む方向に動かすことができる。子宮が脱落しそうなときには頭頂にあてることで上向きに、子宮の発作のときには足の裏にあてて下向きに、そのままの場所にしておきたいときにはへそにあてるのが、妊娠を継続させるための効果的な方法である。

葉は冷やして適度に乾かし、排出する作用があるので、古い潰瘍やできものに有効である。葉を腱や血管が萎縮している場所にあてると、症状を大いに改善する。少量の塩と混ぜてつぶした根を患部にあてれば、痛みをすみやかにとり、狂犬にかまれた際の治療となる。やけ

どをした箇所に卵白とすりつぶした葉をあてると熱をとり、症状を急速に抑え、治癒を促す。煎じ汁の湿布を治りにくいできものや潰瘍につけると、ただれを抑える。そのあと酒・豚脂・硝石・酢とともに煮てつくった軟膏を塗らなければならない。

根を1ドラム、マツの実とともにのめば、粘液・膿・血痰に効果がある。葉の汁液、さらに根そのものを熟成したワインとのめば、ヘビにかまれた際にもすぐれた効果がある。葉の汁液をハチミツとのむと排尿を促し、膀胱の痛みをやわらげる。種をワインで40日間のみつづけると、坐骨神経痛を劇的に改善する。根は砂糖漬けにして保存し、別な機会に同じ目的のために、あるいは肺病・結石・下痢を治すために空腹時に食べるとよい。種は結石を砕いて尿とともに排泄するため、他の種などと一緒に使われることが多い。

CABBAGE and COLEWORTS
キャベツ と コールワート

 一般に庭で栽培される。

 花は7月の半ばから終わりにかけて咲き、種は8月に熟する。

✴ 属性と効能 ✴

 月が支配する。

 汁液をハチミツと煮て目の隅にさすと、目のかすみをとってはっきりさせる。目にできる潰瘍も治す。キャベツの煎じ汁は痛みやうずきを消し、できものや痛風の足や膝といった、粘性の体液が大量にたまって、熱を持つ場所を鎮める。治りにくく化膿したできものや、かさぶたなどを治す。キャベツの茎を焼いた灰を古い豚脂と混ぜたものは、長いあいだ痛みのあった脇腹や、黒胆汁やガスの強い体液で痛む箇所に塗ると効果的である。

ブイヨンで時間をかけて煮て食べると体を開く作用があるが、二度目の煎じ汁には体を固める作用がある。汁液をワインでのむと、クサリヘビにかまれたときに毒を中和し、花の煎じ汁は月経を止める。ハチミツと合わせてのむと、声がれや失声を回復する。煮こんだものをくり返し食べると、肺病の体を回復させる。中肋の繊維をアーモンドミルクで煮て、ハチミツで舐剤にしたものを服用しつづければ、息切れを改善する。二度煮こみ、年老いたオンドリをブイヨンで煮たものをのめば、痛み・肝臓と脾臓の閉塞・腎結石を治す。

　食前に食べれば暴食やワインののみすぎを防ぎ、酔いをすみやかに覚ます。

　キャベツは食材としても薬としても、きわめて腹持ちがよい。キャベツの花は実に比べて食べやすく、いっそう健康によい。

THE SEA COLEWORTS
シーコールワート

 特徴

長く幅広で厚い、しわの寄った葉を多数つける。葉の縁は鋸歯で、それぞれが太い葉柄につく。とてももろくて灰緑色で、あいだから強く太い茎が60センチかそれ以上伸びる。その先に葉がつき、さらに枝が伸びていく。どの枝にも青白い花が大きなかたまりになって咲く。花はそれぞれ4弁である。根はかなり大きく、地面の中でたくさんのひげ根を伸ばし、葉は冬のあいだずっと緑色である。

 分布

海辺、とりわけケント州やエセックス州の海岸沿いのさまざまな場所に自生する。たとえばケント州のリド、エセックス州のコルチェスターなどだが、他の州でも見られる。

季節　他の種類のキャベツと同じ時期に花が咲き、種ができる。

 属性と効能

🌙　月が支配する。

 内服

ブイヨンあるいはシーコールワートの最初の煎じ汁は内臓を開き、排出する作用がある。根をすりつぶしてのむと寄生虫を駆除する。葉や汁液はできものや潰瘍を治し、炎症を抑える。

CALAMINT, MOUNTAIN MINT
カラミント、マウンテンミント

特　徴

小さなハーブで、30センチ以上の高さになることはほとんどない。毛が生えている、ごつごつし角張った茎で、節には小さく白い葉が対生する。スイートマジョラムと似た高さだが、葉は少し大きく、縁はわずかに切れこみ、全体がとても強烈で鋭いにおいを放つ。花は茎の真ん中からほぼ上向きに、間隔を置いて咲く。ミントと似た、小さく袋状の薄青色の花である。花後には小さくて丸く黒い種ができる。根は細くてごつごつしており、土の中に小さなひげ根を多数伸ばし、何年も枯れることがない。

 ヒースや高地、乾いた土地など、イングランドのさまざまな場所で育つ。

 7月に花が咲き、種はそのすぐあとに熟す。

✳ 属性と効能 ✳

 火星が支配する。

 妊娠を妨げる。乾燥させていない葉を煮て患部につけるか、それで洗い流せば、顔のあざを消し、傷跡の色を薄れさせる。骨盤にあてつづければ、坐骨神経痛をもたらす体液を流し去る。耳に汁液を入れると、中にいる虫を殺す。

強い性質を持つため、脳の不調全般に対してすぐれた効果を示す。煎じ汁をのむと、排尿と月経を促す。ヘルニア・けいれん・息切れ・腹部や胃の胆汁質による症状や痛みに有用である。ワインでのむと黄疸を改善し、吐き気を抑える。塩とハチミツと合わせてのめば、体内の寄生虫を駆除する。内服したのちに乳清（訳注：乳から脂肪分などを除いた水溶液）をのむと、かったいを改善する（外用してもよい）。ワインで煮た葉をのめば、発汗を促し、肝臓と脾臓の閉塞を解消する。（最初に体を開いて）三日熱の発作を抑え、治癒へと導く。煎じ汁に砂糖を加えたものは、黄胆汁の過剰・しつこい咳・息切れ・呼吸困難・腸の不調・脾臓の硬化にとても有用である。

そのすべての症状に対して、ダイアカスミンセスと呼ばれる粉や、カラミントのシロップを調合したものが効果的である。女性器に対して激烈な影響を与えるため、女性には慎重に使わなければならない。

焼いて部屋にまくと、毒ヘビを追い払う。

CAMOMILE
カモミール

✳ 属性と効能 ✳

　頭のてっぺんから足の裏まで、問題のある箇所に花からつくった油を塗り、そののちにベッドに寝かせれば、たっぷりと汗をかく。問題の原因となる体液がたまったときにつければ、粘液・憂鬱・腸の炎症などによる悪寒に効果がある。脇腹や肝臓と脾臓の異常に、これ以上に有用な薬はない。カモミールの煎じ汁をつければ、全身の疲労もとり、痛みをやわらげる。張りつめた腱をほぐし、腫れを抑える。あたたかさを必要とする部分を適度に癒やし、必要なものをすみやかに分解する。黄胆汁と結石による痛みをやわらげ、排尿をゆるやかに促す。

　灰汁で煮た花で頭を洗うと、頭と脳が活気づく。カモミールの花からつくった油は、ひどいできもの・痛み・うずき・腱の萎縮・けいれん・関節や体の他の部分の痛みによく使われる。浣腸で使うと、腹にたまったガスと痛みをとる。軟膏として塗れば、さしこみや痛みをやわらげる。

　エジプト人の医師ネケッサーによれば、このハーブは悪寒を治すことから、エジプトでは太陽にささげられて

いたという。葉と砂糖からつくったシロップは脾臓にすぐれた効果があり、結石を見事に砕く。そのためにシロップや煎じ汁をのむ者もいれば、汁液を注射器で膀胱に注入する者もいる。粉を半ドラム、少量の白ワインで毎朝のむのが最もよい。体からとりだされた結石をカモミールで包むと、短時間のうちに溶けてしまうのだから。

内服

　カモミールの煎じ汁をのむと、脇腹の痛みやさしこみを消す。カモミールの花をすりつぶしてジルと混ぜた丸薬は、あらゆる悪寒を消し去る。ミルク酒（訳注：熱い牛乳をワインやビールで凝乳して砂糖などを加えた飲料）で煮た花は発汗を促し、寒さ・うずき・痛み全般をとり去り、月経を促す。カモミールの汁液でつくったシロップと花を白ワインに漬けたものは、黄疸とむくみに対する治療薬となる。

WATER-CALTROPS
ウォーターキャルトロップ

トリブルス・アクアティクス、トリブルス・ラクソリス、トリブルス・マリナス、カルトロップス、サリゴス、ウォーター・ナッツ、ウォーター・チェスナッツとも呼ばれる。

特徴

大型の種類はイングランドではほとんど見られない。ここでは他の2つの種類について記す。1つは長く伸びて這い、からみあう根を持ち、節ごとに房を伸ばす。そこから長く平らで細い固まった茎が水面まで伸び、先端はいくつも枝分かれし、それぞれに2枚の葉が対生する。葉は長さ5センチほど、幅1センチほどで、透けるように薄く、まるで裂けているように見える。花は長くて白く、ヴァインの房のようにまとまり、枯れたあとには鋭くとがった小さな白い種を含んだ穎果(訳注：イネ科の果実。穀果ともいう)ができる。

もう1つもあまり違いはないものの、澄んだ水を好む点が異なる。茎は平らではなく円筒形である。葉はそれほど長くないが、とがっている。この「ウォーター」というハーブの名前は、水の中で育つことを示している。

✹ 属性と効能 ✹

 月が支配する。

外用 湿布にすると炎症・できもの・潰瘍に、煎じ汁で洗うと口と喉のできものに、それぞれすぐれた効果を示す。首と喉をきれいにして強くし、扁桃が垂れさがって腫れたときに効果がある。歯茎の化膿にとりわけ有効で、るいれきの安全で確実な治療法でもある。乾いた実は結石や砂にすぐれた効果がある。有毒な生物にかまれた際の解毒作用もある。

CAMPION WILD
ワイルドキャンピオン

特　徴

　野生種の白いワイルドキャンピオンであるヒロハノマンテマは長くてやや広く、暗緑色の葉脈が多い葉を多数地面に広げる。葉はプランテンに似ているが毛が生えており、幅が広いもののそこまで長くはない。やはり毛が生えている茎はそのあいだから90～120センチ、ときにそれ以上まで伸び、何箇所か大きな白い節に分かれ、そこから先端に2枚の葉が出て、やはりいくつかの節から枝を伸ばす。どの種類も先端にあるいくつかの花柄から白い花が咲く。花は広くとがった5弁、どの弁にも端から付け根まで切れこみがあり、まるで2枚であるように見える。ほんのり甘い香りで、それぞれが毛が生えている大きな緑の縞の莢の上につく。莢は大きくて下部が丸く、茎の脇につく。種は小さく灰色、のちにできる硬い頭におさめられる。根は白くて長く、土の中であちこちに伸びる。

　赤いワイルドキャンピオンは白いものと似ているが、葉にははっきりとした葉脈はなく、やや短くて丸みを帯び、いびつである。花は大きさも形も同じだが、薄青色や明るい赤色で、端にはくっきりと切れこみがあり、そのせいで他の種類よりもこんもりと茂っているように見える。種と根は似ていて、どちらの種類の根も何年も残る。

　ワイルドキャンピオンに似ている植物はさらに45種類あり、それぞれが薬用に使われていて、上記の主要な2種類と似た効能がある。

 野原や生け垣の脇、溝などで広く育つ。

 花は夏に咲く。早咲きの種類もあり、一部は他よりも長く残る。

✸ 属性と効能 ✸

 土星が支配する。

 白か赤のワインでつくった煎じ汁をのむと、内臓の出血を止める(外用してもよい)。止まっていた尿を促し、腎砂や結石を排出させる。種2ドラムをワインでのむと、胆汁質の体液を排出し、サソリなど有毒な生物に刺された症状を改善し、感染症にも効果的である。患部に流れこむ湿った体液をとり、患部を傷つける膿性の体液をなくすことで古いできもの・潰瘍・瘻孔などを改善する。

CARDUUS BENEDICTUS
カルドゥウス・ベネディクトゥス

ブレシド・シスル、ホーリー・シスルなどとも呼ばれる。

 8月に花が咲き、そのあとすぐに種ができる。

✶ 属性と効能 ✶

 火星が支配し、牡羊座のもとにある。

 このハーブについて記すにあたり、全てのハーブにあてはまる基本原則についても書き加える。牡羊座は火星のハウスにあるので、頭の病気であるめまいを改善する。また火星は胆汁を支配しているので、黄疸や胆嚢の他の異常に対する優れた治療薬にもなる。火星が司るため、吸引能力を強め、血液をきれいにする。その煎じ汁を飲みつづけると、赤ら顔、皮疹、白癬を改善する。感染症、できもの、おでき、かゆみ、狂犬や毒を持つ生き物に咬まれた傷など火星がもたらす不調を治す。これらの効能は、共感による作用である。

また、他の惑星への反感により梅毒を治す。記憶を司る金星への反感により記憶力を強め、土星に対する反感により難聴を治す。逆に土星への共感により四日熱や他の憂鬱質の病気を治し、胆汁を取り去る。また排尿を促し、火星や月が引き起こす尿閉を改善する。

CARROTS
キャロット

　栽培種のキャロットは野生種と比べると薬効が少ないので（実のところほとんどのハーブで、野生種が体に対して最も薬効に富み、栽培種よりも効能が強力である）、野生種のキャロットについて解説する。

　栽培種とほぼ同じ育ち方だが、葉と茎はより白くてぎざぎざしている。茎には真ん中に深紫色の斑がある大きな白い花がかたまりになって咲く。花は種が熟しはじめるとしぼみ、真ん中の部分は内側にくぼみ、外側の茎が高く伸びて繖形花序が鳥の巣のような形になる。根は小さくて長くて硬く、刺激がかなり強いので食用には適さない。

　野生種は原野の脇や未耕地など、イングランドのさまざまな場所に多数自生する。

　夏の終わりに花が咲き、種ができる。

✳ 属性と効能 ✳

 水星が支配する。

 葉をハチミツとともに治りにくいできものや潰瘍につけると、患部をきれいにする。

キャロットはガスを排出し、さしこみをとり、排尿と月経を促し、結石を砕いて排出する。種も同様の作用と影響を持ち、むくみ・腹部の膨満感に有効であり、黄胆汁・腎結石・子宮のできものを改善する。ワインでのむか、ワインで煮たものをのむと、妊娠を助ける。

種は根よりも効果が大きい。種には間違いなくガスを排出する作用があり、根がもたらす膨満をおさえる。

CARRAWAY
キャラウェイ

キャラウェイが栽培されるのは、基本的にはその種を得るためである。

特徴 きれいな形の葉がついた茎が多数地面に伸びる。葉はキャロットに似ているが、刺激的な味で、それほどに生い茂るわけではない。キャロットほどの高さはないものの角張った茎が伸び、その節に小さくて形のよい葉がつく。先端に白い花の小さく開いた房か繖形花序ができ、花後にアニスの種よりも小さくて黒い種ができる。種はさらに刺激が強く、ぴりっとした味である。根は細長くて白く、パースニップにどこか似ているが、それよりもしわが寄ってごつごつし、はるかに本数は少なく、やや刺激的な味がする。パースニップよりも強く、種の時期が終わったあとも残る。

 分布 庭で栽培される。

 季節 6月と7月に花が咲き、そのすぐあとに種ができる。

✳ 属性と効能 ✳

 水星が支配する。

 種の粉を湿布にすると、打ち身や傷による青黒いあざを消す。葉だけか、種を混ぜたのちすりつぶして焼き、それを熱いまま袋か二重織りの布に入れて下腹部にあてると、ガスによるさしこみをやわらげる。

 種には適度な刺激性があり、ガスを排出し、排尿を促す。葉にも同じ効能がある。根はパースニップよりも食用に適している。胃に心地よく優しく、消化を助ける。種は頭・胃・腸・子宮の不調を改善し、体内のガスを整え、視力を改善する。

パースニップのように根を食べると、高齢者の胃をとても強める。

腹部のガスに悩まされていれば、砂糖に一度だけ漬けたキャラウェイをさじに半量、朝の空腹時に、あるいは毎食後に同量を食べる。

CELANDINE
セランダイン

 特徴　柔らかくて丸く、白っぽい緑色の茎を多数伸ばし、こぶのような大きい節をつくる。節はとてももろくて壊れやすく、そこから柔らかい幅広の大きな葉がついた枝を伸ばす。葉はいくつもの部分に分かれ、それぞれの縁は鋸歯があり、枝の節の両側につく。表はコロンバインに似た暗い青緑色、裏は薄青がかった緑で、黄色い汁に富み、つぶすと苦い味で強烈なにおいがする。花は4弁、そのあとに小さくて長い莢ができて、中に黒い種をおさめる。根頭はかなり大きく、長い根と細いひげ根をあちこちに伸ばす。根の外皮は赤色、中は黄色で、黄色い汁をたっぷりと含む。

 分布　古い壁、生け垣、未耕地の路傍などさまざまな場所に自生する。庭では、特に日陰に植えられたものは長く残る

 季節　夏のあいだ花が咲き、種はそのあいだに熟す。

✳ 属性と効能 ✳

太陽が支配し、獅子座のもとにある。目は太陽や月に支配されているので、太陽が獅子座にあり、月が牡羊座にあるときに摘んで使うとよい。

外用

油か軟膏にして、目のできものに塗る。ひどいものでもこの薬だけで治る。

汁液を目にさすと、視界を曇らせる膜や濁りをきれいにするが、汁液には刺激があるので少量のミルクで薄めるとよい。じくじくするしつこく古い潰瘍に有効で、たちの悪いただれや膿を抑え、すみやかな治癒へと導く。発疹・白癬や他の進行性の潰瘍などに汁液を何度かつけるとすみやかに治し、いぼもとり去る。葉を根とともにすりつぶしてカモミールの油に浸し、へそにつけると、腹部や腸の締めつける痛み、子宮の痛み全般をやわらげる。乳房につけると、月経過多を改善する。

葉の汁液か煎じ汁でうがいをすると歯痛をやわらげ、乾燥させた根の粉を、痛みがあり、穴があき、あるいはぐらぐらしている歯につけると抜くことができる。汁液を硫黄の粉と混ぜると、かゆみに有効なだけではなく、皮膚のあらゆる変色を消す。敏感な肌がそのせいでかゆみや炎症を起こしたときには、少量の酢をつけると改善する。

医師が目に対して行う治療法の中で、針よりもさらに悪いものがある。腐食薬を使って皮膜をとり去る治療がそれで、私は断固として反対する。理由は、目の薄い膜はデリケートで、すぐにはがれてしまうためだ。さらに薬がとり去る膜は均一な厚みであることはほとんどなく、一部の膜が残っているあいだに眼球が傷つき、視力を回復させるどころか逆に失わせてしまう結果になりかねない。

セランダインは〝ツバメ〟という意味のギリシャ語である〝ケリドン〟から、ケリドニウムと呼ばれる。ツバメの巣にいるひな鳥の目をつぶすと、親鳥がこのハーブで回復させると言われるためである。

葉か根を白ワインで煮て、アニスの種を何粒か加えてのむと、肝臓と胆嚢の閉塞を開き、黄疸を改善する。くり返しのめば、むくみ・かゆみ・足などにある古いできものを改善する。食事を抜いて汁液をのむと、感染症にきわめて有用である。蒸留水に少量の砂糖と糖蜜を混ぜたものも（のんだあと横になって少し汗をかくと）、同じ効果がある。

THE LESSER CELANDINE, PILEWORT, FOGWORT
レッサー・セランダイン、パイルワート、フォッグワート

どうして古代の人々は、セランダインとは性質も形も異なるのにこのハーブにレッサーセランダインという名前をつけたのだろうか。その効能から〝痔の草〟という名前もある。

特徴 丸い薄緑色の葉を、弱くて垂れさがった地面に伸びる枝に多数つける。葉は平らでなめらか、光沢があり、（まれに）ところどころ黒い斑点をつける。それぞれが長い葉柄を持ち、あいだから小さくて黄色い花を咲かせる。花は9弁あるいは10弁、小さく狭い弁が固まり、細い花柄につく。クロウフットにそっくりで、種は白くムギの仁と似ているが、ときに長さは2倍になり、その端に繊維がついた多数の小さな穀粒である。

 分布 ほとんどは湿った野原の隅や水辺近くに自生するが、日陰であればそれより乾いた場所でも育つ。

 季節 3月から4月の早い時期に咲き、5月には枯れる。翌年の春まで見られない。

✳ 属性と効能 ✳

 火星が支配する。根を掘りおこせば、いぼ痔の疾患のイメージそのものの形を見ることができる。

 葉と根の煎じ汁は痔全般・るいれきと呼ばれる首のできものやその他のできもの・腫瘍にすぐれた効果がある。

　油・軟膏・硬膏にしたものは、痔やるいれきをたやすく治す。葉を皮膚の近くにあてるが、決して患部そのものにあててはならない。これを使って、私は実際に自分の娘のるいれきを治療した。患部が破れてたっぷりと膿が出て、わずか1週間のうちに傷1つ残さずに治った。

CENTAURY
セントーリー

 特　徴　典型的には、1本の外皮のある円筒形の茎が30センチかそれ以上伸び、先端と途中の節からいくつもの小枝に分かれる。花は先端に繖形花序をつくって咲く。薄赤色でカーネーション色に近く、5弁あるいは6弁、セントジョーンズワートにとてもよく似ていて、日中には開き、夜には閉じ、そのあとでウィートに似た小さな短い莢の中に種ができる。葉は小さくてやや丸い。根は小さくて硬く、毎年枯れる。植物全体がとても苦い味がする。

これとそっくりだが、白い花が咲く種類もある。

 分布　通常は野原、草原、林に自生する。白い花が咲く種類は数が少ない。

 季節　7月頃に花が咲き、その後1カ月以内に種ができる。

✳ 属性と効能 ✳

日がのぼって沈むのに合わせて花が開いたり閉じたりすることからもわかるように、太陽が支配する。

特に新鮮な葉をすりつぶして塗ると、新しい傷にも古い傷にも有効で、古い潰瘍やできものをきれいにし、穴があいていても完璧に治す。煎じ汁を耳に入れれば虫を洗い流し、潰瘍をきれいにし、頭のかさぶたをとる。煎じ汁で洗うと、皮膚のそばかす・しみ・吹き出物などを消し去る。

他に別の小型の種類がある。黄色い花を咲かせる以外は、葉が大きく、さらに濃い緑色であることを除けばそっくりで、そのあいだから茎が伸びる。これも太陽が支配する。血液の疾患には赤いセントーリーを、黄胆汁の疾患には黄色いセントーリーを使うのがよい。粘液などの疾患のときには、白いセントーリーが最善の選択である。

葉を煮たものをのむと、黄胆汁や濃性の体液を排出し、坐骨神経痛を改善する。外用として使うと、肝臓・胆嚢・脾臓の閉塞を開き、黄疸を改善し、脇腹の痛みと脾臓の硬化をやわらげ、悪寒にとても効果がある。水腫や、血液が薄くなる萎黄病にもすぐれた効果があり、イタリアではその目的のために粉が頻用されている。腹部の寄生虫を駆除する。葉と花がついたままの茎の煎じ汁は、さしこみをやわらげ、月経を促し、死産を防ぎ、子宮の痛みをとり、痛風・けいれんなど関節の長くつづく痛み全般にとても効果がある。粉1ドラムをワインでのむと、クサリヘビにかまれた際に解毒する。葉の汁液にハチミツを少し加えたものは、目のかすみに効く。

とても安全なハーブなので、内臓の疾患に対しては内服すればよく、その使い方を誤る心配はない。とても健康的だが、おいしくはない。

THE CHERRY TREE
チェリー

 分布 あらゆる果樹園で栽培される。

✴ 属性と効能 ✴

 金星が支配する。

内服　異なる味ごとに異なる性質がある。甘いものは胃と腹をすみやかに通り抜けるが、ほとんど栄養にならない。すっぱいものは熱を持った胃を助け、食欲を増進し、粘液や濃い体液をとり去る。乾燥させたものは生のものより熱を冷まし、胃に優しく、排尿を促す。

　樹液をワインに溶かしたものは、風邪・咳・声がれに有効である。顔色をよくし、視力を改善し、食欲を増進し、結石を壊して排出し、あるいは溶かす。蒸留水は結石を砕き、砂やガスを排出するためによく使われる。

WINTER-CHERRY
ウィンターチェリー

特徴 地面を這って伸びる根は小指よりも何倍も太い。節から複数の枝根を伸ばして、地面を覆うようにすみやかに広がっていく。茎は1メートル以上にはならない。そこにたくさんの広くて長い緑色の葉がつく。ナイトシェイドに似ているが、それよりも大きい。節に5弁の白い花が咲き、花後は薄い皮に包まれた緑の実ができ、それが熟すと赤くなり、チェリーと同じ赤色、同じ大きさになる。果肉の中には平らで黄色い種が多数ある。それを集めてつるし、折々に使うために1年中保存される。

分布 イングランドでは自生しない。その効能を求めて庭で栽培される。

季節 7月半ばか後半まで花は咲かない。実は8月頃か9月初めに熟す。

✳ 属性と効能 ✳

 金星が支配する。

 薬としてとても役に立つ。葉には冷やす性質があり、炎症に使われることもあるが、実のように開く作用はない。排尿を促すことで、尿道が詰まり、排尿時に熱く強い痛みが出るのを避ける。また腎臓や膀胱の結石や砂を排出する効果もあり、結石を溶かして尿により体外に排出する。腎臓と膀胱の潰瘍や、血尿や化膿した尿をきれいにする作用も強い。

果実の蒸留水や、葉、生の実か乾燥させた実を加えて蒸留したあと、少量のミルクと砂糖を加えたものを毎日朝晩のめば、上記したようなすぐれた効果があり、とりわけ尿の熱と刺激を改善する。生のものでも乾燥させたものでも、実を3、4つかみとってすりつぶし、樽に入れたばかりの大量のビールに投げこむ。それを毎日のめば痛みをやわらげ、尿と結石を排出し、結石ができるのを防ぐ。最も一般的なのは、実をワインと水で煎じてのむ方法である。けれども、その粉を何かの飲み物に入れてのむとより効果が大きい。

CHERVIL
チャービル

セレフォリム、ミリス、ミラーなどと呼ばれる。

特　徴　栽培種のチャービルは最初はパースリーにやや似ているが、育つにつれ葉に切れこみが入ってぎざぎざになり、ヘムロックに似て少し毛が生え、白っぽい緑色で、ときに夏には茎とともに赤くなる。15 センチほどの高さに伸び、穂状花序をつけて白い花を咲かせ、端がとがって熟すと黒くなる長くて丸い種ができる。味は甘いが、においはない。ハーブ全体はかなりよい香りがする。根は小さくて長く、毎年枯れる。

野生種のチャービルは 60〜90 センチの高さに育ち、茎と節は黄色く、栽培種よりも広くて毛が多い葉がつく。葉は深く切れこみいくつもの部分に分かれ、縁は鋸歯、暗緑色で、茎とともに赤みがかっている。先端には小さくて白い花がかたまりになって咲き、花後にさらに小さく長い種ができる。根は白くて堅く、長いあいだ枯れずに残る。においはほとんどない。

分布　栽培種はサラダ用のハーブとして庭で栽培される。野生種は各地の草地や生け垣の脇、ヒースで自生する。

季節　早い時期に花が咲き、種ができる。それゆえに夏の終わりにまた種がまかれる。

✻ 効　能 ✻

　野生種のチャービルをすりつぶしてつけると、さまざまな部分の腫れを鎮め、けがや打ち身によって固まった血液の跡を短時間で消し去る。

　栽培種のチャービルを食べると、胃をほどよくあたため、けがや打ち身で固まった血液を確実に溶かす。汁液か蒸留水をのみ、すりつぶした葉を患部にあて、食事か飲み物と一緒にとると、排尿を促し、腎結石を排出し、月経を促す。胸膜炎やさしこみも改善する。

SWEET CHERVIL, SWEET CICELY
スイート・チャービル
スイート・シスリー

 大型のヘムロックにとてもよく似て、切れこみが入りいくつもの部分に分かれる大きく広がる葉が茂るが、鮮やかな緑色で、アニスの種と同じように味は甘い。茎は1メートルほど伸び、しわがあって中空、節に葉がつくが、数は少ない。枝分かれした先端には、白い花の繖形花序か房がつく。花後には長くとがった、黒く輝く種ができる。種は両端がとがっていて、刺激的だが甘くおいしい味がする。根は大きくて白く、地中深くまで伸びて広がる。味も香りも葉や種よりも強く、何年も枯れずに残る。

 庭で栽培される。

✱ 属性と効能 ✱

 木星が支配する。

内服 サラダとしておいしい以外に、薬効も持つ。根を煮たあと、油と酢であえて（油はなくてもよい）食べると、ガスや粘液で圧迫された冷えた胃や、喘息や肺病を落ち着かせてあたためる。同じものをワインでのめば、感染症の予防になる。月経や後産を促し、食欲を増進させ、ガスを排出する。汁液は頭や顔の潰瘍を治す。砂糖漬けの根にはアンジェリカと同じ効能があり、感染症の予防として、また冷えて弱った胃をあたため、落ち着かせる。害はまったくないので、使い方を誤る恐れはない。

CHESNUT TREE
チェスナット

✳ 属性と効能 ✳

 木星が支配する。

 果実はよい血液をつくり、体に望ましい栄養を与えるが、食べすぎると血液を濃厚にし、頭痛を引き起こす。果を覆う薄皮の作用はとても強いため、大人で20グレイン、子供で10グレインとると、すぐに体内の流れを止めてしまう。果全体を乾燥させて粉にし、一度に1ドラムずつのむと、月経を止める。仁だけを乾燥させ、皮をとってすりつぶした粉をハチミツと混ぜて舐剤にすると、咳や吐血に対するすぐれた治療薬となる。

EARTH CHESNUTS
アースチェスナッツ

　アースナッツ、グランド・ナッツ、サイパーナッツ、さらにサセックスではピッグナッツと呼ばれる。

✳ 属性と効能 ✳

 金星が支配するため、性欲を猛烈にかきたて、金星が司る快楽をもたらす。

　熱く乾いた性質である。種は排尿を促す作用にすぐれる。根も同じだが、種よりは効果が小さい。根を乾燥させてすりつぶし、粉を舐剤にしたものは、チェスナットが咳に効くのと同様に、吐血や血尿のすぐれた治療薬となる。

CHICKWEED
チックウィード

 通常は湿った水の多い場所、森の脇などで自生する。

 6月頃に花が咲き、7月に種が熟す。

✳ 属性と効能 ✳

 とても柔らかく、心地よいハーブで、月が支配する。

 パースレインのように万能薬である。すりつぶした葉、あるいは汁液を肝臓にあたる部位につけ（布や海綿に浸して使う）、乾いたらまた新しいものをつけなおすと、肝臓の熱を効果的に冷やし、膿瘍全般・腫れ・顔の赤らみ・丘疹、かゆみ、かさぶたに効果がある。汁液をそのまま使うか、豚脂で煮てからつけると、けいれん・まひを改善する。汁液や蒸留水を目にさせば、熱や充血全般にとても効果がある。耳に垂らせば、痛みをやわらげる。痔の出血による熱と刺激による痛みをやわらげ、熱によって生じる体の痛み全般にとても効果がある。また陰部や足などの熱を

持った悪性の潰瘍やできものにも使われる。

　葉をマーシュマロウと煮て、コロハとアマニを加えた湿布を腫れや膿瘍にあてれば、破って膿を出し、腫れを引かせて痛みをやわらげる。けいれんなどによって萎縮した筋肉を癒やし、再び柔軟にする。チックウィードを１つかみ、乾燥させた赤いバラの葉１つかみと合わせてマスカット１クオートで４分の１が蒸発するまで煮る。それを馬や羊の脚の脂１パイントに入れてしばらく煮こみ、よくかきまぜて漉したものを患部に塗り、火であたためて片手で何度もこする。さらに葉を患部に縛りつける。運がよければ、これを３回くり返すことで効果がでる。

CHICK-PEASE, CICERS
チックピー

 栽培種は赤いものも黒いものも白いものも、1メートルほどの長さの茎を伸ばす。小さくてほぼ円形の縁が鋸歯の葉が、中肋の両側につく。節についたエンドウのようにとがった花柄から、1つか2つ花が咲く。花はそのあとにできるマメによって白色、あるいは白か紫がかった赤色で、淡い色も濃い色もある。マメは小さいが厚く、短い莢に1つか2つずつおさめられる。下端がとがり、頭が丸みを帯びていることが多い。根は小さく、毎年枯れる。

 エンドウと同じように庭や野原に種をまかれる。

 種をまく時期はエンドウよりもあとだが、収穫するのは同じか、少しあとになる。

✴ 属性と効能 ✴

♀ とても穏やかで心地よいハーブで、金星が支配する。

 フレンチビーンズよりもガスはたまらないが、栄養価は高い。浄化力があり、腎結石を砕く。水で煮たクリームをのむのが最もよい。子宮を下に動かし、月経と尿を促し、母乳と精子を増やす。1オンスをフランス

151　CULPEPER'S COMPLETE HERBAL

2オンスとマーシュマロウの根をきれいに洗って切ったもの少々と混ぜ、ブイヨンで煮こんだものを毎朝4オンスのみ、その後2時間何も食べずにいると、脇腹の痛みによく効く。

　白いチックピーは薬より食用として使われることが多く、同じ効能を持つが、母乳と精子を増やす作用はむしろ強い。野生種のチックピーは栽培種よりもはるかに強力で、あたためて乾かす性質がきわめて強い。それによって閉塞を開き、結石を砕き、分解して溶かす性質すべてを持つ。その効き目は栽培種よりも速く、たしかである。

CINQUEFOIL, OF FIVE-LEAVED GRASS
シンクフォイル

特徴 長く細い蔓をストロベリーのように地面に幅広く伸ばして広がる。根をつけ、5裂あるいは7裂で、縁は鋸歯のかなり硬い葉をつける。茎は細くて垂れさがり、小さく黄色い花を多数咲かせる。花の真ん中には黄色いおしべとなめらかな緑の頭があり、熟すと少しざらつき、小さな茶色の種をおさめる。根は焦げ茶色、小指ほどの大きさだが、何本かのひげ根を長く伸ばす。細い蔓をすみやかに地面に広げていく。

分布 森の脇、生け垣の脇、野原の小径、それらの境界や隅など、あらゆる地域で自生する。

季節 夏に花が咲く。花期が早いものと遅いものがある。

✳ 属性と効能 ✳

木星のハーブであり、木星に支配される体の部位を強化する。木星がアングルにあるときに摘むとよい。

外用 根を酢で煮た煎じ汁を口に含めば、歯痛をやわらげる。汁液か煎じ汁を少量のハチミツと混ぜてのめば、声がれを改善し、肺からくる咳に有効である。根と葉の蒸留水も、

上記のすべての目的に有効である。手をそれで何度も洗い、拭きとらずに自然に乾かせば、まひや震えを短期間のうちに改善する。

　根を酢で煮たものは、体のどの部位であっても、いぼ・硬いしこり・できものにつけると改善する。炎症・丹毒・あらゆる膿瘍・熱と化膿による痛みを伴うできもの・帯状疱疹・膿性のかさぶたやできもの・かゆみにも効く。同じものをワインで煮れば、場所を問わず痛みやうずきが強い関節・手足の痛風・坐骨神経痛に使うことができる。煎じ汁をしばらくのんでも同じ効果があり、腸の強い痛みもやわらげる。根も同様の効果を期待して使える。他のものと合わせて内服あるいは外用（併用してもよい）すれば、ヘルニアを効果的に改善する。打ち身によるけがや傷にも効き、体の内外の傷からの出血を止める。

　1枚の葉は毎日熱を、3枚なら三日熱を、4枚なら四日熱を治すという言葉がある。葉の枚数や、粉にするか煎じ汁にするかにはこだわらないくてよい。

内服

　一度に20グレインを白ワインか白ワインビネガーで3回のめば、いかなる悪寒もまず間違いなく治る。感染性の炎症や熱に、特別に使われるハーブである。とりわけ血液や体液を冷やして整える働きもある。またローションやうがい薬は、感染症などで腫れた口・潰瘍・がん・瘻孔・その他の膿の出るできものに使われる。汁液を一度に4オンス程度、数日間のみつづけると、扁桃膿瘍と黄疸を治す。30日間のみつづければ、てんかんが治る。ミルクで煮た根をのむのは体液の流れに対する最も効果的な治療法であり、おりもの・下血・赤痢にも有効である。

CIVES
チャイブ

ラッシュ・リークス、サイベ、スウェスなどとも呼ばれる。

✳ 属性と効能 ✳

 リーキの一種で、火星が支配し、あたためて乾かす性質がある。

 化学的な処理をしないまま食べると、きわめて有害な蒸気を脳に送りこみ、睡眠障害をもたらし、視力を損なう。しかし、錬金術師の技によって処理すれば、尿閉に対するすぐれた治療薬となる。

CLARY, CLEAR-EYE
クラリセージ、クリアアイ

特徴 庭で見られるクラリセージは、4本の角張った茎が伸び、幅広でざらつき、しわがあり、白色か白緑色の葉がつく。葉の縁には均等に切れこみが入り、強く甘い香りで、地面近くで育ち、いくつかは茎に対生する。花は節に距離を置いて咲き、小さな2弁、どこかセージの花に似ているが小ぶりで、白青色である。種は茶色で平べったく、野生種のものほどには丸くない。根は黒く、あまり広がらず、種の時期が過ぎると枯れる。ほとんど自生しないので、通常は種をまいて育てることになる。

分布 庭で栽培される。

季節 6月と7月に花が咲く。一部は他よりも少し遅く咲き、その種は8月頃に熟す。

✻ 属性と効能 ✻

 月が支配する。

 種を目に入れると、異物がまぶたの裏に入って傷つくのを防ぐ。白斑と赤斑もきれいにとる。水と混ぜた種の粘液をつけると、腫瘍やできものを消してとり去る。また体に刺さったとげや破片を抜きとる。葉を酢とともに、ときに少量のハチミツを加えてつけると、軽症のうちであれば、できもの・ひょうそ・痛みにより生じる炎症を改善する。乾燥させた根の粉を鼻に入れると、くしゃみを誘って、頭と脳から粘液や膿を大量に排出する。

 種か葉をワインでのむと、性欲をかきたてる。背中の症状を改善し、腎臓を強化する。単独でも、あるいは他のハーブと併用しても同じ効果をもたらす。しばしばタンジーとともに用いられる。新鮮な葉をコムギ粉・卵・少量のミルクに浸して練ってバターで焼き、食卓に並べれば、誰にとっても好ましく、とりわけ背中の症状に悩まされている者には有用である。葉の汁液をビールに混ぜてのむと、月経や後産を促す。

WILD CLARY
ワイルドクラリー

このうえなく罰あたりなことに、目の疾患を治す作用から〝キリストの目〟と呼ばれる。

他の種類のクラリセージと似ているがそれより小さく、多数の茎が45センチほどの高さにまで伸びる。茎は角張っていて、毛が生えている。花は赤色である。

イングランドの未耕地に広く自生する。グレイズ・インの近く、チェルシーの近くの草原を除けば豊富に見つけることができる。

6月の初めから8月の終わりにかけて花が咲く。

✳ 属性と効能 ✳

 月が支配する。栽培種のクラリセージよりも熱く乾いた性質を持つ。

 蒸留水は目の充血・うるみ・熱を浄化する。目のかすみに有効で、種からつくった蒸留水を目にさして、自然にこぼれ落ちるに任せていると（痛みはさほどない）、目の汚れや腐敗物をすべて除去する。その治療を何度もくり返すと、視力を損なう膜をとり去る。針で刺してとるよりはるかに効果があり、安全で目に優しい治療法である。

 種をすりつぶして粉にし、ワインでのむと、性欲をかきたてる。葉の煎じ汁をのむと、胃をあたためる。また消化を助け、体内で固まった血液を溶かす。

CLEAVERS
クリーバーズ

アペリン、グースシェア、グースグラス、クリーバーズとも呼ばれる。

特徴

とてもざらついた角張った茎を多数伸ばす。丈はそれほど高くないが、ときに2、3メートルにまで伸びる。背の高い茂みや木立にぶつかるとそこを這いのぼるが、巻きひげはなく、それ以外は低くさがって地面に広がる。茎には多数の節があり、それぞれから枝が出て葉がつく。葉は通常6枚、星か拍車の歯車のように円を描いて広がる。葉か節のあいだから枝の先に向けて、とても小さな白い花が小さく細い花柄について咲く。それが落ちると小さくて丸く、ごつごつした種が2つ、睾丸のようにくっつく。種は熟すと硬く白くなり、脇にへそのように小さな穴ができる。茎も葉も種もすべてざらついていて、それに触れたものを切り裂く。根は小さくて細く、地面に大きく広がるが、毎年枯れる。

生け垣や水路の脇に自生する。庭では近くの植物にからみついて締めつけてしまうため、とても迷惑な存在となる。

6月か7月に花が咲き、7月の終わりか8月に種が熟して落ちる。芽は古い根からではなく、落ちた種からまた出てくる。

✴ 属性と効能 ✴

 月が支配する。

 葉の汁液か、少しすりつぶした葉を傷につけると、出血を止める。汁液は新しい傷口を閉じる効果がきわめて強い。乾燥させた葉の粉を振りかけても同じ効果があり、同様にして古い潰瘍を改善する。豚脂で煮て塗れば、喉の硬いできものやしこり全般を改善する。汁液を耳に垂らすと、痛みをとり去る。

 葉と種の汁液を合わせてワインでのむと、心臓を毒から守り、クサリヘビにかまれた際に効果がある。太りやすい者が体形を保つためにブイヨンに入れてのむことはよく知られている。蒸留水を１日に２回のむと、黄疸を改善する。葉の煎じ汁にも同じ効果があり、下痢や下血を止める。

（最初に小さく刻み、よく煮たものを）粥にして食べると、春の季節のすぐれた治療薬になる。血液をきれいにして肝臓を強化することによって健康に保ち、季節の変化に対応できるようにする。

CLOWN'S WOODWORT
クラウンズウンドゥワート

特徴 ときに90センチの高さまで育つが、通常は60センチほどであり、角張った緑色のざらついた細い茎を伸ばす。茎は離れたところでつながり、とても細長い暗緑色の葉が2枚つく。葉の縁は丸くて鋸歯になっていて、先端は長くとがっている。花は先端に向かって葉とともに茎の節を囲むようにして咲く。やはり先がとがり、大きく口を開けた白斑のついた紫色の花弁で、丸みを帯びた萼につき、その中にやがて黒く丸い種ができる。根は薄黄色か白色で、多数のひげ根が伸び、あちこちに長いこぶのかたまりをつくる。1年のうちでそのこぶが見られない時期もある。全体に強い香りがする。

分布 イングランド北部や西部も含め、さまざまな場所で自生する。ロンドン近郊5、6キロ圏内の野原の小径脇によく見られるが、通常は水路の中かその近くで自生する。

季節 6月か7月に花が咲き、種はそのすぐあとに熟す。

✳ 属性と効能 ✳

 土星が支配する。

 新しい傷に対してきわめて効果的である。血液の汚れを浄化し、創面が残る古い潰瘍の治癒を妨げる体液を乾かす。

汁液でつくったシロップは、内臓の傷・静脈の破裂・血液の流れ・血管の傷・喀血・血尿・吐血に対して、他のハーブに劣らない効果を示す。少量のシロップをときどきのみ、あるいは患部に軟膏か硬膏をつけると、ヘルニアが驚くほどすみやかに治る。血管か筋肉が腫れたときは硬膏をつけ、少量のコンフリーを加えれば、必ず効果がある。クラウンという道化めいた名前こそついているが、自信を持ってすすめられるハーブである。ただ、乾いた土の性質を持つことに気をつけたい。

COCK'S HEAD, RED FITCHING, MEDICK FETCH
コックスヘッド、レッドフィッチング メディックフェッチ

特徴　ざらついた茎を50センチほどの高さまで複数伸ばす。茎は弱く下向きに垂れるが、マグサよりも長くてとがり、曲がった葉がつく。葉の裏側は白い。茎の先からさらに別の細い茎が伸びる。その茎には端まで葉がなく、先端にたくさんの小さな花が咲く。花はとがった形で薄赤色、わずかに青みがかっているところもある。花後には丸くてざらついた、平らな頭ができる。根は木質でたくましいが、毎年新しく伸びる。

分布　生け垣の上や、ときとして開けた野原など、イングランドのさまざまな場所で育つ。

季節　7月から8月にかけて花が咲き、種はそのあいだに熟す。

✳ 属性と効能 ✳

 金星が支配する。

 薄め、分解する作用がある。生の葉をすりつぶし硬膏として塗ると、皮膚のいぼ・こぶ・しこりを消し去る。乾燥させたものを油と一緒に塗れば、発汗を促す。

 乾燥させたものをワインでのめば、痛みを伴う排尿困難を改善する。

 牛にとっては貴重な食べ物で、乳の出をよくする。一般的な飲み物で煮たものは、同じように授乳に使えるかもしれない。

COLUMBINES
コロンバイン

 季節 5月に花が咲き、6月が終わるとほとんどは枯れてしまい、そのあいだに種を熟させる。

✳ 属性と効能 ✳

 金星が支配する。

 外用 葉はローションとして広く使われ、口や喉のできものに有効である。

 内服 種1ドラムをサフラン少量とともにワインでのみ、そのあとベッドに横になってたっぷり汗をかけば、肝臓の閉塞を開き、黄疸を改善する。種をワインでのむと、分娩を早める。1回で効果が出ないときは、もう1回のませるとよい。スペインでは、腎臓結石に悩まされたときには毎朝食事を抜いて根を食べている。

COLTSFOOT
コルツフット

コフワート、フォールズフット、ホースフーフ、ブルズフットとも呼ばれる。

特　徴　細い茎を伸ばし、早い時期に小さな黄色い花を咲かせる。花はすぐに落ち、そのあとに丸い葉がつく。葉はときに縁が鋸歯で、バターバーよりもずっと小さくて厚く、緑色が濃い。表は葉に毛がつくが、こするととれ、裏は白いか粉っぽい。根は小さくて白く、地中深くに広がるために抜くのが難しく、小さな切れ端が残ってしまうこともある。そこから新しい葉が出る。

分布　湿った場所でも乾いた場所でも育つ。

季節　2月の終わりに花が咲き、3月に葉が出はじめる。

✳ 属性と効能 ✳

 金星が支配する。

 乾いた葉か根の蒸留水に布を浸して頭や腹にあてても、また熱を持ったできものや炎症にあててもとても効果がある。丹毒ややけどを改善し、丘疹にすぐれて有効である。また痔や陰部の焼けるような痛みには、液に浸した布をあてるとよい。

 新鮮な葉・汁液・そのシロップは咳・喘鳴・息切れに有効である。乾いた葉は咳をもたらす肺の漿液に最も効果がある。乾いた葉か根をタバコにして吸うのがよい。蒸留水を単独か、エルダーの花とナイトシェイドとともにのむと、おこりにとりわけ有効な治療薬となる。

COMFREY
コンフリー

特徴

毛が生えているとても大きな緑色の葉を地面に多数広げる。毛が多くあり、とげとげしているので、手や顔、体の敏感な部分に触れると、かゆみをもたらす。そこから伸びる茎は60〜90センチの高さになり、空洞で角張り、やはり毛が多く生えている。地面に広がる葉と似た葉を多数つけるが、上部ほどその数は減る。節からは枝がいくつも分かれ、そこにいくつかの葉がつき、その端には重なるように多数の花が咲く。花は手袋の指のように長い袋状、薄白色で、花後に小さな黒い種ができる。根は大きくて長く、地中にとても太い分枝を伸ばす。外皮は黒くて中は白く、短くてもろい。ねっとりした液を含み、味はほとんどない。

小さな薄紫色の花を咲かせる別の種類もある。

分布

水路脇や水辺に自生する。おおむね湿った場所を好み、あちこちの湿地で見られる。イングランド各地で見られるが、薄紫色の花をつけるコンフリーは場所が限定される。薄白色の花をつけるコンフリーは乾いた場所でも育つ。

季節

6月か7月に花が咲き、8月に種ができる。

✳ 属性と効能 ✳

 土星が支配し、山羊座のもとにある。冷たく乾き、土の性質がある。

外用 　根をすりつぶしてつければ、新しい傷をすみやかに治す。ヘルニアや骨折にとりわけ有効である。固めて結びつける性質がとても強いので、ちぎれてばらばらになったものを鍋に入れて煮ると、またつながるとも言われている。母乳過多で腫れた乳房につけると症状を抑える。痔の大量出血を抑え、患部の炎症を鎮め、痛みをやわらげる。生の根を小さく刻み、革の上に広げて痛風で悩まされている場所にあてると、すぐに痛みがやわらぐ。同じように使えば関節の痛みをやわらげ、膿が出てじくじくした潰瘍・壊疽・壊死などにも有効である。

内服 　冷やして乾かす、クラウンズウンドゥワートと同じ性質があり、吐血や血尿を改善する。根を水かワインで煮た煎じ汁をのむと、内臓のさまざまな傷や肺の潰瘍を改善する。頭から肺まで粘液の排出を促し、子宮の血流と体液の流れを改善して月経不順を改善し、経血とおりもの、また原因を問わず腎臓の化膿も止める。シロップは内臓のあらゆる障害や傷に効果的で、蒸留水も同じ目的に使える他、全身の筋肉や腱の外傷やできものにも有効で、おこりの発作を抑え、体液の刺激を抑える。葉の煎じ汁はあらゆる目的に使えるが、根よりは効果が落ちる。

CORALWORT
コーラルワート

トゥースワート、トゥース・バイオレット、ドッグティース・バイオレット、デンタリアなどとも呼ばれる。

特徴 多くの種類があるが、イングランドで目にすることができるのはそのうち2種類である。1つは長く茶色い葉柄に1枚か2枚の曲がった葉がつく。地面から最初に出るときには二重になっているが、完全に開くと7葉になる。最も多いのは暗緑色で、縁は鋸歯。アッシュの木のように中肋の両側に向きあうようにつく。茎の下半分にはまったく葉がつかない。上半分にはときに3、4箇所に、5枚、ときに3枚組でつく。先端には短い花柄から長い房が伸び、4つか5つの花が咲く。花はアラセイトウととてもよく似ていて、薄紫色で4弁、そのあとに種を含む小さな莢ができる。根はとてもなめらかで、白く光沢がある。地中深くには伸びず、浅いところを横に這い、たくさんの小さな丸いこぶをつくる。茎の先端に向かって1枚葉が何箇所かつき、それぞれから裂け目のある小さな球茎ができて、それが熟して地面に落ちるとそこから根が伸びる。

分布 サセックス州のメイフィールドの、ハイリードと呼ばれる森、あるいはフォックス・ホールズと呼ばれる森に自生する。

季節 4月の後半から5月の半ばに花が咲き、7月半ばまでに枯れてなくなる。

✴ 属性と効能 ✴

 月が支配する。

外用 軟膏は治癒を妨げる漿液をすみやかに乾かすので、傷や潰瘍にすぐれた効果がある。

内服 膀胱を浄化し、排尿を促し、砂と結石を排出する。脇腹と腸の痛みをやわらげ、とりわけ乳房や肺など内臓の傷には、根の粉1ドラムを毎朝ワインでのむとすぐれた効果がある。流れを止める作用からヘルニアにもすぐれた効果がある。

COSTMARY, ALCOST, BALSAM HERB
コストマリー、アルコスト、バスサム・ハーブ

 季節 6月と7月に花が咲く。

✳ 属性と効能 ✳

 木星が支配する。

 外用 オリーブ油で煮てカタクリを加え、延ばしてから少量のミツロウ・ロジン・テレビン油を足したものを患部につければ、古い潰瘍をきれいにするすぐれた軟膏となる。

 内服 モードリンと同じように排尿を促す作用が強く、子宮の硬化を潤す。黄胆汁と粘液をゆるやかに排出し、過剰なものを減らし、粘り気のあるものをとり、汚れを浄化し、腐敗と膿を防ぐ。どんなものも溶かし、閉塞を開き、悪影響を抑え、おこりを改善する。胃を収縮させ、肝臓や他の内臓を強化する。乳清に混ぜてのむと、効果はいっそう強まる。朝に食事を抜いてのむと、長くつづく頭痛に有効で、頭から胃に流れこむ漿液を止めて乾かし、たまった体液を分解する。悪液質と呼ばれる、全身状態の継続的な不調に有効だが、とりわけその初期に効く。肝臓の不調・機能低下・冷えを改善する。

種は寄生虫をくだすために子供にのませることがよく知られている。白ワインに花を混ぜたものを1回に2オンスのませることもよくある。

CUDWEED, COTTONWEED
カッドウィード、コットンウィード

カドウィードの他に、チャフウィード、ドワーフ・コットン、ペティ・コットンとも呼ばれる。

特徴 1本の茎、ときに2、3本の茎を伸ばす。その真ん中から先端にかけての上半分をぐるりと囲むように、小さくて細く白い、あるいはごつごつした葉が茂る。それぞれの葉腋に、他のものと違って明るい黄色ではなく、灰褐色か茶黄色の小さな花が咲く。花が落ちたあとには、冠毛に包まれた小さな種ができ、風にのって運ばれる。根は小さくて細い。

これによく似た小さい種類もある。茎と葉はより短く、花は色が薄く、花弁が開いている。

分布 イングランドのあらゆる地域で、乾いた不毛の砂地や砂利まじりの土地に自生する。

季節 やや幅があるが、おおむね7月頃に花が咲き、8月に種が熟す。

✴ 属性と効能 ✴

 金星が支配する。

 すりつぶした新鮮な葉を新しい傷にあてると、出血を止めてすみやかな治癒へと導く。

 乾かして固め、収縮させる性質がある。ワインでつくった煎じ汁か粉をのめば、頭からの体液の流出に有用で、部位を問わず出血を止める。また下血を止めて苦痛をやわらげ、月経不順を治し、内臓や体の傷、けがにも有効で、子供のヘルニアや寄生虫を治す。しぶり腹にも有効なので、これをのませるか浣腸として注入するとよい。

また、葉の汁液をワインとミルクでのむと、おたふくかぜと扁桃炎に対する特効薬となる。のめば、それらの疾患には二度とかからない。

COWSLIPS, PEAGLES
カウスリップ、ピーグルス

 季節 4月と5月に花が咲く。

✳ 属性と効能 ✳

 金星が支配し、牡羊座のもとにある。

 外用 都会の淑女たちは、この軟膏や蒸留水により美しさを増すことを、あるいは少なくとも美しさが失われたときに修復してくれることをよく知っている。花は葉よりも効果が大きいが、根はほとんど役に立たない。軟膏は皮膚のしみ・しわ・日焼け・そばかすをとり、美しさを大いに増す。また熱やガスによる頭の不調全般、すなわちめまい・悪夢・幻覚・興奮・てんかん・まひ・けいれん・神経の痛みを治す。根は背中や膀胱の痛みをやわらげ、尿道を開く。葉は傷に有効で、花は震えを抑える。花は充分に乾燥させずにあたたかい場所に置いたままにしていると、すぐに腐って緑色になるので注意すべきである。1カ月に一度、日にあてれば、太陽にとっても花にとっても害にはならない。

　脳と神経を強化してまひを治すため、ギリシャ人たちはこのハーブに〝まひ〟という名前をつけた。花を塩漬けか砂糖漬けにし、ナツメグと合わせて毎朝食べると、内臓疾患に充分な効果がある。けれども傷・しみ・しわ・日焼けに対しては、葉と豚脂でつくった軟膏を使う。

CRAB'S CLAWS
クラブズクロウ

ウォーター・セングリーン、ナイツ・ポンド・ウォーター、ウォーター・ハウスリーク、ポンド・ウィード、フレッシュウォーター・ソルジャーとも呼ばれる。

特徴 長く細い葉が多数つく。縁には鋭いとげもあり、とてもとがっている。茎には花がつくが、葉ほど高く伸びることはまれで、先端はカニの爪（名前の由来でもある）のように又に分かれ、そこから真ん中から多数の黄色いおしべが伸びる3弁の白い花が咲く。水底の泥に根を広げる。

分布 リンカーンシャーの沼沢地に数多く見られる。

季節 6月に花が咲き、通常は8月まで残る。

✶ **属性と効能** ✶ 　金星が支配する。そのため腎臓を強化する作用に富む。

外用 丹毒にきわめて有効である。炎症や傷の腫れをやわらげる。軟膏はその治療効果がすぐれている。

内服 腎臓の障害による血液の濁りに対して、これ以上の治療薬はない。粉1ドラムを毎朝のむと、月経を止める。

BLACK CRESSES
ブラッククレス

 特徴　葉は長くて深く切れこみ、両側がぎざぎざで、野生種のマスタードと似ている。茎は小さく、とてもしなやかで頑丈である。ウィローのように、ねじってもなかなかちぎれない。花はとても小さくて黄色く、花後に種を含む小さな莢ができる。

 分布　どこにでもあるハーブで、通常は道端に、ときにロンドンの泥壁で自生する。石やごみのまわりを最も好んで育つ。

季節　6月と7月に花が咲き、種は8月と9月に熟す。

✵ 属性と効能 ✵ 火星が支配する。

 外用　葉を煮て湿布にすれば、陰嚢や乳房の炎症を抑える。

 内服　熱い性質のハーブで固める性質を持つ。種は脳を強化する作用が強く、マスタードの種に劣らない効果があり、頭から肺に流れ落ちる体液を止める。種をつぶして粉にし、それをハチミツで舐剤にすれば、上記の目的だけでなく、咳・黄疸・坐骨神経痛にも効くすばらしい治療薬となる。

SCIATICA CRESSES
サイアティカクレス

 特徴　2種類ある。1つは円筒形の茎が60センチほどの高さに伸び、枝を多数広げる。下部の葉は上部よりもやや大きいが、いずれも縁には切れこみや鋸歯がある。ペッパーワートに似ているが、それよりは小さい。花は小さくて白く、枝の先で咲き、花後に小さくて茶色く、ペッパーワートよりも強く鋭い味がする種をおさめた莢が育つ。根は長くて白く、木質である。

もう1種類は下部の葉が長くて幅広で切れこみはないが、先端に向かって縁に深い鋸歯がある。けれども、それより高いところにつく葉は小さい。花も種も根も前者と似ていて、根と種は同じように鋭い。

 分布　未耕地の道端や、古い壁の脇で自生する。

 季節　6月の終わりに花が咲き、7月に種が熟す。

✶ 属性と効能 ✶

 土星が支配する。

夏のあいだに摘んだ新鮮な葉、できれば根をすりつぶすか湿布にし、あるいは豚脂で膏薬にして、坐骨神経痛の患部に男性なら4時間、女性なら2時間あてる。そのあと患部をワインと油を混ぜたもので洗い、羊の毛か皮でくるむ。少し汗をかいたあと、痛風による腰や手の指などの関節の痛みだけでなく、頭や体の他の部分の治りにくい症状を確実に治す。それでも部位を問わずそうした不調が残ったときには、20日後に同じ処置をくり返すとよい。

脾臓の疾患にも効果的である。皮膚につけると、傷・かったい・かさぶた・ふけなどといった症状をとり除く。患部が潰瘍になっている場合も、油とミツロウでつくった膏薬がのちに有効となる。

WATER CRESSES
ウォータークレス

特　徴　弱くて中空で、汁液に富む茎を多数伸ばし、節からひげ根を伸ばし、曲がった長い葉を上向きに多数つける。葉は茶色くてほぼ円形で幅広。汁に富む。長い花柄に白い花を多数咲かせ、花後に角のような小さく長い莢の中に小さな黄色い種をつくる。植物全体が冬のあいだも緑色のままで、鋭い味がする。

分布　たいていは小さな水たまりの中、ときに小川の流れの中で自生する。

季節　夏の初めに花が咲き、種ができる。

✳ 属性と効能 ✳

 月が支配する。

外用　ブルックライムよりも壊血病に対する効果が大きく、血液と体液を浄化する力がある。他にもブルックライムと同じ用途に使うことができ、結石を砕き、排尿と月経を促す。煎じ汁は潰瘍を洗い流してきれいにする。すりつぶした葉や汁液を夜中につけて朝になったら洗い流せば、顔などのそばかす・にきび・しみなどに対して有効である。汁液を酢と混ぜて前頭部を洗えば、眠気・疲労にとてもよく効く。

内服　煮ると、春に血液を浄化するよい治療薬になり、頭痛を改善し、冬のあいだに残された大量の体液を取り去る。健康を望む者にすすめたい。煮たものを好まないなら、サラダとして食べてもよい。

CROSSWORT
クロスワート

〝十字架〟という名前の由来は葉の形にある。

特徴 　毛が生えている角張った茶色い茎は 30 センチほどの高さになる。節ごとに小ぶりで幅広、先がとがり、毛が生えているがなめらかな薄い葉を 4 枚ずつ、互いに折り重なるようにつける。茎の先に向かって節には葉が 3 枚か 4 枚ずつ下向きに並び、そこに小さな薄黄色の花が咲く。花後には莢の中に小さな黒くて丸い種がたいていは 4 つおさめられる。根はとても小さく、細いひげ根を多数伸ばし、地面に根を張って遠くまで伸びる。根は冬も枯れないが、葉は毎年落ちて、春にまた芽吹く。

分布 　湿った場所や未耕の草地で多く自生する。ロンドン周辺、ハムステッドの境界境内、ケントのワイ、その他さまざまな場所で見られる。

季節 　日差しを好み、5 月から夏いっぱいあちこちで花が咲く。種はそのすぐあとに熟す。

✺ 属性と効能 ✺

 土星が支配する。

外用 　傷に対してすぐれた効果のあるハーブで、新しい傷に塗るとすみやかに傷口を固めて治す(内服してもよい)。傷やできものをワインによる葉の煎じ汁で洗っても有効で、患部をきれいにする。すりつぶした葉を煮たあと、患部にしばらくつけつづけ、ときどき交換し、同時にワインでの煎じ汁を毎日のみつづけると、ひどくこじれたもの以外はヘルニアを確実に治す。葉が新鮮であれば、すみやかな治癒が期待できる。

内服 　ワインによる葉の煎じ汁は、胸から粘液を排出するのを助け、乳房や胃腸の障害に効も果があり、食欲不振を改善する。

CROWFOOT
クロウフット

　このとても刺激の強いハーブには、ウェールズの家系すべてに充分なほどのたくさんの名前がついている。ギリシャ語名のバラキオンからとってフロッグスフット、その他クロウフット、ゴールド・ノブズ、ゴールド・カップス、キングズ・ノブ、バッフィナーズ、トロイルフラワーズ、ポルツ、ロケット・グリオンズ、バターフラワーズなどと呼ばれる。

特徴　薄く大きな葉を多数つける。葉は何裂もし、刺激的な味で、舌を傷つける。鮮やかな黄色の花を多数咲かせる。これほどの黄色は他に見ない。古くは、乙女が新婚のベッドを飾るためにこの粉を使ったという。花後にはとがってごつごつした、パイナップルのような頭ができる。

　とてもありふれていて、どこででも自生する。

　花は5月と6月に咲く。ときに9月にも見られる。

✳属性と効能✳

♂ 火星が支配する、きわめて刺激的なハーブであり、内服にはまったく適さない。

外用

葉や花の軟膏は水ぶくれをつくるため、目の粘液をとるにはうなじにつけるのが適切である。すりつぶした葉を少量のマスタードと混ぜたものも、カンタリスと同じように水ぶくれを引き起こす。けれどもカンタリスを使えない尿道にも、安全に使うことができる。かつて、このハーブを感染性の重症化したできものにつけ、奇跡的に命を救えた例がある。この軟膏と硬膏を保管しておくべきだろう。

C

CUCKOW-POINT
カックーポイント

アロン、ヤーヌス、バーバアロン、カーブスフット、ランプ、スターチワート、クックロウポイント、ウェイク・ロビンなどとも呼ばれる。

特徴

1本の根に3枚から最大で5枚の葉がつく。葉はそれぞれ大きくて長く、底の茎につながる部分は広く、切れこみはあるが縁はなめらかで先端はとがっている。色は豊かな緑色、10センチほどの長さの太い円筒形の茎につき、2、3カ月後に枯れはじめると、そこからまた円筒形の茎が葉よりも高く伸びる。茎はむきだしで薄緑色、まだらで紫がかった部分もある。その先に長い中空の莢ができる。莢の底は閉じているが、上部は開いていて、その先はとがっている。その真ん中から先端がふくらむ小さくて長い突起が伸びる。莢の外側は緑色だが、内側は濃紫色で、突起も同じ色である。莢がしばらくのちに枯れると、付け根から小さく長い果実がかたまりをつくる。果実は最初は緑色、熟すとオレンジ色になり、セイヨウハシバミの実ほどの大きさで、冬のあたりまでついている。根は丸くて長く、ほとんどが横に伸びる。その最も大きな端から出た葉は果実がついたときにはしわが寄ってゆるみ、その下に硬くたくさんのひげ根をつけた新たな根が伸びてくる。植物全体がとても刺激的な味で、ネトルが手に触れると痛いように舌を刺す。長いあいだ変わらずに育ちつづける。その根は、古くはデンプン代わりに布の糊づけに使われた。

これとは別に、葉の数が少なくて、ときに硬く、黒い斑のある種類がある。前者よりも長く、夏のあいだずっと緑色のままで、葉と根はどちらも刺激がさらに強い。それ以外はほぼ同じである。

分布 2種類とも、イングランドのさまざまな場所の生け垣の下に多く自生している。

 季節 春に葉をつけ、夏のあいだずっと、さらにそのあとまで緑を保つ。葉が落ちる前に莢ができ、実は4月にできる。

✴ 属性と効能 ✴

♂ 火星が支配する。

外用 　生の葉をすりつぶし、できものにつければ、毒をとり除く。生のものか乾燥させた葉、汁液は、部位を問わず潰瘍をきれいにし、ポリープと呼ばれる異臭を放つ鼻のできものを治す。根を煮た水を目にさすと、視力を損なう膜を浄化してかすみをとり、充血や目やに、あるいはときに黒や青色に変色した病変を治す。根をマメの粉と混ぜて炎症を起こした喉や顎につけると、症状を改善する。果汁をバラ油で煮るか、粉にして油に混ぜたものを耳に垂らすと、痛みをやわらげる。果実か根をつぶして熱い牛の糞と混ぜて塗ると、痛風の痛みをやわらげる。油を少量加えたワインで葉と根を煮て、痔か脱肛につけると、その場にしゃがんで熱い蒸気を患部にあてるのと同じように症状をやわらげる。生の根をすりつぶして少量のミルクで漉すと、ふけ・そばかす・しみ・にきびなど皮膚の問題を解決する最もすぐれた治療薬になる。

内服 　生のものでも乾燥させたものでも、斑のある種類を1ドラム、あるいは必要ならそれ以上をとれば、毒や感染症に対するたしかな応急処置となる。汁液を1さじのんでも同じ効果がある。少量の酢と根を加えると、舌に対する過剰な刺激をやわらげてくれる。生のものでも乾燥させたものでも、根の粉1ドラムを倍量の砂糖と混ぜて舐剤として服用すると、息切れ・呼吸困難・咳にすぐれた効果がある。胃・胸・肺の粘液を分解してとり除く。根を煮たミルクも同じ効果を持つ。上記の粉をワインか他の飲み物あるいは果汁に溶かしたもの・粉そのもの・それを煮たワインは、排尿・月経・後産を促す。ヤギのミルクでのむと、腸の潰瘍を治す。蒸留水は上記のすべての目的に有効である。一度に1さじのめば、かゆみを止める。一度に1オンスほどを数日間のみつづけると、ヘルニアを改善する。

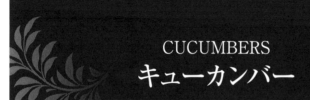

CUCUMBERS
キューカンバー

✳ 属性と効能 ✳

 月が支配する。

 汁液で顔を洗うと皮膚をきれいにし、目の中の熱い体液をとる。蒸留水で洗うと、重度の赤ら顔も治る。日焼け・そばかす・水疱にもすぐれた効果がある。

 毒ともなりかねないほど冷たく、湿ったハーブである。熱を持った胃や肝臓にすぐれた効果があるが、放縦に使うと体内に強い体液をあふれさせ、さまざまな害を与えてしまう。種は排尿を促し、尿道の詰まりをとる。膀胱に広がる潰瘍にこれ以上にすぐれた治療薬はない。その際、通常の手順ではアーモンドミルクをつくるように種から乳液をつくる。けれども、それよりはるかによい方法がある。旬の季節になったら、キューカンバーを丁寧にすりつぶし、蒸留水をつくり、膀胱の潰瘍に悩まされている者にそれだけをのませるのである。

DAISIES
デイジー

✳ 属性と効能 ✳

 金星が司り、蟹座のもとにあるため、乳房の傷にすぐれた効能を発揮する。

シロップ・油・軟膏・硬膏のいずれでも保存可能である。大型の野生種のデイジーは、傷薬として重用され、のみ薬としても軟膏としても頻繁に使われる。

外用 デイジー・ウォールワート・アグリモニーからつくった煎じ汁で患部を湿布し、あるいはその汁をつけてあたためると、まひ・坐骨神経痛・痛風の症状を大幅にやわらげる。さらに、全身のいぼ・硬いしこり・打ち身によるけがや傷を癒やしてとり去る。ヘルニアや他の内臓の炎症にも使われ、すぐれた効果を示す。軟膏は炎症のある傷、湿性の体液が流れこんで長らく治らない傷など、手足の関節にできやすい傷を劇的に改善する。汁液を膿が出ている目にさすと、症状を大いにやわらげる。

内服 小型のデイジーも含め、汁液や蒸留水は黄胆汁の熱を冷まし、肝臓や他の臓器を強化する。煎じ汁は胸の空洞による傷や、口・舌・陰部の潰瘍や膿疱を治す。すりつぶした葉を陰嚢など腫れて熱を持った場所にあてると、炎症を鎮めて熱をさげる。

DANDELION, PISS-A-BEDS
ダンデライオン、ピスアベッズ

特徴　よく知られているように、深い切れこみのある長い葉が、根頭をとり巻くように地面に広がる。鋸歯の端は両側とも根へと下向きになる。中肋は白く、折ると大量の乳液がしみでる。ただし、乳液は根のほうがはるかに多い。常緑の葉のあいだから細くて弱いむきだしの茎が伸び、その先に1つ大きな黄色い花が咲く。花は多数の黄色い花弁が先を広げて並び、真ん中は濃黄色で、熟すと花を支える緑色の萼が垂れさがり、さげた頭部がボールのように丸くなる。長い種はそれぞれが頭に冠毛をつけて下を向き、風で、あるいはときに誰かの息に吹かれて飛ばされる。根は地中とても深くまで伸び、ちぎれてもまた枝根を伸ばす。いったん深く根をおろしたら、めったに枯れることはない。

　各地の草地や牧草地に豊富に見られる。

　さまざまな場所で1年を通して花が咲く。

✴ 属性と効能 ✴

 木星が支配する。

 肝臓・胆嚢・脾臓の閉塞と、それに伴う黄疸や心気症などにとても効果がある。老若年齢を問わず尿道を開く。乾かして固める性質により、尿道の膿瘍や潰瘍を治癒へと導く。そのためには、根か葉を白ワインで煎じた汁か、葉を刻んでブイヨンで煮て食べるのが非常に効果的である。しばらく内服をつづければ、悪液質と呼ばれる全身の消耗と不調の状態を大幅に改善する。おこりの熱などにより弱った体に休息と睡眠を与える。蒸留水は伝染性の発熱に効果があり、できものをきれいにする。

以上の効能は、フランスとオランダでは春には誰もがこのハーブをごく普通に食べている理由でもある。要するに、外国の医師はイングランドの医師のように利己的でなく、ハーブの効能に関する情報を出し惜しみせずに伝えているということだ。

DARNEL
ダーネル

　ジャム・アンド・レイとも呼ばれる。サセックスではクロップと呼ばれ、トウモロコシに影響して害を与える。

 特徴
　冬のあいだに長く平らで、ごつごつした葉を多数つける。節のある細い茎が伸びると、葉は細くなるが、ごつごつしたままである。先端にはいくつもの頭がつき、3つほどの莢ができて、鋭く短いひげがついた長い下穂が伸びる。種はその穂を振れば簡単に落ちる。莢そのものもごつごつしている。

分布
　田舎で暮らしている者にとっては、このハーブがトウモロコシの近くや未耕地の隅、小径などで育つことは常識である。

✳ 属性と効能 ✳

♄　土星が支配する。土星の影響のもとにあり、その状態を反映してさまざまな効能を示す。

 外用　粉は壊疽・活動性の潰瘍・化膿したできものの悪化を止める。塩とラディッシュの根と合わせて使えば、かったい・水疱・白癬といった皮膚の疾患全般をきれいにす

る。刺激性の硫黄と酢と使うといぼやしこりをとり、ワインに入れてハトの糞とアマニと一緒に煮たものは、治りにくい病変を快方に導く。水とハチミツでつくった煎じ汁に患部を浸せば、坐骨神経痛に効果がある。ダーネルの粉からつくった湿布は、刺さったとげや折れた骨を体外に抜きだす。

 赤いダーネルを赤ワインで煮て食べれば、下痢や体液などの流出、月経を止める。頻尿も改善する。

DILL
ディル

 特徴

茎が1本で、それほど高くは伸びず、通常はフェンネルより小ぶりである。円筒形でわずかに節がある。葉はくすんだ色。長めでフェンネルと間違える者が多いが、扱いが厄介で、強く不快なにおいがする。茎の先は4本に枝分かれし、それぞれに黄色い花をつけた小さな繖形花序がつき、そのあとフェンネルより薄く平らで小さな種ができる。根は細いがごつごつし、種ができたあとは毎年枯れる。根に薬効はなく、使われることはない。

分布 庭や空き地に種がまかれる。また、数多くの場所で自生している。

✳ 属性と効能 ✳

 水星が支配するため、脳を活性化する。

外用　煎じ汁の湯気の上に座ると、子宮の痛みやガスの症状を改善する。ワインで煮て、それを布に浸して吸えば、しゃっくりが止まる。種は葉よりも役に立ち、有害な体液を分解する力がより強く、ガスやそれに伴う痛みをやわらげる役割を果たす。種は焼くか、揚げて油に漬けるか、硬膏として使うと、肛門の膿瘍を治す。ディルからつくった油は、あたためることで体液と膿瘍と痛みを消し、休息を与える効能がある。葉か種の煎じ汁は（ただし種を煮る場合はすりつぶさなければならない）白ワインに入れてのむと、ガスを体外に排出する強い作用があり、月経を促す。

内服　煮たものをのむと、腫れや痛みをやわらげ、子宮と胃の下垂を防ぐ。

DEVIL'S-BIT
デビルズビット

緑色のなめらかな円筒形の茎が60センチほどの高さに伸びる。細長くなめらかで、縁に浅い切れこみがある濃緑色の葉が多数つく。ごくまれだが枝の先端に、下部につくものよりも小さく、中肋が入っている葉がつく。それぞれの枝の先にはスカビアスよりも密集して、多数の青紫の花が固まる丸い頭がついている。花が枯れると種がつき、それもやがて落ちる。根はやや太いが、短くて黒く、多数のひげ根を伸ばし、種の時期が過ぎたあとも長いあいだ残る。この根は（修道士に言わせれば）悪魔が人間の役に立つことをうらやみ、意地悪くかみちぎったという。きっと悪魔はこのハーブが効力を持つ疾患には悩まされずにすんだはずだ。

他にも２種類、形はほぼ同じで、花の色が白と赤のものがある。

イングランド各地で、湿った土壌でも乾いた草地や野原でも、同じように育つ。花の色が白と赤のものはめったに見かけないが、どちらもケント州のライ近くのアップルドアあたりに自生している。

通常は８月まで花が咲かない。

✳ 効　能 ✳

　葉か根をつぶして塗ると、皮膚についたあざを消す。葉の煎じ汁にバラのハチミツを足した液で頻繁にうがいをすると、扁桃や喉の治りにくい腫瘍や腫れを改善する。種はとりわけ硫酸塩を少量溶かし入れると、できもの・ふけ・かゆみ・にきび・そばかす・水疱などの病変に有効である。

　性欲を刺激し、心地よく、害がない。葉か根（悪魔が残した分）をワインで煮たものをのむと、さまざまな感染症・熱・有毒な生物にかまれた際に有効である。事故による内臓の傷や、打ち身による外傷で固まった血液を溶かして症状を改善する。月経を促し、子宮の痛みをとり、腹部や腸内のガスを消す。根の粉をのめば、寄生虫を体外に追いだせる。葉の汁液や蒸留水は、新しい傷や古いできものを治し、体内をきれいにする。

DOCK
ドック

✳ 属性と効能 ✳

 木星が支配する。

外用 根を酢で煮た液で洗うと、かゆみ・かさぶた・皮膚の傷を改善する。葉と根の蒸留水にも同じ効果があり、そばかす・水疱・しみをきれいにする。

内服 赤いドックは〝血の草〟と呼ばれ、血液をきれいにし、肝臓を強くする。しかし血液か肝臓が黄胆汁の影響を受けているときには、黄色いドックの根が有効である。すべての種類が冷やして乾かす性質を持つが、栗色が最も冷やす性質が、赤色が最も乾かす性質が強い。下痢や体液の流出を止め、黄胆汁による胃の不快感を鎮め、吐血の症状をやわらげる。

その他 すべてドックは肉と一緒に煮る。煮る時間は短いほどよい。肝臓を強化し、よい血液をつくるが、庭で育っているものをまとめて煮てよい。ただし今どきの女性たちは上品なので、中身が黒くなるのを嫌って鍋に入れたがらないだろう。自尊心と無知（最悪の組み合わせ）は、健康よりも上品さを好む。

DODDER OF THYME, EPITHYMUM, OTHER DODDERS
ドッダーオブタイムなどのドッダー類

特徴

最初に種から出た根を地面に広げる。寄主となる植物の性質と気候によって、太く大きな根や蔓を伸ばし、相手の高さに応じてからみついて這う。蔓にはまったく葉がつかず、曲がってからみあい、相手が小さな植物であれば覆いつくして、快適な日差しをすべて奪って締めつけ、ついには窒息させてしまう。蔓はその高さまで伸びると、相手から栄養を奪いとるようになり、上にのぼろうとする力によるのか、太陽の熱で枯れるためかはわからないが、地面から離れてしまう。蔓には小さな頭や莢ができ、そこから白い花が咲いたあと、ポピーの実の2倍の大きさの平らな白色の種ができる。基本的には寄主植物の性質を備え、中ではタイムに寄生するドッダー類が最高と考えられる。タイムはドッダー類の寄主として最もあたためる性質の強いハーブである。それゆえタイムに寄生して育つドッダー類は、冷やす性質のハーブに寄生して育つものよりもあたためる性質を強く持つようになる。寄生して育つドッダー類は、根をおろしている大地からだけではなく、貼りついている植物からも栄養を引きだしている。

✴ 属性と効能 ✴

土星が支配する。土星が引き起こす病気を共感によって改善し、土星が支配する体の部位を強化する。太陽が引き起こす病気は反感によって改善する。

憂鬱に最も効果があり、頭や脳のさまざまな疾患・不整脈・失神を招く黒胆汁や黄胆汁を体外に排出する。脾臓の疾患全般や障害、心気症でガスにより生じる憂鬱に有用である。尿を介して腎臓からも排出する。胆嚢の閉塞を開き、黄疸を改善する。葉も脾臓に効く。血液から胆汁質や粘液質の体液をとり除く。駆虫効果のある種を少しだけ足せば、子供の悪寒を改善する。

他のドッター類は、先に述べたようにそれが寄生する植物の性質にあずかる。たとえば、西部で見られるネトルに貼りついているドッター類は、乏尿や無尿だった者に大量の尿を出させる。他も同様である。

DOG'S-GRASS, COUCH GRASS
ドッグズグラス、カウチグラス

  特徴
草は地面を遠くまで這う。長く白い根はこぶをつくり、ほとんどの節から小さなひげ根を伸ばし、味はとても甘い。他の部分も甘く、からみあい、多数のきれいな草色の葉を出す。葉の端は細く、縁は鋸歯になる。茎はトウモロコシのようにからまりあい、同じような葉がつき、とがった大きな頭の中に硬くてごつごつした種をおさめた長い莢をつくる。この説明でも見分けがつかないときは、犬が病気のときによく見ているとよい。すぐにこの植物のそばに連れていってくれるはずである。

  分布
イングランド各地の耕作地で見られる。どこにでも自生しているので、農夫や庭師にとっては、このハーブをとり除くのは簡単である。

✳ 属性と効能 ✳

 木星が支配する。

内服
煮たものは肝臓と胆嚢の閉塞を開き、尿閉を改善し、腹部の締めつけるような痛みや炎症をやわらげる。膀胱結石の症状や潰瘍を改善する。すりつぶした根をつけると、傷口を固める。種にはより強力な排尿作用があり、下痢と吐き気を止める。蒸留水単独、あるいは駆虫効果のある種を少々加えたものは、子供の体内の寄生虫を駆除する。

根をすりつぶして、白ワインで長時間煮て、その煎じ汁をのむのがよい。開く作用はあるが排出作用はなく、とても安全である。閉塞性疾患全般に対する治療効果があり、そうした疾患は人体に起こる変調の半分を占める。庭師は意見が異なるかもしれないが、医師にとっては5エーカー分のキャロットよりも、このハーブ半エーカー分のほうが倍も価値がある。

DOVE'S-FOOT, CRANE'S-BILL
ドウブズフット、クレインズビル

 小さくて丸く、薄緑色の葉が多数つく。葉は縁に切れこみがあり、マロウとそっくりで、長く赤い毛が生えた茎が伸び、葉は地面に円を描くように広がる。その中から2本か3本、ときにそれ以上の赤く、節があり、細くて弱く、毛が生えた茎が伸びて、そこに下部の葉より小さくて先端が鋸歯の葉が何枚かつき、とても小さく明るい赤色の5弁花が多数咲く。花後には小さな頭がいくつもでき、この種類のハーブに共通する小さく短い突起が突きだす。

 草地やさまざまな場所の道の脇に見られる。庭でも育つ。

 6月から8月まで、花の咲く時期には幅がある。種はそのすぐあとに熟す。

✳ 効 能 ✳

外用 新しい傷であれば、葉をすりつぶして患部にあてるだけですみやかに治せる。ワインによる煎じ汁を湿布として、痛風で痛む箇所、関節や腱の痛みにあてると、症状を大いにやわらげる。

内服 とても穏やかハーブだが、攻撃的でもある。ガスによるさしこみにきわめて有効で、腎砂や結石も排出する。ワインでつくった煎じ汁は、内臓の傷の出血を止め、固まった血液を溶かして患部を癒やし、さらに皮膚のできもの・潰瘍・瘻孔をきれいにする。

DUCK'S MEAT
ダックズミート

| 特　徴 | 池や水たまり、水路など、たまり水に浮いている。 |

✳ 属性と効能 ✳

 月が支配し、蟹座のもとにある。

 摘みたての葉を額にあてると、発熱による頭痛をやわらげる。

 炎症・丹毒・痛風はこのハーブの葉単独でか、バーリーと一緒にのむことで改善する。蒸留水は内臓の炎症や伝染性の熱病の治療薬になる。目の充血・陰嚢や乳房の腫れも、悪化する前に使えば改善する。

DRAGONS
ドラゴン

特　徴　茎の下部はその名のとおり、ヘビによく似ている。

✷ 属性と効能 ✷

 火星が支配する。

外用　蒸留水を塗れば、皮膚のそばかす・水疱・日焼けなどをきれいにとる。最もよい使い方は酢と混ぜて軟膏にすることで、傷や潰瘍に効果があり、鼻の中にできるポリープと呼ばれる肉芽をとり去る。また蒸留水を目に入れれば、汚れや膜をとってくっきりと見えるようにする。疫病や毒にもすぐれた効果がある。このハーブを携えている者は、ヘビに襲われることはない。

内服　好みの液体を使って蒸留器で蒸留するか、すりつぶして汁液を搾り、ガラスの蒸留器にいれて砂に埋めて蒸留する。それをのめば、内臓をきれいに洗い流して浄化する。

ELDER
エルダー

コルク鉄砲で遊ぶ子供であれば、エルダーを他の木と間違えることなどありえない。ここではドワーフエルダー（デッドワート、ウォールワートとも呼ばれる）についてのみ記す。

DWARF-ELDER
ドワーフエルダー

特 徴 １年草で、茎を地面に落として枯れ、毎年春には新たな芽を出す。形も性質もエルダーに似て、角張ってごつごつした毛が生えた茎を120センチ、ときにそれ以上まで伸ばす。曲がった葉はエルダーよりやや細いが、よく似ている。繖形花序をつけて紫の部分がある白い花を咲かせ、やはりエルダーにそっくりだが、香りはもっと甘い。そのあとに小さな黒い実がなる。実は新鮮なうちは果汁に富み、中に小さくて硬い種がある。根は地面近くを這い、あちこちで枝分かれし、人の指ほどの大きさになり、ときには親指大にもなる。

分布 生け垣で育つ。垣根を補強したり、土地の境界を示したり、水路や水辺の土手を固めたりするために種がまかれる。

イングランドの多くの場所で自生し、一度根づくと、しばらくはその状態を保つ。

季節 エルダーのほとんどは6月に花が咲き、8月に実が熟す。けれどもドワーフエルダーはそれより花が咲くのがやや遅く、実は9月まで熟さない。

✹ 属性と効能 ✹

 エルダーもドワーフエルダーも金星が支配する。

外用 女性がかかんでエルダーの湯気の上に座ると、子宮の硬さをほぐして血管を開き、月経を促す。実をワインで煮たものにも同じ効果がある。髪を洗うと黒くなる。新鮮な葉の汁液を目につければ、強い炎症をやわらげる。葉の汁液を鼻孔に吸いこむと、脳の薄い皮膜を体外に排出する。果汁をハチミツとともに煮たものを耳に入れると、痛みをやわらげる。花の蒸留水は日焼け・そばかす・水疱などを消して肌をきれいにし、頭につければ、冷えからくる頭痛をとり除く。5月につくった葉や花の蒸留水で何度か足を洗うと、潰瘍やできものを治す。目を洗えば、充血を消す。朝晩それで手を洗うと、まひや震えが改善する。

内服

　エルダーの最初の若枝をアスパラガスのようにゆで、若葉と茎を脂の多いブイヨンで煮たものは、黄胆汁や粘液を排出する。真ん中か内側の樹皮を熱湯で煮た汁はさらに効力が強い。実は生のままでも乾燥させたものでも体液を排出させ、むくみを改善するために使われる。根の表皮をワインで煮た汁や汁液には、葉や実よりもさらに強い効能がある。根の汁液は激しい吐き気をもよおし、むくみをもたらす漿液を排出する。根の煎じ汁はクサリヘビや狂犬にかまれたときに服用するとよい。実を煎じたワインは排尿を促す。

　葉か樹皮を集めるときに上向きにはがすと、それをのんだとき吐き気をもよおす。

　ドワーフエルダーは黄胆汁・粘液・水を排出する作用がエルダーよりも強い。痛風・痔・婦人科の疾患を治し、髪を黒く染め、目の炎症・耳の痛み・ヘビのかみ傷・狂犬・やけど・ガスによるさしこみ・結石・排尿困難・難治性のできもの・瘻孔ができた潰瘍を改善する。白ワインで煮たものをのむと、むくみが改善される。私がすすめるのは、エルダーそのものではなく、その煎じ汁をのむことである。

THE ELM TREE
エルム

特徴

イングランドのあらゆる地域に生えており、とてもよく知られている。

＊ 属性と効能 ＊

 土星が支配する。冷たい性質。

外用 葉をすりつぶして樹皮とともに新しい傷にあてると、治癒へと導く。葉か樹皮を酢に混ぜて使うと、ふけやかったいを効果的に治す。葉・樹皮・根の煎じ汁に浸すと、骨折が癒える。葉からとった水は、すぐに使えば皮膚の膿をとってきれいにする効能が強い。その水をしみこませた布を子供のヘルニアに押さえつづけると治る。その水をガラス瓶に入れてきっちりと蓋をし、塩を敷いた上にガラス瓶を置いて地面あるいは牛か馬の糞の中に25日間寝かせておけば、力が宿り、水は透明になり、それを浸した柔らかなガーゼは新しい傷にきわめてすぐれた効果を持つ。根の皮の煎じ汁からつくった湿布は、硬い腫瘍や腱の萎縮をときほぐす。根を長時間ゆで、表面に浮かんだ脂肪をすくったものを塗ると、髪が落ちてはげるが、すぐにもとどおりになる。樹皮を塩水ですりつぶし、湿布にして痛風の患部にあてると、痛みを大いにやわらげる。樹皮を水で煎じた汁は、やけどした患部につけるとすぐれた効果がある。

ENDIVE
エンダイブ

 特　徴

チコリよりも長く大きな葉で、1年草であり、すみやかに茎を這いのぼるように伸ばして種をつくり、枯れる。青い花を咲かせる。種はチコリの種とそっくりで、見分けるのは難しい。

＊ 効　能 ＊

外用

じくじくした潰瘍・熱を持った腫瘍・できもの（感染性のものも）から出る体液を止め、目の充血や炎症だけでなく、かすみ目も改善する。痛風の痛みをやわらげるためにも使われる。使い方を誤る心配はない。シロップも熱を冷ますすぐれた薬となる。

 内服

すぐれた冷却と浄化作用のある植物である。葉の煎じ汁・汁液・蒸留水は、肝臓や胃にたまる過剰な熱・おこりの熱発作・尿の熱と刺激・泌尿器の傷など、体のあらゆる部位の炎症を冷やす。種にも同じ性質があり、その作用はさらに強く、これら以外に失神・心臓の興奮を抑えるためにも使える。

ELECAMPANE
エレキャンペーン

特徴

　大きな楕円形の葉を地面近くに多数広げる。両端は細くてやや柔らかく、表は白緑色、裏は灰色で、それぞれ短い葉柄についている。葉のあいだから太くて強い毛が生えている茎が90〜120センチの高さまで何本も伸びる。茎の下端をぐるりととり巻くように葉がつく。茎は上部で枝分かれし、その先にアラゲシュンギクに似た大きな花をたくさん咲かせる。花弁の端も真ん中のかたまりも黄色で、それが冠毛になり、長くて小さな茶色の種がつき、やがて風にのって飛ばされる。根は大きくて太く、何本にも分かれて伸び、表皮は黒くて内側は白い。味はとても苦く強いが、乾燥させるとよい香りがする。この植物の他の部分はまったくにおいがない。

　野原や小径などの乾燥して開けた一画よりも、湿った日陰や荒れ地を好んで育つ。イングランドのあらゆる場所で見られる。

　6月の終わりから7月に花が咲き、8月に種が熟す。根は葉が出る前の春にも、秋や冬にも抜きとって利用できる。

✱ 属性と効能 ✱

 水星が支配する。

 根をワインで煎じた汁か汁液でうがいをするか根をかじると、ぐらつく歯を固定させ、腐らないようにする。けいれん・痛風・坐骨神経痛・関節の痛みを減らす（内服してもよい）。ヘルニアや内臓の傷にも効果がある。根を酢の中で充分に煮たのちにつぶし、豚脂や馬油を足してつくった軟膏は、老若問わず、かさぶたやかゆみに対するすぐれた治療薬になる。患部に煎じ汁をつけるか洗うかしても同じ効果がある。化膿した治りにくいできものや潰瘍全般を改善する。主要な治療効果の源は根にある。葉と根からつくった蒸留水は、顔などの皮膚をきれいにし、水疱・しみ・にきびをとり去る。

 新鮮な根を砂糖漬けにして保存するか、シロップかジャムにすると、ガスがたまった冷えた胃をあたため、刺すような痛みや脾臓が原因のさしこみにとても効果がある。咳・息切れ・喘鳴を改善する。乾燥させた根を粉にし、砂糖と混ぜてのんでも同じ効果があり、尿閉・月経の停止・子宮の痛み・腎臓と膀胱の結石にも有用である。毒を中和する作用があるため、ヘビの毒・腐敗性あるいは感染性の発熱・感染症そのものの悪化を抑える。葉や根をつぶしてできたてのビールに入れて毎日のむと、視力を劇的に改善する。根をワインで煎じた汁か汁液は、腹部や胃腸のあらゆる寄生虫を駆除する。内服は吐血にも有効である。

ERINGO, SEA-HOLLY
シーホーリー

| 特　徴 |

最初の葉は成長するとほぼ円形になり、縁が深く切れこんで硬く鋭くとがり、わずかにしわが寄る。青緑色で、長い葉柄につく葉ほどには硬くもとげとげしてもいない。それらの葉は茎とともに伸びて、茎を包みこむように叢生（訳注：重なりあって生えること）する。茎は円筒形で強く、わずかにあるうねに節と葉がつくが、さらに枝分かれして鋭くとげとげしている。枝はさらに小さな枝に分かれ、それぞれに青く丸い放射状の花が咲き、それを支えるように小さなぎざぎざでとげのある総苞（訳注：花序の基部にたくさんの苞が密集しているもの）がついて星のように広がり、ときに緑色や白色となる。根はとても長く、ときに3メートルほどにまで伸びる。上部は輪や円をつくるが、なめらかで先のほうに節はない。根の表皮は茶色で内側は白く、真ん中に髄がある。味はおいしいが、加工して保存し、砂糖漬けにするといっそうおいしくなる。

海に面したあらゆる地域の海岸沿いに見られる。

夏の終わりに花が咲き、その後1カ月以内に種が熟す。

✳ 属性と効能 ✳

> 熱く湿ったハーブで、天秤座のもとにある。

根をすりつぶして塗ると、るいれきと呼ばれる首のできものを改善する。ヘビにかまれた場所につければ、傷をすみやかに治す（内服してもよい）。すりつぶした根を古い豚脂か塩漬けのラードで煮ると、折れた骨やとげなど体内の異物を抜きだすだけでなく、新しい組織をつくって傷を治癒へと導く。葉の汁液を耳に入れると、膿瘍が改善する。

性欲を強め、精子を大量につくり、出産意欲を高める。根をワインで煎じた汁は、脾臓と肝臓の閉塞を開く効果が強く、黄疸・むくみ・腰の痛み・ガスによるさしこみを改善し、排尿を促し、結石を排出し、月経を導く。煎じ汁を15日間のみつづけ、食を抜いて寝ていると、排尿痛・排尿困難・尿閉・結石・腎臓の障害を改善する。さらにのみつづければ、結石を治す。梅毒にも有効である。
　生のうちに摘んだ葉の蒸留水をのむと、ここに記したすべての効果が期待できる。さらに憂鬱を消し、四日熱や毎日熱にも効果がある。首を痛めてまわらなくなった際にも有効である。

EYEBRIGHT
アイブライト

草丈の低い小さなハーブで、通常は暗緑色の茎が1本だけ20センチほどの高さまで伸び、根元から枝がいくつも広がり、小さく楕円形で先がとがった、濃緑色で鋸歯がある葉が多数対生する。上部の葉のついた節には小さな花が咲く。花は白色で、ところどころ紫と黄色の斑や筋がある。そのあと小さな丸い花穂が出て、中にとても小さな種がある。根は細長く、端にいくほど細い。

野原や草地で育つ。

✳ 属性と効能 ✳

太陽が司り獅子座のもとにある。もしこのハーブが無視されずに使われるようになれば、眼鏡の製造業者の半分はつぶれるだろう。つまり人々は人工的な眼鏡より自然の保護を好んでいると理解できる。参考までに、アイブライトの恩恵をうける方法を以下に記す。

アイブライトの汁液か蒸留水を白ワインかブイヨンで毎日のみつづけると、かすみ目の原因となるさまざまな疾患を改善する（点眼してもよい）。同じ目的のために、花のジャムをつくる者もいる。どのような使い方で

も、脳の働きや記憶の衰えを改善する。ビールには相乗効果があるので樽に混ぜてのむか、乾燥させた葉の粉を砂糖・少量のメース・フェンネルの種と混ぜてのむか、ブイヨンに混ぜてのむとよい。砂糖を混ぜて舐剤にしても、老化による視力の衰えを改善する。長いあいだ視力を失っていた者にのませたところ、また目が見えるようになったという話もある。

FERN
ファーン

特徴 主として扱うべきは2種類、雄性と雌性である。雌性は雄性よりも高く育つが、葉はむしろ小さくて切れこみが深く、鋸歯がある。においはどちらも同じように強い。効能はどちらも似ている。

分布 どちらもイングランドのあらゆる地方のヒース、生け垣の脇の日陰で育つ。

✻ 属性と効能 ✻

 水星が支配する。

外用 根をすりつぶして油か豚脂で煮ると、傷を治して皮膚に刺さったとげを抜く、とても便利な軟膏ができる。粉を潰瘍に振りかけると、悪性の粘液を乾燥させ、治癒を速める。シダを焼いた煙は、沼沢地の住人が夜の間悩まされるヘビや羽虫を遠ざける。ただし、その煙は不妊をもたらす。

内服 ファーンの根をすりつぶし、ハチミツ酒か、ハチミツ入りの水で煮たものをのむと、体内の寄生虫を駆除し、脾臓の腫れや硬化を改善する。生の葉を食べると、胃の調子を乱す胆汁質や体液を体外に排出する。流産をもたらす作用があるため、妊娠中の女性がのむのは危険である。

OSMOND ROYAL, WATER FERN
オズモンドロイヤル
ウォーターファーン

春に芽を出し（冬には葉が落ちる）、多数のごつごつした硬い茎は半円柱で、薄黄色、反対側は平らで、60センチほどの長さになる。そこからいくつもの枝に分かれ、曲がった黄緑色の葉が重なりあうようにして茎のまわりにつく。葉はシダよりも細長く、周囲に切れこみがない。根はごつごつして太く、汚い。中心には髄と呼ばれる白い部分がある。

イングランドのあらゆる地域のムーアや沼地など、湿った土壌で育つ。

夏のあいだずっと緑の葉を茂らせ、根だけが冬を越す。

✵ 属性と効能 ✵

土星が支配する。前項で述べたファーンの効能をすべて備え、体内と体外どちらの病変に対しても効果がさらに強く、とりわけ挫傷などの外傷に有効である。

煎じ汁をのむか、油で煮て香油や香膏にすると、挫傷・骨折・脱臼の特効薬となり、胆汁質や憂鬱質の疾患を大いに改善する。根を白ワインで煎じた汁は排尿を強力に促し、膀胱と尿道をきれいにする。

FEVERFEW, FEATHERFEW
フィーバーフュー
フィーザーフュー

 大きくてきれいな緑色の、周囲が大きく裂け、ぎざぎざに切れこみがある葉をつける。茎は硬い円筒形で小さな葉をたっぷりとつけ、先端にはいくつもの花が小さな花柄の上に1つずつ分かれて咲く。花はたくさんの小さく白い花弁が黄色い中心のまわりに広がる。根はやや硬くて短く、たくさんの強いひげ根が伸びる。植物全体が息苦しいほど強いにおいを放ち、味はとても苦い。

 さまざまな場所で自生するが、ほとんどは庭で栽培されている。

 6月と7月に花が咲く。

✵ 属性と効能 ✵

♀ 金星が支配する。女性の味方として、子宮を健康にし、助産婦の不注意から生じる症状を治す薬としてすすめられる。

子宮の収縮・できもの・硬化・炎症のいずれの場合も外用として使う。水かワインでつくった煎じ汁の湯気の上に座らせても、同じ効果が得られる。ゆでた葉をあてて陰部をあたためる方法もある。すりつぶした葉を頭頂にあてると、風邪による頭痛にとても効果がある。頭の不調からくる、めまいにも有効である。煎じ汁をあたためてのみ、葉を数粒の粗塩と一緒にすりつぶして発作の前に手首につけると、おこりを防げる。蒸留水はそばかすなどの顔のしみを消し去る。すりつぶした葉をタイルにのせて熱し、ワインを足して湿らせるか、少量のワインと油とともにフライパンで焼き、あたたかいまま下腹部につけると、膨満感とさしこみを改善する。アヘンののみすぎに対してもすぐれた治療薬である。

白ワインで煮た煎じ汁をのめば、子宮をきれいにし、後産を促進する。冬にハーブを手に入れられないと嘆く者には、夏のあいだにシロップをつくっておくことをすすめる。シロップは子宮の疾患の治療に使われる。花の煎じ汁をワインに入れ、少量のナツメグとメースを足して1日に何度かのめば、月経をもたらす効果が認められており、胎児が死んでしまった場合は流産をもたらす。砂糖とハチミツを加えた煎じ汁は多くの者に使われており、風邪の咳や胸の圧迫感を改善し、腎臓や膀胱をきれいにし、結石を体外に排出する。粉をワインに混ぜ、去痰剤であるオキシメルを足したものは、黄胆汁と粘液を排出し、息切れを改善し、憂鬱で落ちこみ、悲しみに沈む者に有効である。

FENNEL
フェンネル

✳ 効　能 ✳

　ハーブ全体の蒸留水か固めた汁液を溶かしたもの、あるいは汁液そのものを目にさすと視力を低下させるかすみや膜をきれいにとり去る。

　スイート・フェンネルは、一般的なフェンネルよりも薬としての作用ははるかに弱い。野生種のフェンネルは栽培種よりもあたためる性質が強く、結石に対しては最も強い効果があるが、乾かす性質も持つために、母乳を増やす効果はあまりない。

　古くからあるすぐれた使い方は、いまだ廃れていない。すなわち、フェンネルを入れて魚を煮る調理法である。そうすることで、魚から大量に出てくる、体に害のある粘液質の体液を消してくれるからだ。ガスを体外に排出して排尿を促し、結石の痛みをやわらげ、結石を砕く。葉か種をバーリー湯で煮たものをのませると、乳母の母乳を増やし、子供に必要な栄養価を高める。ゆでた葉あるいは種はしゃっくりを止め、胃の疾患や発熱した際の吐き気を抑え、熱をさげる。ワインで煮た種はヘビにかまれたとき、あるいは有毒なハーブかキノコを食べたときに解毒作用がある。種と根は、肝臓・脾臓・胆嚢の閉塞を開き、脾臓のガスによる痛みを伴う腫れ・黄疸・痛風・けいれんを治す作用が強い。種は、肺の詰まりによる息切れや喘鳴を改善する。月経を促し、分娩後の臓器をきれいにする。根は血液をきれいにし、肝臓の閉塞を開き、排尿を促し、病後の顔色をよくし、健康によい習慣を持たせるためにのむ薬あるいはブイヨンとして最もよく使われる。葉も種も根もすべて飲み物かブイヨンによく使われ、太りすぎを防ぐ。

SOW-FENNEL, HOG'S-FENNEL
ソーフェンネル、フォッグズフェンネル

　フォッグズフェンネルという英語名とペウシダヌムというラテン語名の他に、ホアストレンジ、ホアストロング、サルファーワート、ブリムストーンワートとも呼ばれる。

特　徴

　枝分かれした太い茎に細長い三出複葉（訳注：小葉が3枚のもの）がつき、うねのある茎が直立する。フェンネルほどの高さにはならず、複数の節があって葉はそこから出ており、丈夫で何本かに枝分かれする。同様に茎と枝の先にはいくつもの黄色い花序がつき、そのあとに平らで薄く、フェンネルよりも大きな黄色い種ができる。根は太く、土中深くに伸び、他の部分とともにそのひげ根は熱した硫黄のような強烈なにおいで、ゴムに近い黄色っぽく粘つく液を出す。

分布　ケント州のフィーバーシャム近くの塩沢地に豊富に育つ。

季節　7月と8月にたくさんの花が咲く。

✷ 属性と効能 ✷

 水星が支配する。

 少量の汁液をワインに混ぜて耳に入れると、痛みを強力に抑え、虫歯に詰めると鎮痛作用を発揮する。根はこれまでに記した症状すべてに対する効果が劣る。それでも根の粉は潰瘍をきれいにし、骨折片などの異物を体からとりだし、その跡を完璧に治す。治りにくい膿性のできものを乾燥させ、新しい傷に対してすぐれた治療効果がある。

 汁液を酢とバラ水に混ぜて使うか、少量のユーフォルビウムを足して油と酢と合わせ使うと、倦怠感・興奮・めまい・てんかん・長くつづく頭痛・まひ・坐骨神経痛・けいれん・腱の疾患全般を改善する。汁液をワインに溶かすか、卵に混ぜたものは、咳・息切れ・腹部の膨満感といった症状をやわらげる。ゆるやかに便通を促し、脾臓の硬化をほぐし、激しい陣痛を抑え、腎臓・膀胱・子宮の痛みをやわらげる。

FIG-WORT, THROAT-WORT
フィグワート、スロートワート

 特　徴　大きくて強く、硬く角張った茶色い茎は90〜120センチの高さになり、その節に大きくて硬い暗緑色の葉が対生する。ネトルよりも硬くて大きいが、臭くはない。茎の先の房にたくさんの紫色の花が咲き、ところどころ花弁を開く。そのあとに硬くて丸い頭ができて、その真ん中には小さな蒴果（さくか）ができ、小さな茶色い種がおさめられる。根は大きくて白く、太く、細かく分かれ、土中の浅いところを斜めに伸びて何年も枯れないが、緑の葉は冬には落ちる。

 分布　湿った日陰の森や、野原や草原の低地に数多く見られる。

 季節　7月頃に花が咲き、花が落ちてからほぼ1カ月後に種が熟す。

✶ 属性と効能 ✶

 金星が司り、牡牛座のもとにある。そのため、月がもたらす病気に対して効果がある。

外用 るいれきに対してこれ以上の治療薬はありえない。すりつぶして塗ると、さまざまな傷や打ち身により体内で固まった血液を溶かす（煎じ汁を内服してもよい）。るいれき・他のこぶ・しこりといった皮下の腫れ全般に対しても、それに劣らず効果的である。さらに痔にも有効である。新鮮なハーブがないときには、軟膏を使っても同じ効果がある。根まで含めた植物全体の蒸留水も同じ目的に使われ、えぐれた潰瘍にあふれる悪性の粘液を乾かす。顔の赤らみ・しみ・そばかす・ふけなどさまざまな症状や、かったいを治す。

FILIPENDULA, DROP-WORT
フィリペンドゥラ、ドロップワート

特徴 たくさんの葉が密生する。葉の大きさはさまざまで、中肋の両側につく。縁は鋸歯で、ワイルドタンジーやアグリモニーに似ているが、扱いは難しい。そのあいだから1本か複数の茎を60〜90センチまで伸ばし、そこに葉がつく。ときに先端が枝分かれして広がり、たくさんの白く甘い香りの花をつける。花は5弁、繖形花序で連なるように小さな花柄につく。しばらくして花が落ちてしまうと、そのあとには蕾に似た小さくて丸い頭ができ、その中にもみがらのような種が並んでいる。根は黒く、こぶのある多数の分枝からなり、それぞれからたくさんの細長く黒っぽいひげ根が張り巡らされ、からみあって結びついている。

分布 6月と7月に花が咲き、8月に種が熟す。

✹ 属性と効能 ✹

 金星が支配する。

内服 尿道を開く作用が強く、その閉塞を改善する。腎臓や膀胱の結石や砂、その他の原因による痛みは、この根の粉、あるいはそれを白ワインで煎じた汁に少量のハチミツを加えてのむことで改善する。根の粉をハチミツと混ぜて舐剤にしたものは、胃の中のガスを分解することで腹部の膨満感を大いに改善する。息切れ・喘鳴・声がれ、咳など肺の疾患全般にきわめて効果的で、しつこい痰も切る。他の臓器にも有効である。

THE FIG TREE
フィグ

　イングランドの庭では見慣れた風景となっているが、その実がもたらす利益の中では、薬としての効能が最も重要である。

✳ 属性と効能 ✳

 木星が支配する。

 葉や枝をちぎると出てくる乳液をつけると、いぼがとれる。葉の煎じ汁でただれた頭を洗うと、すぐれた効果がある。かったいに対してこれ以上にすぐれた治療薬はほとんどない。顔の水疱・全身の白い粉やかさぶた・膿が出るできものをきれいにする。ただれた古い潰瘍につければ、浸出液をなくして肉芽を盛りあげる。葉は1年を通して緑のままではないので、軟膏をつくっておくのもよい。

　木の灰を豚脂と混ぜてつくった軟膏は、あかぎれやしもやけを治す。汁液を虫歯の穴に入れると、痛みをやわらげる。耳に入れれば痛みと耳鳴りをやわらげ、難聴を改善する。汁液と豚脂でつくった軟膏は、狂犬や他の有害な動物にかまれた際のすぐれた治療薬となる。

 葉の煎じ汁かシロップをのむと、けがや打ち身により固まった血液を溶かし、血流を改善する。葉や緑の果実からつくったシロップは、咳・声がれ・息切れなど胸や肺の疾患全般に有効である。むくみやてんかんにもすぐれた効果がある。

 ゲッケイジュと同じように、フィグの木には絶対に雷が落ちないと言われる。気性の荒い雄牛をフィグの木に結びつけると、たちまちおとなしくなるともいう。

THE YELLOW WATER-FLAG, FLOWER-DE-LUCE
イエローウォーターフラッグ フラワーデュルース

 特徴　フラワーデュルースのように育つが、それよりも長くて細い薄緑色の葉を同じような形でつける。茎もほぼ同じ高さまで伸び、フラワーデュルースと似た小さくて黄色い花を咲かせる。3弁が垂れさがり、残りの3弁はその底を覆うように折れ曲がる。ただしフラワーデュルースのように3枚の長い花弁がまっすぐ上に伸びるのではなく、短い3枚が伸びるだけで、花後には厚く長いとがった頭が3つ出る。それぞれの中には、フラワーデュルースに似て大きくて平らな種がおさめられている。根は長くて細く、表皮は薄茶色、内側は馬肉色で、たくさんの硬いひげ根が伸びる。味はとても苦い。

 分布　たいていは水路、池、湖、ムーアの脇など、いつも水があふれている場所で目にすることができる。

季節　7月に花が咲き、8月に種が熟す。

✴属性と効能✴

月が支配する。

外用

ハーブ全体あるいは花、根の蒸留水は、目にさしても、布や海綿を浸して額にあてても、目やにをきれいにとる。また眼球・まぶた・その他の部位にできるしみやできものも治す。蒸留水を湿布にして乳房の腫れ・炎症・腫瘍・重度の潰瘍にあてても、効果が大きい。陰部に見られる潰瘍も治す。ただしそうした箇所への外用剤としては、花からつくった軟膏のほうが効き目が強い。

F

内服

根は冷やして乾かす性質があり、下痢、口や鼻やその他の臓器の出血など、血液や体液の流出や、月経過多などを改善する。

FLAX-WEED, TOAD-FLAX
フラックスウィード
トードフラックス

 特徴

長く細い灰色の葉が密生する幹をいくつも伸ばし、その上部には薄黄色の花を多数咲かせる。強い不快なにおいがある花で、濃い黄色の口を開き、丸い頭に黒っぽい平らな種をおさめる。根はごつごつして白く、特にまっすぐな主幹からはたくさんのひげ根が伸びている。複数年枯れることなく、1年中根を伸ばし、毎年新しい枝根ができる。

 分布 地域を問わず、道の脇や草原、生け垣の脇、土手の両側、野原の境界で育つ。

季節 夏に花が咲き、種は通常は8月の終わり前に熟す。

✳ 属性と効能 ✳

 火星が支配する。

葉の汁液か蒸留水を目にさすと、熱・炎症・充血を確実に治す。がんや潰瘍に、汁液か蒸留水を浸したガーゼをあてるか、患部を洗ったのちにかけると、完全にきれいにし、安全に治癒へと導く。汁液と水は、かったい・水疱・ふけ・丘疹、にきび・しみといった皮膚の病変全般に単独でも、ルピナスの粉とともにつけても、きれいに治す。

サセックス州では〝胆嚢草〟と呼ばれ、むくみをもたらす大量の漿液を尿にして、体外に排出するためにもよく使われる。葉と花をワインで煎じた汁をのむと、子宮を下方に移動させ、肝臓の閉塞を開いて、黄疸を改善する。毒を体外に排出し、月経を促し、胎児が死んでしまった場合は流産させる。葉と花の蒸留水も、同様の作用がある。樹皮か種の粉に少量のシナモンを加えたものを1ドラム、ある程度の日数つづけてのめば、むくみをとる。

FLEA-WORT
フリーワート

特徴　茎が60センチかそれ以上の高さまで伸び、先端まで多数の節と枝が四方につく。それぞれの節には小さくて長くて細い、白っぽい緑色の毛がうっすらと生えた2枚の葉が対生する。枝の先には小さく、短く、うろこ状あるいはもみがらのような頭がたくさんでき、そこからプランテンに似た、小さくて白黄色の糸状の筋が何本も伸びるが、それが花である。頭におさめられている種は小さく、新鮮なうちは光沢があり、色も大きさもノミとそっくりだが、熟すと黒ずむ。白い根はさほど長くなく、硬くて木のようで、毎年枯れ、落ちた種から何年も自生をくり返す。植物全体が白っぽくて毛に覆われ、ロジンに似た香りがする。

　これとは別に、育ち方は同じだが、茎と枝がやや大ぶりで、地面に少し垂れさがる種類もある。そちらの葉はやや大きく、頭は小さめで、種は似ている。根も葉も冬のあいだずっと残りつづけ、前者と違って枯れない。

分布　前者は庭だけに見られるが、後者は海の近くの野原に数多く見られる。

季節　7月頃に花が咲く。

✳ 属性と効能 ✳

 土星が支配する。〝ノミの草〟という名前は、その種がノミによく似ているためだろう。

外用 プランテン水に卵黄1、2個を加えてつくった種の粘漿剤を布につけて患部に貼ると、痔の刺激・うずき・痛みに対する最も安全で確実な治療薬となる。バラ油と酢を加えると、全身の炎症・頭痛や片頭痛に伴う痛み・膿瘍やできもの全般・膿疱・丘疹・紫斑といった皮膚の異常・脱臼などによる関節の障害・痛風・坐骨神経痛・幼い子供のヘルニア・腹部のできものを改善する。くり返し外用すれば、女性の乳首や乳房のできものを治す。

葉の汁液に少量のハチミツを足して耳に入れれば、膿を減らし、中にひそむ虫を殺す。同じものを豚脂と混ぜて潰瘍につけると、傷口をきれいにする。

 内服 冷たく乾いた性質を持つ。種を焼いて食べると、下痢・下血・熱い黄胆汁や刺激がある悪性の体液・スカモニアのような強い薬の過剰流出によるただれを止める。種・バラ水・氷砂糖を加えてつくった粘漿剤（訳注：ゼリー状の剤型）は、熱によるおこり・高熱・炎症の乾きを癒やし、舌と喉の乾燥と荒れをやわらげる。胸膜炎による声のかすれ、胸と肺の疾患も改善する。

FLUXWEED
フラックスウィード

特　徴　まっすぐで硬い円筒形の幹が120〜150センチほどの高さに伸び、いくつもの枝に分かれ、多数の葉をつける。葉は灰緑色できれいな切れこみが入り、いくつもの短い楕円形に分かれる。花はとても小さくて黄色の穂状花序で、花後には小さく長い莢ができ、その中に小さくて黄色い種がおさめられている。根は長くて木質、毎年枯れる。

このハーブにはもう1種類ある。形はほぼ同じで、葉がやや広い。強烈な不快臭があり、食べると喉が渇く。

分布　生け垣の脇や道沿い、ごみのまわりや野原に自生する。

季節　6月と7月に花が咲き、その直後に種ができる。

✳ 属性と効能 ✳

　土星が支配する。

外用　軟膏はどれほど化膿した悪性のできものであっても、すみやかに治癒へと導く。葉の蒸留水にも同じ効果があるが、やや弱い。ただしすぐれた薬であることはたしかで、むしろ使いやすい。フラックスウィードと呼ばれる

のは、下痢（フラックス）を止める効果があるためである。また折れた骨をつなぐ効能がある。家の中で保存するには、シロップ・軟膏・硬膏にするのがよい。

　軟膏はどれほど化膿した悪性のできものであっても、すみやかに治癒へと導く。葉の蒸留水にも同じ効果があるが、やや弱い。ただしすぐれた薬であることはたしかで、むしろ使いやすい。フラックスウィードと呼ばれるのは、下痢（フラックス）を止める効果があるためである。また折れた骨をつなぐ効能がある。家の中で保存するには、シロップ・軟膏・硬膏にするのがよい。

　熱した鉄棒で温めた水で葉か種をのむと下痢を止める。その作用は、プランテンやコンフリーに劣らず、出血を抑え、骨折や脱臼を固定する。汁液をワインでのむか、あるいは葉の煎じ汁をのむと胃腸の寄生虫や潰瘍で育つ虫を殺す。

FLOWER-DE-LUCE
フラワーデュルース

 小型の種類は4月、大型は5月に花が咲く。

✴ 属性と効能 ✴

 月が支配する。

 　ハチミツを足してつくった薬を膣に入れると、胎児が死んでしまった場合は流産させる。咳に対する特効薬でもあり、しつこい痰を切る。頭痛を抑える効力が強く、眠りにつかせる。鼻孔に入れるとくしゃみを誘って、頭から粘液を吐きださせる。根の汁液をつけると、痔を大いに改善する。根の煎じ汁でうがいをすれば、歯痛をやわらげ、口臭を消す。オレウム・イリヌムと呼ばれる油は、冷えた関節と腱をあたためて癒やし、痛風や坐骨神経痛の痛みをやわらげ、全身や子宮の腫瘍やできものを治し、腱のけいれんを抑える。頭やこめかみに塗ると、カタルやそれによる漿液を減らす。胸や胃に使えば、冷たい粘液を減らす。耳の痛みや雑音、鼻腔の悪臭も改善する。根は生のものでも粉でも、傷をきれいにして癒やし、肉を盛りあげてふさぎ、潰瘍で露出した骨が再び肉芽で覆われるように導く。治りにくい瘻孔や潰瘍をきれいにし、落ち着かせる。

花が垂れさがる種類が最も薬効がある。垂れさがる種類の生の根の汁液か煎じ汁に少量のハチミツを加えてのむと、大量の黄胆花が垂れさがる種類が最も薬効がある。垂れさがる種類の新鮮な根の汁液か煎じ汁に少量のハチミツを加えてのむと、大量の黄胆汁と粘液を胃から流し去ってきれいにできる。体液を嘔吐または下痢によって体外に排出して、黄疸やむくみを改善する。ただし胃を傷つけるので、ハチミツとスピグネルを加えて一緒に飲むようにする。また、下腹部や脇腹の痛み・おこり・肝臓と脾臓の疾患・腹部の寄生虫・腎結石・古い体液がもたらすけいれんやひきつけを改善へと導く。夢精を防ぐ効果もある。水と酢で煮ると、有毒な生物にかまれたり刺されたりしたときの治療薬となる。熱湯で煮ると排尿を促し、さしこみをやわらげ、月経を促す。

FLUELLIN, LLUELLIN
フリューエリン、リューエリン

特徴

たくさんの長い枝を伸ばす。一部は地面を這い、一部は直立し、ほとんどは赤い。少しとがり、ときに楕円形の、形はばらばらで、毛がうっすらと広がる地味な緑白色の葉をつける。茎の節には、葉腋に小さな花が1つずつ、とても小さくて短い花柄の先に咲く。キンギョソウやフラックスウィードのように花弁は開き、上顎は黄色、下顎は紫色で、背後に小さな距がつく。花後に黒く小さな種を含んだ、小さくて丸い頭が出る。根は小さくて細く、毎年枯れ、落ちた種からまた芽を出す。

もう1つ、さらに長い枝がすべて地面を這い、60～90センチの長さで少し薄く、小さな葉柄の先につく葉は大きめで丸く、縁がところどころぎざぎざになっている種類もある。葉は茎元が最も広く、両側に耳のような小さな突起があり、ときに毛に覆われているが白っぽくはなく、前者よりも鮮やかな緑色である。花は同じように咲くが、色は黄色というよりも白に近く、紫もそれほど強くない。大きな花で、種も果皮も大きい。根はよく似ていて、毎年枯れる。

分布

各地の麦畑やその周辺、ケント州のサウスフリートあたりの肥沃な土地で数多く見られる。バックライト、ハマートン、ハンティンドンシャーのリッチマンワース、その他のさまざまな場所で育つ。

季節

6月から7月にかけて花が咲き、ハーブ全体は8月の終わりまでにしおれて枯れる。

✱ 属性と効能 ✱

 月が支配する。

 葉をすりつぶしてバーリーの粉と混ぜ、頭から流れる粘性の体液により充血し、目やにが出ている目につけると、症状を大いに改善する。また下痢・血便・月経など血液や体液の流出も抑える。鼻や口など全身からの出血、外傷や血管の破裂による出血を止める。内臓の不調を改善し、新しい傷を治してふさぐ作用によって、古い潰瘍、出血を伴う潰瘍をきれいにする。冷やして乾かす性質があるため、軟膏と硬膏は熱を持つ悪性のできものに対して有効かもしれない。梅毒による潰瘍にも推奨できる。

FOX-GLOVES
フォックスグローブ

特 徴

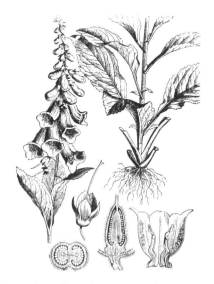

　多数の長く幅広の葉を地面に広げる。葉は縁が鋸歯で、柔らかい毛でうっすらと覆われ、灰白色がかった緑色で、あいだからときに複数の、通常は1本だけ茎が伸びる。茎には葉が根元から中ほどまでつき、上部には大きくて長い、袋状の赤紫色の花をつける。花は下側がやや長く突きだし、花弁にはいくつもの白い斑点がある。それぞれに小さな緑の葉が重なるが、花はどれも同じ方向に頭を向け、下向きに垂れさがる。袋の中の中央から細いおしべを垂らし、そのあとに端が鋭くとがり、小さな茶色の種をおさめる丸い頭が出る。根は多数のひげ根で、その中に何本か大きな根がある。花に香りはないが、葉は苦い味がする。

　大部分は乾いた砂地で育つ。イングランドのあらゆる地域の生け垣の脇で育ち、高地でも低地でも見られる。

　花は7月より前に咲くことはほとんどなく、種は8月に熟す。

✳ 属性と効能 ✳

 金星が支配するため、穏やかに浄化する性質を持ち、自然にとても優しい。

 新しい傷を癒やす薬として、イタリア人にはなじみ深いハーブであり、日常的にすりつぶして患部につけている。汁液も治りにくいできものに使われ、患部をきれいにし、乾燥させて治す。砂糖かハチミツを足してつくった煎じ汁は、粘液を浄化し、口からも肛門からも排出させ、肝臓と脾臓の閉塞を開く。葉をすりつぶしたものか、汁液とつくった軟膏を塗ると、るいれきにも効果がある。2つかみほどの葉の煎じ汁を4オンスのシダの一種であるポリポディとともにビールでのむと、20年以上も悩まされてきたてんかんも治す。この軟膏は頭にできたかさぶたの特効薬である。

FUMITORY
フミトリー

特徴 　優しい樹液のハーブで、角張った細く弱い茎を1本伸ばす。茎は適当な方向にしなだれ、60～90センチの枝を多数伸ばし、そこに鋭く切れこんだぎざぎざな、薄い青緑色の葉がつく。茎の先にはたくさんの小さな花が咲く。花は総状で長い花穂となる。小さな鳥のような形で赤紫色、そのあと白っぽい実ができて、小さな丸い莢に包まれた小さな黒い種ができる。根は黄色で細くてあまり長くもなく、葉が緑のあいだは汁気に富むが、種が熟すとすぐに枯れる。コーンウォールの麦畑で、白い花を咲かせる。

分布 　あらゆる地域の麦畑で見られる。庭でも栽培される。

季節 　大部分は5月に花が咲き、種はそのすぐあとに熟す。

✷ 属性と効能 ✷

土星が司るハーブである。そのため、土星の引き起こす病気の治療薬となり、土星が支配する体の部位を強化する。

蒸留水を少量の水とバラのハチミツに混ぜてうがいを頻繁にすると、口や喉のできものを治す。汁液を目にさすと視力が回復し、充血や他の異常も治るが、しばらくのあいだ痛みを伴い、涙が出つづける副作用がある。汁液にアラビアゴムを溶かしたものをまぶたに塗ると、(抜いたあと)まつげが新しく生えてこないようにできる。フミトリーとドックの汁液を酢に混ぜたもので患部を優しく洗い流すと、顔や手など体のあらゆる部分のかさぶた・にきび・できもの・丘疹などを治す。

このハーブは治療だけでなく予防の役割も果たすので、土星のもとに生まれた者は、シロップを常備しておくことが望ましい。汁液・シロップ・乳清のみでつくった煎じ汁を、効果を増強させるために(単独でも弱くないが)、排出して開く作用を持つ他のハーブと合わせて使えば、肝臓や脾臓にとてもよい効果がある。閉塞を開き、かったい・かさぶた・発疹・かゆみ・その他の皮膚に病変をつくる塩性で胆汁質の体液を消し、それらを排出したのちに内臓を強化する。黄疸を改善し、大量の尿を促して不純物を体から出させる。乾燥させた葉をしばらくのあいだのみつづけると、憂鬱な気分がほぐれる。上記の疾患の治療には種が最も強い効果を示す。葉の蒸留水もすぐれた効力を持ち、上質の糖蜜に混ぜてのめば、感染症に対してすぐれた効き目がある。

THE FURZE BUSH
フルーズブッシュ

一部の地域ではゴーズ、あるいはフィンズという名で呼ばれる。

　イングランドのあらゆる地域の、乾燥した不毛なヒースや、荒れた砂利や砂地で育つ。

　夏のあいだに花が咲く。

✳ 属性と効能 ✳

 火星が支配する。

　熱く乾いた性質のハーブである。肝臓と脾臓の閉塞を開く。花からつくった煎じ汁は黄疸に有効で、排尿を促し、腎結石や腎砂を体外に排出する。

GARLICK
ガーリック

庭で栽培される種類が最良で、最も薬用効果が大きい。

✳ 属性と効能 ✳

 火星が支配する。極めて熱く乾いた性質のハーブである。

 古くは貧しい者の万能薬と見なされ、万病やけが（出血があるものは除く）の治療薬とされてきた。排尿と月経を促し、狂犬をはじめ有毒な生物にかまれた際に解毒作用がある。子供の体の寄生虫を駆除し、しつこい痰を切り、頭痛をやわらげ、疲労を改善し、あらゆる感染症・できもの・潰瘍を効果的に治す。皮膚のしみやにきびをとる。耳の痛みをやわらげ、膿瘍などの膿を出す。オニオンが効果的な疾患にはすべて有効であるが、ガーリックにはさらに特別な効能がある。すなわち、腐敗がもたらすおこりや、鉱物性の蒸気を吸い、あるいは悪臭を放つ腐った水をのんだことによる不調も消す。トリカブト・ヘンベイン・ヘムロックなど、有毒で危険なハーブを食べた際にも治療効果がある。また水腫性の疾患・黄疸・てんかん・けいれん・痔・その他の冷たい疾患に有効である。専門家がガーリックの効能を並べたてる一方で、その害については触れようとしない。このハーブはとても刺激が強く、脳に危険な蒸気を送りこむ。かんしゃく持ちの者であれば、火に油を注ぐことになる。憂鬱に沈んでいる者には、体液を薄め、異常な夢想や、同じくらい多くの奇妙な幻覚をもたらす。それゆえに内服するときには慎重さが求められる。外用としてなら、それよりずっと大胆に使ってよいだろう。

GENTIAN, FELWORT, BALDMONY
ゲンチアナ、フェルワート、ボールドマニィ

　日常的に最もよく使われるゲンチアナは、海を越えてイングランドにもたらされた種類である。イングランドには2種類のゲンチアナが数多く見られる。

特徴　大型のゲンチアナは、土中のかなり深くまで多数の細く長い根を伸ばし、冬のあいだも枯れずに残る。茎は1本から数本、淡黄緑色で、土質がよければ60センチほどの高さまで伸びる。細長い多数の濃緑の葉は対生で、茎の先までつづく。花は鐘形で紫色、花弁は長く、先がとがっている。イングランドで見られる小型のゲンチアナは、多数の茎を伸ばすものの高さは30センチにも満たず、その先はいくつかの小枝に分かれ、それぞれに小さな葉が叢生する。葉は小さなセントーリーとそっくりで、白っぽい緑色である。茎の先に青い花が長い花柄から多数咲くが、もう1つの種類ほどには大きくない。根はとても細く、たくさんのひげ根を伸ばす。

分布　大型のゲンチアナは、東部でも西部でもさまざまな場所で目にすることができる。湿った土地でも乾いた土地でも育つ。グレーブセンド近くのロングフィールド、ケント州のコバムやリリンストーン近郊、同じケント州のダートフォードにほど近い製紙工場周辺で採掘されている白亜坑でも見られる。小型のものもケント州の各地、サウスフリートやロングフィールド周辺、ベッドフォードシャー州のバートンズヒル、あるいはダンスタブルから郊外のゴーハムベリーへと向かって、セント・オールバンズからさほど遠くないあたりの白亜質の荒れ地で見られる。

季節　8月に花が咲く。

✲ 属性と効能 ✲

 火星が支配するハーブの中で、重要なものの1つである。

 腐敗や毒に抵抗力を持つため、感染症に対してこれ以上に確実な治療薬はない。胃を強くし、消化を助け、心臓を活気づけ、失神を防ぐ。乾燥した根の粉は狂犬や有毒な生物にかまれたけがを治し、肝臓の閉塞を開き、減退した食欲を回復させる。ワインに漬けてのむと、旅行による疲れや、劣悪な環境による関節の痛みを改善する。また、さしこみや痛みをやわらげる。転倒によるけがなどに対するすぐれた治療薬でもある。排尿と月経を促すため、妊娠中の女性は使ってはならない。煎じ汁はけいれんにとても効果があり、結石を砕き、最も確実にヘルニアを治す。冷たい疾患・粘液・かさぶた・かゆみ・出血を伴うできもの・潰瘍にすぐれた効果がある。毎朝、好きな酒で葉の粉を半ドラムのめば、寄生虫を駆除する。同じものをのむと、るいれき・おこり・黄疸を改善する。

 牛のボッツ症も改善する。雌牛が有毒な生物に乳房をかまれたときには、その箇所に煎じ汁をつけてもめば、すみやかに回復へと導くことができる。

CLOVE GILLIFLOWERS
クローブジリフラワー、クローブピンク

※ 属性と効能 ※

 勇敢で健康で穏やかな性質は、木星が支配するためである。とても穏やかで、熱、冷、寒、湿のいずれも突出していない。

 脳と心臓を活性化する効果がとても高く、強心薬としても脳の薬としても使われる。シロップと砂糖漬けはどの薬局にも常備されている。いずれかを少量のめば、消耗した体力を回復させる。感染性の高熱にきわめて効果的で、毒を体外に排出する。

GERMANDER
ジャーマンダー

 特徴 　複数の茎を伸ばし、小さくて丸みを帯び、縁が鋸歯になっている葉をつける。花は深紫色で茎の先につく。根は多数のひげ根をとても長く伸ばし、短期間のうちに庭中にはびこる。

 分布 　庭で栽培される。

 季節 　6月と7月に花が咲く。

✴ 属性と効能 ✴

 水星が支配し、弱っている脳と理解力を大いに強化し、衰えているときには癒やしてくれる。

 外用 　ハチミツと合わせて使うと、古い潰瘍をきれいにする。油をつくってそれをさすと、目のかすみと涙を消す。脇腹の痛みやけいれんにも有効である。葉の汁液を耳に入れると、中にいる虫を殺す。

 内服 　ハチミツとともにのむと、咳・脾臓の硬化・排尿困難に対する治療薬となり、むくみは緑のうちに煎じ汁をつ

くってのむと、とりわけ初期段階であれば回復できる。月経を促し、胎児が死んでしまった場合は流産させる。すりつぶした葉をワインでのめば、ヘビの毒を効果的に中和する。煎じ汁を4日つづけてのめば、三日熱も四日熱も治す。慢性の頭痛・てんかん・憂鬱・眠気・無気力・けいれん・まひといった脳の疾患全般に対して有効である。種1ドラムを粉にしてのむと、尿とともに毒を体外に流し去り、黄疸を改善する。花がついた頭をワイン1杯分に漬けてからのむと、腹部に居座る虫を殺す。

STINKING GLADWIN
スティンキンググラッドウィン

特徴

フラワーデュルースの一種で、根からたくさんの葉が上を向いてつく。葉はフラワーデュルースにそっくりだが、両側はぎざぎざで、真ん中は厚く深緑色、先は鋭くとがり、指でこすってすりつぶすと強烈な悪臭を放つ。そのあいだから、たくましい茎が少なくとも１メートルの高さまで伸びて、その先に３つ４つ花が咲く。花はフラワーデュルースに似て、花弁のうち３枚はくすんだ紫がかった灰色、筋は変色し、まっすぐに立っている。他の３枚の花弁は垂れず、さらに小さな３枚もフラワーデュルースのように垂れて下の花弁を覆うことなく、それらとは離れている。花が枯れたあとには、角張った硬い莢が３つ残り、それが熟すと大きく開いて３つの部分に分かれる。中にある赤い種は、時間がたつと黒くなる。根もフラワーデュルースと似ているが、表皮は赤く、内側は白い。とても刺激のある鋭い味で、葉と同じように悪臭を放つ。

高地でも湿った場所でも、森でも海辺の日陰でも、イングランドのさまざまな場所で見られる。庭で栽培されている。

７月まで花は咲かず、種は８月か９月に熟す。莢は種が熟したあとに自然に開くが、そのあとも２、３カ月は種は中にとどまったままで、地面には落ちない。

✳ 属性と効能 ✳

 土星が支配する。

 根をワインで煮たものは膣剤として使っても月経を促すが、流産を引き起こす恐れがある。根を酢で煮て腫瘍やできものにつけると、きれいにそれらを消し去る。るいれきと呼ばれる首のできものも消える。葉か根の汁液はかゆみや膿を伴う広範なかさぶた・できもの・にきび・傷を、部位を問わず治す。

 田舎では多くの人々が、黄胆汁や粘液を排出するために根の煎じ汁をのんでいる。より穏やかな効き方にするため、薄く切った根をビールで煮こむ場合もある。葉を食べると、弱った胃を回復させる。汁液をのむか鼻から吸うとくしゃみを誘い、頭から大量の膿を追いだす。粉をワインでのむと、けいれん・痛風・坐骨神経痛の悩ましい症状を軽減し、全身や腹部を締めつける痛みをやわらげ、痛みを伴う排尿困難を改善する。刺激の強い悪性の体液がもたらす長引く下痢にとても効果があり、乾かして固める性質が腸内をきれいにし、体液を体外に排出して改善をもたらす。根をワインで煮たものは、月経を促す。種を半ドラムすりつぶして粉にし、ワインでのむと、尿が大量に出るようになる。同じ粉を酢に混ぜてのむと、脾臓の硬化と腫れを改善する。根はあらゆる傷、とりわけ頭部の傷に有効である。さらに少量の緑青・ハチミツ・セントーリーを加えて使うと、体に刺さったとげや折れた骨などを、痛みを感じさせずに抜きとる。

GOLDEN ROD
ゴールデンロッド

 特　徴　細い円筒形の茶色い茎を60センチ以上の高さまで伸ばし、細長い濃緑色の葉をつける。葉の縁が鋸歯なのはごくまれで、茎に白い斑がつくこともないが、ときに先端がいくつもの小枝に分かれることがあり、それぞれに小さな黄色い花が多数咲く。花はすべて同じ方向を向き、開花すると垂れさがり、風にのって飛ばされる。根は多数の細いひげ根からなり、地面のあまり深くは這わない。冬のあいだも枯れず、毎年新しい根を伸ばし、古い根はそのまま地面にへばりつく。

 分布　イングランド各地で見られる。森や低林の開けた一画で、また湿った地面でも乾いた地面でも育つ。

 季節　7月頃に花が咲く。

✶ 属性と効能 ✶

金星が支配するため、失われた美を惜しむ性格を持つことはたしかである。

尿を大量に出させて腎砂や結石を体外に排出する。生のままでも乾燥させても、煎じ汁か蒸留水は内臓の傷に効果的で、外用すればあらゆる部位の出血を止めて傷を治し、下痢・下血・月経も止める。傷薬として傑出したハーブであり、内臓の傷にも外傷にもきわだった効果を示す。新しい傷も、古いできものや潰瘍もすみやかに治す。口・喉・陰部のできもの・潰瘍に対するローションとしても重用される。煎じ汁には、歯茎が弱ってぐらつく歯を安定させる。

GOUT-WORT, HERB GERRARD
ゴートワート、ハーブジェラード

特徴　小さなハーブで、50センチ以上の高さまで育つことはほとんどない。茶色がかった緑色の3本の茎に多数の葉をつけ、ちぎると強烈に不快な味がする。繖形花序をつけ、花は白く種は黒い。根は地中に伸び、広い範囲に短期間で広がる。

分布　生け垣や壁の脇、ときとして野原の境界や隅でも育つ。庭でも目にする。

季節　7月の終わり頃に花が咲き、種ができる。

✴ 属性と効能 ✴

 土星が支配する。

内服　〝痛風草〟という名前は、もちろん痛風と坐骨神経痛を治すことが実証されているからだろう。その他の関節の痛みや、他の冷たい疾患にも有効である。これを持つだけで痛風の痛みをやわらげ、あるいはその病にかからないよう守ってくれる。

GROMEL
グロメル

　基本的にはどの種類も薬として使われ、それぞれの効能は似ているが、成長の仕方と形は少しずつ異なる。

特徴　大型の種類は細くて硬い、毛が生えている茎を伸ばし、地面に根を這わせる。多数の小さな枝に分かれ、やはり毛が生えている濃緑色の葉をつける。葉がつく節には、とても小さな青い花が咲き、花後には石のように硬く丸い種ができる。根は長くごつごつしたもので、冬を越して春には新しい分枝を伸ばす。

　小型の野生種は、枝分かれした何本もの硬い茎が60〜90センチほどの高さまでまっすぐ伸びる。茎は節に富み、それぞれに小さくて長くて硬く、ごつごつした大型と似た葉がつくが、その数は少ない。葉腋に小さく白い花が咲き、花後には大型と似た灰色の丸い種ができる。根はそれほど太くないが、多数のひげ根を広げる。

　小型の栽培種は細く、木のように硬く毛が生えている茎がまっすぐ伸びる。枝は少なく、葉は野生種と似ており、白い花を咲かせる。花後にはごつごつした茶色い莢ができ、その中に白くて硬く丸い、真珠のように輝く野生種より大きな種ができる。根は他の種類と同様に分枝し、冬を越す。

分布　野生種は不毛な未耕地や、イングランド各地の道の脇で目にすることができる。栽培種は物好きな人の庭で育っている。

季節　どれも真夏、ときに9月まで花が咲き、そのあいだに種が熟す。

✶ 属性と効能 ✶

金星が司るハーブである。そのため、火星がもたらす疝痛(せんつう)や結石に対する治療薬となる。

腎臓や膀胱の結石や砂を砕き、あるいは予防し、尿閉を治して痛みを伴う排尿障害を改善する作用は他のいかなるハーブにも劣らない。種が最も効能が強く、すりつぶして白ワインかブイヨンで煮るか、粉をそのままのむ。2ドラムの種を粉にして母乳でのめば、陣痛に苦しむ難産の女性をすみやかに出産へと導く。葉も（種が手に入らないときには）煮るか汁液をのむかすれば上記のすべての効果を示すが、効果の強さも速さも種には劣る。

GOOSEBERRY BUSH
グズベリー

特徴

フィープベリーとも呼ばれる。サセックスではデューベリー、またいくつかの州ではワインベリーとも呼ばれる。

✴ 属性と効能 ✴

♀ 金星が支配する。

内服

熟していない実を湯通しするか焼いたものは、失神したときに意識をとり戻させ、胆汁質の体液による胃の不調からくる食欲不振を解消する。女性の子供を産みたいという願望を抑える。砂糖漬けにすれば、1年中保存できる。葉の煎じ汁は熱を持ったできもの・炎症・丹毒を冷まして治す。熟した実を食べると、胃と肝臓の高熱を鎮める。柔らかい若葉は結石を砕き、腎臓と膀胱にたまった砂を排出する。ただ1つの副作用は、未熟児が生まれる危険性があることである。

WINTER-GREEN
ウィンターグリーン

特徴 7枚から9枚の葉を細長い茶色の根から出す。長い葉柄についた楕円形の葉先は薄緑色で丸みを帯び、扱いにくく、ペアの葉に似ている。葉のあいだから細く華奢な花茎をまっすぐに伸ばし、その先に小さくて甘い香りの白い花が多数咲く。花は先が丸い5弁が星のように開き、真ん中に黄色く頭だけが緑色のおしべが何本も伸びる。その中から1本だけ長い柄が伸びて、やがて種をおさめる莢となり、熟すと5裂して小さな突起ができたのち、ポピー粒のように小さな種ができる。

分布 野原ではほとんど育たない。ヨークシャー、ランカシャー州、スコットランドなど北部の森でよく見かける。

季節 6月から7月にかけて花が咲く。

✶ 属性と効能 ✶

 土星が支配する。

 傷を治すすぐれたハーブである。とりわけ新鮮な葉をすりつぶしたものか、汁液を塗れば新しい傷はたちまち治る。新鮮な葉をつぶしてつくった軟膏か、豚脂またはオリーブ油と、ミツロウ、テレビン油を加えて煮た汁液はすぐれた軟膏として役立ち、ドイツでは傷やできものの治療に広く使われる。

 葉をワインと水で煮て、腎臓か膀胱頸部に潰瘍ができた者にのませると、すぐれた治療効果がある。下痢・下血・月経・外傷などの体液の流出を止め、心臓の痛みに伴う炎症を抑える。治りにくい潰瘍にも同じように効果がある。ただれや瘻孔も改善する。葉の蒸留水も同様の効力を持つ。

GROUNDSEL
グラウンドセル

特徴 茶色みを帯びた緑色の円筒形の茎を伸ばす。茎は先端で分枝し、それぞれの枝に細長くて縁に切れこみのある緑色の葉をつける。オークの葉に似ているが、それより小さく、葉先が丸い。枝の先には多数の小さな緑の頭ができ、そこから小さな黄色い筋状の花序を多数伸ばす。それが花で、数日間咲いたあと、冠毛のついた種が風にのって飛散する。根は小さくて細く、すぐに枯れるが、落ちた種からすぐにまた芽が出るため、ほぼ1年中、葉を茂らせ、あるいは花を咲かせ、種を落としている姿を目にすることができる。庭に茂っているのを放置していると、1年に少なくとも二度は芽を出して種を落とす。

分布 あらゆる場所で育つ。壁の上やその周囲、荒れた未耕地でさえも目にすることがあるが、とりわけ庭でよく育つ。

季節 1年を通して毎月のように花を咲かせる。

✶ 属性と効能 ✶

 金星が支配する。

外用 　新鮮な葉をゆでて湿布薬にし、腫れて痛みと熱を持った乳房・陰部・炎症を起こして腫れた臀部・血管・関節・腱にあてると、症状を大幅にやわらげる。塩を加えて使うと、全身のいぼやしこりを消す。葉と花の汁液は、乳香の粉を加えて全身・神経・腱に使うと、傷を癒やす際だった効果がある。葉の蒸留水は上記のすべてに対してすぐれた効果を示すが、とりわけ粘液を減らすことで目の炎症や目やにに有効である。

内服 　日差しが降り注ぐ体のあらゆる部分に対して熱が引き起こす疾患すべてに使える。とても安全で、体に優しい。ただし胃が弱っているときにのむと吐き気をもたらすことがあるが、それを除けば極めて穏やかな排出作用を発揮する。冷やして湿らせる性質があり、嘔吐や下痢の際に内臓を乱す発熱を抑える。葉だけをシロップ・蒸留水・軟膏として保存しても熱病全般に効き、しかも効果は安全かつ迅速である。

　ワインでつくった葉の煎じ汁をのむと、胃の痛みと黄胆汁増加（嘔吐によって増えることも）を改善する。汁液をのむか、煎じ汁をビールに入れてのんでも、同様の穏やかな効果を発揮する。ワインに入れてのめば、黄疸・てんかん・乏尿に有効である。1ドラムをオキシメルに入れてのみ、そのあと歩いて体を動かすと、排尿を促し、腎臓の砂を排出する。坐骨神経痛・腹痛・さしこみ・肝障害を改善し、月経を促す。

HEART'S-EASE
ハーツイース、パンジー

　医師たちは、このハーブを〝三位一体〟と呼んでおり、舌を熱い鉄で焼かれる危険なく、堂々と冒涜(ぼうとく)の言葉を吐けるハーブである。彼らはより穏便な名前として、〝フードをかぶった3つの顔〟〝怠惰な生活〟〝私のために摘んで〟とも呼ばれる。サセックスではパンジーと呼んでいる。

庭で栽培される他、野原に自生している。とりわけ荒れ果てた土地で目にすることもある。ときには高い丘の頂にも生えている。

春から夏のあいだに咲く。

✳ 属性と効能 ✳

土星が支配し、蟹座のもとにある。このハーブは土星そのもので、冷たい性質があり、粘液質である。

　金星に敵対するため、葉と花の濃い煎じ汁(シロップにしてもよい)は梅毒に対するすぐれた治療薬で、負担のかかる瀉血(訳注：病気の治療のため、血液の一定量をとり除くこと)よりもはるかに効果的で安全である。エキスは子供のけいれん・てんかん・肺と胸の炎症・胸膜炎・かさぶた・かゆみに効果がある。

ARTICHOKES
アーティチョーク

古代ローマ人はシネラと呼んだ。アーティチョーカスと呼ぶのは現代の学者だけである。

✴ 属性と効能 ✴

 金星が支配する。

 体内にガスを増やし、あからさまに性欲をあおるが、夢精は防ぐ。胆汁質の液をたっぷり含んでいて、それが憂鬱質の液をつくり、その液が胆汁質の血液をつくる。根をワインで煮た煎じ汁か、根をすりつぶしてつくった蒸留水をワインでのむと、大量の排尿を促す。

HART'S-TONGUE
ハーツタン

特徴 根に多数の葉が叢生する。単葉で最初は折りたたまれているが、大きくなるにつれて開いていく。成長すると30センチほどになり、表はなめらかで緑色、硬くて汁気に富み、裏には中肋から葉脈が両側に出ている他、細長い茶色の模様が細かくついている。葉脚は中肋の両側が少しさがって細長く、先はすぼまっている。根からは多数の黒いひげ根が出て、それぞれが折り重なってからみあっている。

季節 冬のあいだも緑色のままであるが、毎年新しい葉が出る。

✳ 属性と効能 ✳

 木星が支配するため、肝臓のすぐれた治療薬となる。

外用 蒸留水でうがいをすれば、歯肉の出血を止める。ヘビにかまれたときにも解毒剤として有効である。

内服 弱った肝臓を強め、悩ましい症状をやわらげる。シロップにして、1年中常備しておくとよい。脾臓と肝臓の硬化と閉塞・肝臓と胃の発熱・下痢・下血の際に推奨できる。蒸留水も心臓の興奮を抑え、しゃっくりを止め、口蓋の下垂を改善する。

HAZEL-NUTS
ヘーゼルナッツ

✳ 属性と効能 ✳

 水星が支配する。

 割れた仁を舐剤にして服用するか、仁からとった乳液をハチミツ酒（ミード）あるいはハチミツ入りの水と混ぜてのめば、しつこい咳を劇的に止める。火であぶってコショウを少量加えてからのむと、頭から流れこんだ粘性の体液を消す。乾燥させた莢と殻を2ドラム、赤ワインに入れてのむと、下痢と月経が止まる。仁を覆っている赤い皮には、月経を止めるさらに強いが作用ある。

HAWK-WEED
ホークウィード

いくつかの種類があるが、効能は共通している。

特徴 多数の大きな葉を地面に広げる。葉は両側がダンデライオンの葉のように深く切れこんでいるが、それより大きく、むしろなめらかな質感はソウシスルに似ている。そこからぎざぎざの茎が60～90センチの高さまで伸びる。中ほどから上は枝分かれし、それぞれの節に根出葉より長く、切れこみがほとんどない葉がつき、小さくて細く先が丸い、端に切れこみがある花弁の薄黄色の花を多数つける。花は2列以上で、外片が内側よりも大きく、（たくさんの種類があるが）そのほとんどが咲く。花はやがて垂れさがり、小さな茶色い種が風にのって飛ばされる。根は長くて大きめ、たくさんのひげ根を伸ばす。どの部分も苦い乳液を豊富に含んでいる。

 分布 野原の隅、乾いた土地の小径などさまざまな場所で育つ。

 季節 夏のあいだに花が咲き、種が飛ばされる。

✳ 属性と効能 ✳

 土星が支配する。

 葉を患部にあてれば、毒ヘビにかまれたり、サソリに刺されたりした箇所を治す。他の毒に対してもきわめて有効である。野生種のチコリと合わせた煎じ汁は、母乳と使うと目の異常や疾患にきわめて有効である。出血を伴う広範な潰瘍に対しても、特に初期であればすぐれた効果をあげる。新鮮な葉をすりつぶし、少量の塩を加えて水ぶくれができる前にやけどにつけると治癒へと導く。炎症・丹毒・発疹・熱く刺激的な粘液も改善する。同じものをもとに粉ときれいな水で湿布をつくり、けいれんに影響を受けたり、脱臼したりした箇所などにあてると、症状をやわらげる。蒸留水で肌を洗うと、そばかす・しみ・水疱・顔のしわをとる。

 冷やして乾かし、固める性質があるので、胃の熱や激痛・炎症・おこりの激しい発作を改善する。汁液をワインでのむと、消化を助け、ガスを排出し、生ものが胃にとどまるのを防ぎ、尿をつくるよう促す。乾燥させた根を少量ワインと酢に入れた飲み物は、むくみを改善する。葉の煎じ汁をハチミツでのむと、胸や肺の粘液をとり、ヒソップと合わせて使えば咳を止める。野生種のチコリと合わせた煎じ汁をワインでのめば、激しいさしこみや脾臓の硬化を改善する。休息と睡眠を与え、淫夢を防ぎ、熱をさげ、胃の中身を出し、血液を増やし、腎臓と膀胱の疾患を治す。

HAWTHORN
ホーソーン

　通常は生け垣の低木程度にしかならないが、きちんと刈りこめばそれなりの高さまで育つ。

　グラストンベリーのホーソーンはクリスマスの日に花が咲くという迷信があるが、ただその花の咲く時期をちゃんと観察しているということだけだろう。というのも、同様な現象はイングランドのさまざまな場所で見られるからである。ロムニー・マーチのホエー・ストリート、あるいはチェシャー州のナントウィッチ近くのホワイト・グリーンでは、クリスマス頃と５月にこの花が咲く。ただし厳寒であれば、１月まで、あるいはその厳しい寒さが終わるまでは咲かない。

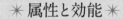 属性と効能

 火星が支配する。

 外用　蒸留水に浸した布や海綿をとげなどが刺さった箇所にあてると、周囲の組織が盛りあがり、異物が除去される。

 内服　実の種をつぶして粉にし、ワインでのむと、結石にきわめて有効で、むくみにも効く。花の蒸留水は下痢を止める。種をすりつぶしてワインで煮たものをのむと、内臓の痛みをやわらげる。

HEMLOCK
ヘムロック

特徴　緑色の茎が120〜150センチの高さにまで伸びる。茎にはときとして赤い斑がいくつもあり、節には大ぶりでゆがんだ形の、縁が鋸歯の薄緑色の葉が密生する。枝は先端に向かって分かれ、その先に繖形花序をつけて白い花を多数咲かせ、花後には白く平べったい種ができる。根は長くて白く、一部は曲がっていて、中空である。植物全体が強烈で不快なにおいを放つ。

分布　イングランドのあらゆる地域に自生する。壁際、生け垣の脇、不毛な土地、未耕地などで目にすることができる。

季節　7月頃に花が咲き、種ができる。

✷ 属性と効能 ✷

土星が支配する。どうして持続勃起症に使われないのか不思議に思える。この症状にきわめて効果があることは間違いない。

陰部につけると、みだらな考えを抱かなくさせる。炎症・腫瘍・全身のできもの（陰部を除く）や、丹毒・丘疹・熱い体液により悪化する潰瘍に対しては、熱を冷まして消すことで改善をもたらし、安全に使うことができる。葉をすりつぶして眉や額につけると、目の充血や腫れに有効であり、眼病が治る。

極度に冷たい性質があるハーブで、とりわけ内服するときわめて危険である。

HEMP
ヘンプ

 種は3月の終わりか4月の初めにまかれ、8月か9月に熟す。

✳ 属性と効能 ✳

 土星が支配し、服の生地として以外にも役に立つ。

 汁液を耳に入れると中にいる虫を殺し、入りこんだハサミムシなどを追いだす。根の煎じ汁は頭や全身の炎症を抑える。葉そのもの、あるいは蒸留水にも同じ効果がある。根の煎じ汁は痛風の痛み・関節にたまった体液のかたまり・腱の痛みと萎縮・腰の痛みをやわらげる。新鮮な汁液を少量の油とバターと混ぜて塗ると、やけどの治療に有効である。

 ヘンプの種は体内のガスを消すが、使いすぎると効果が大きすぎて、生殖に必要な精子までなくしてしまう。それでもミルクで煮て食べると、咳を改善するといった働きがある。オランダ人はこの種から乳液をつくって使うが、とりわけ初期の、おこりを伴わない黄疸にすぐれた効果がある。これは胆嚢の閉塞を開き、黄胆汁の分解をもたらす作用による。種からつくった乳液か煎じ汁は下痢を止め、さしこみをやわらげ、腸を傷つける体液を減らす。口や鼻などからの出血は、葉をその血液と一緒に焼いて食べると止まる。人や動物についた寄生虫を駆除する効能がとても強い。

HENBANE
ヘンベイン

  特　徴

葉はとても大きくて厚くて柔らかく、毛が密生している。地面に広がり、深い切れこみがあって縁が裂け、灰緑色である。そのあいだから多数の太くて短い茎が60〜90センチほどの高さまで伸びる。茎はいくつもの枝に分かれ、地面よりも小さい葉がつき、漏斗状の花が多数咲く。花は茎より上にはほとんどつかず、通常は片側が裂けていて、丸い5弁が重なるように広がる。くすんだ黄色で、縁はやや色が薄く、紫色の脈が細かく入り、真ん中には同色の小さなおしべがある。それぞれが固く閉じた花柄についていて、花が枯れるとアサラバッカにそっくりの莢が育つ。莢は先端がとがっていて、ポピーの実に似た暗灰色の小さな種が多数おさめられている。根は大きくて太くて白く、地中で細かく枝分かれする。パースニップの根とそっくりなため、よく間違えられる。根はそれほどでもないが、植物全体から強くきつい、眠気を誘う刺激臭を放つ。

 分布　通常は道端や生け垣の脇、壁などに自生する。

 季節　7月に花が咲き、落ちた種から毎年新しい芽を出す。

✴ 属性と効能 ✴

 占星術師たちは木星が支配すると言うが、実のところは土星が司るハーブである。そのため、とりわけ土星の影響を受ける場所を好んで育ち、厠の近くや水路脇に多くみられる。

 葉は目や全身の炎症を冷やす。ワインで煮たものをつけるか、温湿布にすれば、陰部・乳房・その他あらゆる場所のできものを改善する。また痛風や坐骨神経痛などの熱が原因の関節の痛みをやわらげる。酢とともに額かこめかみにつけると、頭痛や高熱による眠気を改善する。葉か種の汁液、あるいは種からとった油にも同様の効果がある。種からとった油を耳に入れると、難聴・耳鳴り・耳の中の虫の駆除に有効である。葉か根の汁液にも同様の効果がある。葉か種、あるいは両方の煎じ汁は人や動物にたかるシラミを殺す。乾燥させた葉か茎、あるいは種を焼いてその煙を浴びると、手足のできもの・あかぎれ・しもやけをすみやかに治す。ヘンベインを食べてしまったときの応急手当は、ヤギのミルク・ハチミツ入りの水・マツの実を甘いワインでのむことである。それらが手元になければ、フェンネル・ネトル・ペッパーワート・マスタード・ラディッシュの種でもよい。オニオンかガーリックをワインでのんでも、危険を回避して通常の体調に戻す。

軟膏や硬膏として外用すれば、痛風、あるいは梅毒での性器の炎症を冷やす手段として最も推奨できる。また歯痛を止めるには、痛む箇所につけるとよい。あらゆる炎症を鎮め、上記の疾患を改善へと導く。

 このハーブは決して食べてはならない。

HEDGE HYSSOP
ヘッジヒソップ

　このハーブにはいくつかの種類がある。イタリア原産種は、イングランドでは物好きな人の庭でしか見られない。残りの２種類はさまざまな場所で自生しているが、それらについて説明する。

　なめらかで背の低い種類は、高さ30センチ以下、味はとても苦く、角張った茎が何本も伸び、根元から先までいくつも枝分かれする。節が多く、それぞれの節に小さな葉が２枚ずつつく。葉は柄の近くのほうが先よりも広く、縁が鋸歯で薄緑色、葉脈に富む。花は節で咲き、きれいな紫色で、小さな白い斑がまばらにある。種は小さくて黄色、根は地中にたっぷり広がる。

　もう１種類は15センチ以上まで伸びることはほぼなく、多数の小さな茎を伸ばして、そこに１組ずつ幅広で短い小さな葉を多数つける。花の形は前者と似ているが、色は赤紫である。種は小さくて黄色く、根も同じように広がる。味はどちらも劣らず苦い。

低地や水辺に自生する。後者の種類はハムステッド・ヒースの沼地で見つかるかもしれない。

６月か７月に花が咲き、種はそのすぐあとに熟す。

✳ 属性と効能 ✳

 火星が支配する。

 軟膏として使うと虫を殺し、腹部に塗れば治りにくい潰瘍をきれいにする。

 黄胆汁と粘液を体外に排出する作用が最も強い。錬金術師の技によりきちんと精留したものでない限り、内服は安全ではない。のむことができるのは、純化されたもののみである。のみ薬として使った場合、むくみ・痛風・坐骨神経痛のすべてに有効である。

BLACK HELLEBORE
ブラックヘレボア、クリスマスローズ

セッターワート、セッターグラス、ベアーズフット、クリスマスハーブ、クリスマスフラワーズとも呼ばれる。

特徴 根から多数の鮮やかな緑色の葉を出す。葉はそれぞれが地面から10センチほどの高さになる。切れこみがあって7裂から9裂、真ん中から両端までが鋸歯で、冬のあいだずっと緑色である。寒さが厳しくなければ、クリスマスの頃に花柄の先に大きく丸い5弁の白い花が咲く。縁の近くが紫色の花もあり、真ん中から多数の薄黄色のおしべが伸びる。種は端がいくつかに裂け、コロンバインの種に似ているがそれより大きい。黒色で楕円形である。数えきれないほど多数の黒いひげ根がかたまりになっている。他にブラック・ヘレボアと呼ばれる種類もあり、同じように森で自生するが、葉は小さくて細く、冬には枯れる。

分布 前者は庭で栽培される。後者はノーサンプトンシャー州の森で見られる。

季節 前者は12月か1月に花が咲く。後者は2月か3月に咲く。

✷ 属性と効能 ✷

 土星が支配する。

 根は膣剤として使うと、月経を促す。すりつぶした粉を潰瘍にかけると、壊死した細胞をとり除き、すみやかに治癒へと導く。初期の壊疽も改善する。1回に20グレインのめば充分で、その半量のシナモンを合わせるとよい。

 生のままで使うよりも、錬金術師の技により精錬したほうがはるかに安全である。これを食べて副作用が出たとき、最優先されるべき治療法は、ヤギのミルクをのむことである。ヤギのミルクが手に入らないときには、手近にあるもので代用するしかない。根は憂鬱症全般に有効で、とりわけ長年にわたる四日熱や精神錯乱に推奨される。てんかん・かったい・黄疸・黒黄疸・痛風・坐骨神経痛・けいれんを改善する。イングランドで自生するものは穏やかな環境にあるため、その根に海を越えてきた種類ほど激烈な効き目はない。

 田舎の人々は、膿を出すために牛に串を刺す際、これを使っている。もし動物が咳をしているか、なんらかの毒をのんでしまったときには、耳に穴をあけてこの根を突っこむと、24時間以内に改善をもたらす。獣医はこれ以外にも多くの処方をあげている。

HERB ROBERT
ハーブロバート

特　徴　赤い茎は 60 センチほどの高さになり、とても長くて赤い葉柄に多数の葉をつける。葉は 3 裂から 5 裂、それぞれの縁はぎざぎざで、ときに赤みを帯びる。柄の先に 5 弁の花を多数咲かせる。ドウブズフット、クレインズビルの花と比べてずっと大きく、赤みが強い。花のあとには同様に黒い実ができる。根は小ぶりで細い。草全体が激しい悪臭を持つ。

分布　道端、水路脇の土手、荒れ地など、人が歩くあらゆる場所で数多く見られる。

季節　6 月と 7 月に花が咲き、種はそのすぐあとに熟す。

✳ 属性と効能 ✳

 　金星が支配する。

内服　結石の治療だけでなく、原因や種類を問わずあらゆる出血を止める。新しい傷をすみやかに治し、陰部などの治りにくい潰瘍に効果がある。

その他　牛の病気の治療に使われ、酪農家にとても高く評価されている。

HERB TRUE-LOVE, ONE-BERRY
ハーブトゥルーラブ、ワンベリー

特徴 細い根を地面のごく浅い場所に這わせる。根はドッグズグラス、カウチグラスと似ているが、そこまで白くない。葉のついた茎を伸ばし、果実ができる茎とできない茎がある。どの茎も節はなく、なめらかで暗緑色、果実がつくものは15センチほど、つかないものはそこまで高くはならず、その先に4枚の葉が十字架あるいはリボンを結んだ形に（それで〝真の愛〟と呼ばれる）密着して向きあう。ただし、ナイトシェイドのようにそれぞれの葉は離れている。個々の葉は広く、ときに3枚あるいは5枚、6枚組のこともあり、大きさもばらばらである。4つ葉の真ん中から細い茎がわずか3センチほど伸び、その先に1輪の花を咲かせる。花は小さく細長い、とがった黄緑色の花弁を4枚広げ、さらに小さな別の4枚の花弁をその上に伸ばす。花の中央に濃紫色の丸い頭を出し、そのまわりに黄色い粉のついた3色の細い8本のおしべが伸び、いっそう印象的で美しい姿をつくる。頭は他の葉が枯れると、黒紫色の果実になる。果実は汁気が多く、ヴァインに近い大きさで、その中に多数の白い種ができる。ハーブのどの部分もはっきりした味はない。

分布 森や低林地、ときに野原の隅や境界、荒れ地などさまざまな場所で育つ。チズルハーストやケント州のメイドストーン周辺の森、低林地などの場所で数多く見られる。

季節 4月の半ばから5月に芽を出し、そのすぐあとに花を咲かせる。果実は5月の終わり、一部は6月に熟す。

✴ 属性と効能 ✴

 金星が支配する。

 葉や果実は、トリカブトをはじめとするあらゆる毒を体外に排出する効能があり、感染症に有効である。長患いで床に伏せている者や、魔術により錯乱していると思われている者は、種あるいは果実の粉を毎日1ドラム、20日間のみつづければ、かつての健康をとり戻すことができる。粉にした根をワインでのめば、さしこみをすみやかにやわらげる。葉も新しい傷に有効で、傷口をきれいにし、化膿した古いできものや潰瘍を治す。また陰部や鼠径部、その他の全身の腫瘍やできものに強力な効き目があり、炎症を鎮める。葉の汁液をひょうそ、手足の爪の付け根にできた膿瘍やできものにつけると、短時間で治癒へと導く。

HYSSOP
ヒソップ

✳ 属性と効能 ✳

 木星が支配し蟹座のもとにある。体のあらゆる部分に力を与える。

 ワインで煮たものをつければ患部の炎症を抑え、湯に溶かしたものをつければ、打ち身や擦り傷による黒ずんだしみやあざを消す。フィグで煮た液で洗い、うがいをすれば、扁桃炎や喉の腫れにすぐれた効果がある。酢で煮た液でうがいをすれば、歯痛をやわらげる。漏斗を使って、熱い煎じ汁の湯気を耳に入れると、炎症と耳鳴りをやわらげる。すりつぶして塩・ハチミツ・クミンシードを混ぜると、ヘビにかまれた際の薬となる。その油は（頭に塗ると）、シラミを殺し、かゆみを抑える。どのように使っても、てんかんを改善する。新鮮な葉をすりつぶして少量の砂糖を加えたものを塗れば、切り傷や新しいけがもすみやかに治す。

 ヒソップをルーとハチミツと一緒に煮たものをのむと、咳・息切れ・喘鳴・肺にたまったリウマチ性の体液に悩まされている者の症状を改善する。オキシメルと一緒にのむと、便通を促して大量の体液を排出する。ハチミツとともにのめば、腹の中の虫を殺す。すりつぶした新鮮なフィグとともにのむと、腹部のたるみを改善し、フラワーデュルースの根とペッパーワートをさらに加えれば効果がより強力になる。黄疸で変色した体を自然な色に戻して守る。フィグと硝石とともにのむと、むくみと脾臓の不調を改善する。

シロップをのむかなめるかすると、しつこい痰を切り、胸や肺の冷たい障害や疾患に有効である。

HOP
ホップ

  特　徴

野生種のホップは、栽培種と同じように手近な木や生け垣を這いのぼる。ごつごつした茎と葉は栽培種と似ているが、毬花(きゅうか)が小さく、数もはるかに少ないため、年に1つか2つしか見ることがない。大きな違いはそこにある。

  分　布

低く湿った土地を好み、イングランドのあらゆる場所で目にすることができる。

  季　節

4月までは芽が出ず、6月の終わりまでは花が咲かない。頭は9月の半ばから終わりまでできない。

✳ 属性と効能 ✳

 火星が支配する。

内服　肝臓と脾臓の閉塞を開き、血液をきれいにし、腹部をゆるめ、腎砂を体外に排出し、排尿を促す。栽培種も野生種も、先端の煎じ汁は同じ効果を持つ。血液をきれいにすることで梅毒・あらゆるかさぶた・かゆみなどの皮膚病変を治す。また発疹・白癬・体に広がるできもの・水疱・皮膚の脱色にも有効である。葉と花の煎じ汁は、毒を体内から排出する。半ドラムの種を粉にしてのむと、体内の虫を殺し、月経を促し、排尿を促す。汁液と砂糖でつくったシロップは黄疸を治し、熱による頭痛をやわらげ、肝臓と胃の熱を冷まし、黄胆汁と血液を増やすおこりを適切に減らす。野生種も栽培種も同じ性質で、どちらも同じような効果がある。

HOREHOUND
ホアハウンド

　白と黒の2種類がある。黒いホアハウンドはヘンビットとも呼ばれる。ここでは白いホアハウンドについて記す。

特　徴　毛が生えている角張った茎が40〜60センチの高さになり、その節に2枚の葉が対生する。葉は丸く、しわが寄ってざらざらし、くすんだ白緑色。香りはよいが、味はとても苦い。花は小さくて白く、花弁を開き、節の脇から出ているごつごつして硬くとがった萼の上に咲く。茎の真ん中から上向きに花弁が広がり、その中に小さな丸く黒い種ができる。根は黒くて硬く、木のようで、多数のひげ根を伸ばして何年も枯れない。

 イングランドのさまざまな地域で、乾いた地面や荒れた緑地で目にすることができる。

 7月に花が咲き、種は8月に熟す。

✸ 属性と効能 ✸

 金星が支配する。

 汁液をワインとハチミツに混ぜたものは視力を改善し、鼻から吸うと黄疸を治し、少量のバラ油とともに耳に落とせば痛みをやわらげる。肝臓と脾臓の閉塞を開き、胸と肺の粘液も排出する。外用すれば浄化して分解するの作用がある。煎じ汁は肝硬変、膿の出る発疹に有用である。新鮮な葉をすりつぶし、古い豚脂で煮て軟膏にすると、犬にかまれた傷を治し、とげや異物が刺さったせいでできた腫れや痛みを減らす。酢と使うと、発疹をきれいにして治す。たいていの薬局にはこのシロップがあるはずで、長引く咳に効き、しつこい痰をとり除く。高齢者や喘息を患う者、息苦しさを覚える者の肺にたまった冷たい体液をとり去る。

 乾燥させた葉の煎じ汁は、種か生の葉の汁液とともにハチミツとのめば、息切れや咳、あるいは長患いや漿液がたまることによる肺病に対する治療薬になる。フラワーデュルースかニオイイリスの根は、しつこい痰を胸から吐きだすのを助ける。女性にのませると月経や後産を促し、毒をのんだり毒ヘビにかまれたりした場合に役立つ。葉をハチミツとともに使うと潰瘍の膿をとり、出血がつづいて治らないできものや、爪のまわりに盛りあがった肉を押さえる。さらに脇腹の痛みもやわらげる。粉か煎じ汁をのむと、体内の虫を殺す。

HORSETAIL
ホーステイル

 大型の種類は最初アスパラガスのような芽を出し、成長すると硬くざらざらした中空の茎を30センチほど伸ばす。茎には多数の節があり、それぞれの節は上部が下部を包みこむような形でつながり、その両側にラッシュに似た小さくて長い葉を多数つける。姿が馬の尻尾に似ているので、このような名前がつけられている。茎の先に小さな胞子穂ができる。地下茎を伸ばし、あちこちで節をつくる。

 他の種類の多くも含め、湿った場所に自生する。

 4月に芽を出し、7月に花穂に花をつけ、おおむね8月に種をつくり、それから地面に枯れ落ちて翌年の春にまた新たな芽を出す。

✴ 属性と効能 ✴

土星が支配するが無害で（訳注：土星は骨の病気、痛風をもたらし、また詰まらせ腐敗させる特性があってさまざまな病気を誘うとされる）、以下のような優れた効能を持つ。

内服 　ざらざらしたものよりもなめらかなものが、茎だけのものよりも葉が最も効果が大きい。汁液か煎じ汁をのむと、外傷と内臓の出血を止めるとても強い力がある（汁液か煎じ汁と蒸留水を外用してもよい）。下痢・下血・血尿を止める。内臓の潰瘍や、内臓と膀胱の傷などだけでなく、潰瘍を癒やし、新しい傷の創面を閉じる。煎じ汁をワインでのめば、排尿を促し、結石や、痛みを伴う排尿障害を治す。蒸留水を1日に二、三度、毎回少量のみつづければ、腸の状態を改善し、頭から流れこむ体液が引き起こす咳に有効である。汁液か蒸留水をあたためてのめば、炎症・膿疱・赤い丘疹・その他の皮膚の異常を治し、陰部のできものの熱や炎症にも同様の効果がある。

HOUSELEEK, SENGREEN
ハウスリーク、セングリーン

 分布 壁や家の脇にありふれていて、7月に花が咲く。

✳ 属性と効能 ✳

 木星が支配する。このハーブが生えている場所には火事は起きず、雷も落ちない。

 外用 　汁液でつくったミルク酒を目にさせば、炎症や刺激的な塩性の粘液を止め、耳に入れても効果がある。その他の炎症・丹毒・かさぶた・やけど・帯状疱疹・治りにくい潰瘍・発疹・白癬といった病変を冷やして落ち着かせる。また熱が原因による痛風の痛みを劇的にやわらげる。手足に汁液をくり返しつけ、そのあとに果皮と葉をあてると、いぼやうおのめをとり去る。こめかみと額にあてると、頭痛や、興奮による脳の過剰な熱を冷まし、睡眠不足を補う。葉をすりつぶして頭頂か頭蓋の継ぎ目にあてると、鼻血を即座に止める。葉の蒸留水は、上記のすべての効果を備える。ネトルやハチに刺されたところを葉で優しくこすると、痛みがすぐに消える。

 内服 　体の内と外の熱、目や全身に有効である。汁液でつくったミルク酒は、血液と精神を冷やして落ち着かせ、渇きを癒やすため、熱性のおこりにきわめて有効である。腸での体液の流れや、月経不順を改善する。

HOUND'S TONGUE
ハウンズタン

 特徴　細長くて柔らかく、毛が生えた濃緑色の葉を地面にへばりつくように広げる。その姿は、アンチューサとやや似ている。それらの葉のあいだから、毛が生えたごつごつした茎が60センチほどの高さになり、小さな葉をつける。先は枝分かれし、長い枝の付け根に小さな葉がついて、それと並ぶように花が咲く。枝は花が咲く前に内側に曲がり、花が開くにつれて垂れさがる。花柄から広がる花弁はくすんだ赤紫色、細かなおしべが何本も伸びる。ときに白い花が咲くこともある。花が枯れたあとには、ざらざらした平らな種ができる。種の真ん中には小さなとげがあり、触れた服に容易にかぎ裂きをつくり、簡単にはずせない。根は黒で、太くて長くて折れにくく、粘り気のある汁が豊富で、葉と同じように強く不快なにおいがする。

 分布　各地の湿った場所、荒れ地、未耕地、道の脇、小径、生け垣の脇で育つ。

季節　5月か6月頃に花が咲き、すぐあとに種が熟す。

✷ 属性と効能 ✷

 水星が支配する。

外用 狂犬にかまれたときには、傷口に葉をあてれば効果がある。葉をすりつぶすか、汁液を豚脂で煮つめたものをつけると抜け毛を防ぐ。部位を問わず、やけどにも効果がある。新しい傷にすりつぶした葉をつければ、たちまち治る。根を炭火に埋めて蒸し焼きにし、糊かぬれた紙、あるいはぬれた二重織りの布にくるんで坐薬をつくり、肛門に入れるか尻に塗りつけると、痔の痛みを大いにやわらげる。葉と根の蒸留水は上記したすべての効果が大きく、患部を洗い流すとよい（内服してもよい）。傷や穿孔、さらに梅毒の腫瘍にも効果がある。葉を足の下に置けば、犬にほえかかられない。名前の由来は、犬の舌を動かなくするその作用ゆえである。それが本当かどうか試したことはないが、この薬だけで狂犬にかまれた傷は治る。

 根は丸薬にしても煎じ汁にしても効果が大きく、頭から目や鼻さらに胃や肺に刺激の強い漿液が流れこむのを止め、咳や息切れを改善する。葉をワインで煮たものは（水で煮て油と塩を足すよう指示しているものもある）便秘を改善する。

HOLLY, HOLM, HULVER BUSH
ホーリー、ホルム、ハルバーブッシュ

✳ 属性と効能 ✳

 土星が支配する。

 果実にはガスを体外に排出する作用があり、さしこみに有効である。効能は強く、毎朝熟した果実だけを生で1ダース食べつづけると、粘り気のある痰を大量に吐きださせるようになる。果実を乾燥させ、つぶして粉にしたものには、下痢・下血・月経を止める。樹皮も葉も、骨折や脱臼などに湿布として使うとすぐれた効果がある。

 枝は家を雷から、また人を魔術から守るという。

ST. JOHN'S WORT
セントジョーンズワート

とても美しい植物で、イングランドの草地を美しく飾っている。

特　徴

茶色くて硬く丸い茎が60センチほどの高さになり、その脇から先まで多数の枝を広げる。枝には全長に小さな深緑色の葉が対生する。葉は小型のセントーリーに似ているがそれより細く、光にかざさないとわからないほどの小さな穴がたくさんあいている。茎と枝の先には5弁の黄色い花が咲く。花の真ん中に多数の黄色いおしべが伸び、すりつぶすと血のように赤い汁が出る。花のあとには小さな丸い頭が出て、ロジンのようなにおいの小さな黒い種がおさめられる。根は茶色く、木のように硬く、多数のひげ根を伸ばし、何年も土中で生きつづけ、毎年春には新たな根を伸ばす。

 森や低林で育つ。日陰でも日なたでも見られる。

 真夏と7月に花が咲き、種は7月か8月の終わりに熟す。

✴ 属性と効能 ✴

 太陽が支配し獅子座のもとにある。ローマカトリック教徒、とりわけ法律家は、このハーブは聖ヨハネがつくり、委任状を添えてわれわれが自由に使えるように差しだしてくれたのだと言うかもしれない。

 軟膏は閉塞を開き、できものを消し、傷口をふさぐ。

 傷に対するきわめてすぐれた効果のあるハーブである。ワインで煮たものをのむと、内臓の傷を癒やす。葉と花、とりわけ種の煎じ汁をワインでノットグラスの汁液とともにのむと、吐き気や吐血を減らす。有毒な生物にかまれたり刺されたりした際の手当てとして有効で、尿がつくれないときにも効果がある。2ドラムの種を粉にして少量のブイヨンでのめば、黄胆汁、あるいは胃で固まった血液を優しく体から排出する。葉と種の煎じ汁をあたためて三日熱あるいは四日熱のおこりの発作が起きる前にのむと、発作を抑え、くり返しのみつづければそれらの熱病を完治させる。種にはとても価値があり、40日間のみつづけると、坐骨神経痛・てんかん・まひを改善する。

CULPEPER'S
COMPLETE HERBAL

IVY
アイビー

森の木、あるいは教会の石壁や家の外壁などに這いのぼる。ときにはどこにも寄りかからずに育つこともあるが、きわめてまれである。

花は7月まで咲かず、果実は冬の霜が降りるクリスマスまで熟さない。

✳ 属性と効能 ✳

 土星が支配する。

　新鮮な葉を酢で煮たものをあたたかいうちに脇腹へあてると、脾臓の病気に有効で、脇腹の痛みとさしこみに効果がある。同じものをバラ水とバラ油につけてこめかみと額にあてれば、頑固な頭痛をやわらげる。新鮮な葉を煮たワインで患部を洗うと、重度の潰瘍を治し、創面をきれいにする。新しい傷もすみやかに治し、やけどやそれに伴う潰瘍、あるいは塩性の粘液や体液が引き起こす各部位の潰瘍を治す。果実か葉の汁液を鼻から吸いこむと、頭と脳から流れこんで目と鼻を傷つける漿液を追いだし、潰瘍とその悪臭を改善する。同じものを耳に注げば、治りにくい出血しているできものを治癒へと導く。

花を1つまみ、1ドラムほどを赤ワインで1日二度のむと、下痢や下血を改善する。大量にのむと神経や腱に副作用が出る（外用であればとても有用である）。黄色い果実は黄疸に効果がある。たっぷり酒をのみたいなら、その前にこのハーブを食べておけば酔いを防ぎ、吐血を抑える。白い果実を食べると、腹部の虫を殺す（外用してもよい）。果実は粉にして2日か3日つづけてのむことで感染症を防ぎ、もしかかってしまったときにはそれを治す。ワインでのめば確実に結石を砕き、排尿と月経を促す。

　脾臓が弱っている者は、アイビーでできたカップに飲み物を入れ、しばらく置いてからのむことをつづけると、大いに回復する。

　ワインをのみすぎたときの最も手っとり早い治療法は、その同じワインにすりつぶして煮た葉を1つかみ入れてのむことである。

J

JUNIPER BUSH
ジュニパー

ケント州、エセックス州のブレントウッド近くのワーニー・コモン、ハイゲートを除くフィンチリー・コモン、ダルウィッチ近くのニューファウンド・ウェルズあたり、またミッチャムとクロイドンのあいだの共有地、バッキンガムシャー州のアマーシャム近くのハイゲート、その他多くの場所にある森で豊富に育つ。

果実は初年には熟さず、二度の夏と一度の冬を越えるまで緑のままである。熟すと黒くなるが、常にどの株にも緑の果実がついていることになる。果実は葉の落ちる頃に熟す。

✶ 属性と効能 ✶

 太陽が支配し、果実は熱く乾いた性質である。

木からつくった灰で歯肉をこすることで、壊血病をすみやかに治す。果実はあらゆる出血を止め、痔を改善し、子供の体内の寄生虫を駆除する。その灰からつくった灰汁で体を洗うと、かゆみ・かさぶた・かったいを治す。果実は結石を砕き、食欲不振を回復させ、まひやてんかんに対してもすぐれた効果を持つ。

果実はあたためて乾かす性質を持つ。きわだった解毒作用があり、どんな植物よりも感染症に強力に対抗できる。有毒な生物にかまれた際にすぐれた効果があり、大量の排尿を促す作用もあるので、排尿困難には大いに推奨できる。葉からつくった灰汁をのめば、むくみを劇的に改善する。月経を促し、子宮の異常を治し、胃を強化し、体からガスを出す。実のところ、体のあらゆる部分の膨満感やさしこみに対しては、この果実から抽出した油よりもすぐれた治療薬はほとんどない。油の抽出の仕方を知らない田舎の人々は、代わりに毎朝熟した果実だけを10個ほど食べるようにしている。それだけで、咳・息切れ・肺病・腹部の痛み・けいれんにとても効果がある。女性に対しては安全ですみやかな分娩を促し、脳を大いに活性化し、記憶力を高め、視神経に働きかけて視力を改善する。おこりにもきわめて有効である。痛風や坐骨神経痛を改善し、全身の関節を強める。

KIDNEYWORT, WALL PENNYROYAL, WALL PENNYWORT
キドゥニーワート、ウォール・ペニーロイヤル、ペニーワート

特徴

根から平たい円形の厚みのある葉が多数伸びる。葉には真ん中あたりに長い葉柄がついており、ときに縁にでこぼこの切れこみがある。薄緑色で、表面は黄みがかっている。柔らかくなめらかで中空の蔓数本は15センチほどの高さになる。蔓には2枚か3枚の小さな葉がつくが、根から出ている葉のように円形ではなく、細長く縁に刻み目があることが多い。蔓の先は長く枝分かれし、それぞれに重なるように長い穂状花序をつけ、たくさんの花を咲かす。花は白緑色で、口を開いた小さな鐘形、花後にはとても小さな茶色い種をおさめる小さな頭柱が残る。種は地面に落ちたあと、湿っている場所であれば冬の前にたくさんの芽を出す。根は丸く、なめらかで表面は灰色、中は白く、先端と根元から小さなひげ根が伸びる。

分布

さまざまな場所で育つが、とりわけ西部に多く見られる。石や泥の壁、岩の上、ごつごつした石がある場所、古い木の根元、ときには腐った木の幹からも生える。

季節

通常は5月初めに花が咲き、種はそのすぐあとに熟して自ら落ちる。5月の終わりにはたいてい茎と葉が枯れて落ちるが、9月になると新しい葉が出て、そのまま冬を越す。

✴ 属性と効能 ✴

 金星が天秤座のもとで支配する。

 風呂のようにして体を浸すか、軟膏を塗れば、痔による血管の痛みをやわらげる。痛風と坐骨神経痛の痛みにも同様の効果があり、るいれきと呼ばれる首のできものを治す。汁液に体を浸すか、軟膏を塗るか、葉の薄皮をあてると、あかぎれやしもやけを治す。新しい傷にも使われ、出血を止めてすみやかに治す。また、葉・汁液・蒸留水を体につけると、にきび・丹毒・その他の皮膚の熱を癒やす。

 汁液か蒸留水をのむと、炎症や高熱にきわめて効果的で、胃腸と肝臓の消耗性の熱を冷ます。同じ汁液や蒸留水は、結石により傷ついて潰瘍ができた腎臓の回復を助ける。さらに排尿を促し、むくみを軽減し、結石を砕く。

KNAPWEED
ナップウィード

 多数の暗緑色の長い葉が根から伸びる。葉の縁は鋸歯で、ときに両側が２、３箇所わずかに切れこみ、うっすら毛羽立っている。長く丸い茎は 120 〜 150 センチほどの高さになる。茎はいくつもの枝に分かれ、その先には大きなうろこ状の緑色の頭ができ、真ん中からたくさんの暗赤紫色のひげが伸び、枯れたあとには冠毛のついた黒い種が多数できる。種はシスルに似ているが、それよりも小さい。根は白く、木のように硬く、たくさんのひげ根が伸びて、冬のあいだも枯れることなく残り、毎年春には新しい芽を出す。

 野原や草原、その境界や生け垣に自生する。あらゆる地域の荒れ地で目にすることができる。

 通常は６月と７月に花が咲き、種はそのすぐあとに熟す。

✳ 属性と効能 ✳

 土星が支配する。

外用 体液の流れを止める作用があり、口や鼻など体表の出血・血管の破裂も内臓など体内の出血も止め、さらに下痢も止める。頭から胃や肺に有害な漿液が流れこむのも防ぐ。葉と根を煎じた汁を患部につけると、打ち身によるけがに効果がある（ワインでのんでもよい）。腫瘍や瘻孔などにきわめて有効で、傷口を乾燥させ、無理なく穏やかに治癒へと導く。頭やその他の部位にできた化膿しているできものやかさぶたにも同じような効力がある。喉の痛み、口蓋垂と顎のできものにはとりわけ有効で、出血を止めて新しい傷を治す。

KNOTGRASS
ノットグラス

イングランドのあらゆる地域に見られ、道の脇、野原の小径のまわり、古い壁際で育つ。

晩春に芽を出し、冬にはすべての枝が枯れる。

✳ 属性と効能 ✳

太陽が司ると考える者もいるが、実際には土星のハーブである。

汁液を額かこめかみにつけるか、鼻孔に吹きこむと、鼻血が止まる。蒸留水を患部にあてるか直接入れると、炎症・熱による発疹・熱を持ったできものと膿瘍・壊疽・瘻孔ができた潰瘍を冷やす。けれども何よりも、陰部にできる潰瘍やできものに対してきわだった効果を示す。新しい傷をすみやかに治癒へと導く。耳に汁液を垂らすと、化膿した患部をきれいにする。このようにさまざまな症状や疾患に使われる他、骨折にも効く。

汁液を濃い赤ワインに入れてのむと、口内の出血を止める。血液と胃の熱を冷まして落ち着かせ、下痢・下血・月経・腎臓の膿など、血液や体液の流れを止める。排尿を促し、痛みを伴う排尿困難を改善し、それに伴う熱を鎮める。葉の粉を1ドラム、ワインで毎日長期間のみつづけると、尿によって腎臓と膀胱の結石や砂を体外に追いだす。ワインで煮たものをのむと、有毒な生物に刺されたりかまれたりした際に有用である。リウマチ性の体液が胃へ流れこむのを防ぎ、消化管の寄生虫を駆除し、血液と黄胆汁の熱と刺激、化膿による発熱を抑える。蒸留水は単独でも、葉か種の粉とともにのんでも、上記の目的すべてにとても効果がある。

LADIE'S MANTLE
レディスマントル

特徴

根から伸びる長く毛羽立った葉柄の上に、たくさんの葉がつく。葉は楕円形で、浅い切れこみで9つほどの部分に分かれ、細かい鋸歯になっているため星のように見える。明るい緑色で、縁のあたりは鋸歯になっており、少々もろい。最初はひだのように折りたたまれているが、しだいに開いてくしゃくしゃになる。葉も茎もうっすら毛が生えており、茎は葉を押しのけるようにして60～90センチくらいの高さになる。ただし柔らかいためにまっすぐに伸びることができず、地面に向かってしなだれる。茎先は2つか3つに分かれ、小さな黄緑色の頭がつき、そこに白い花が咲く。花後にはポピーの実に似た小さく黄色い種ができる。根は黒くて長く、多数のひげ根を伸ばす。

 分布　ハートフォードシャー州、ウィルトシャー州、ケント州、その他の地域のさまざまな草原や森の端に自生する。

 季節　5月と6月に花が咲き、種の時期が過ぎても冬のあいだずっと緑のままである。

✴属性と効能✴

♀ 金星が支配する。

内服

炎症を起こした傷にきわめて有用で、出血・嘔吐・下痢・転落などによるけがを治す。乳房の腫れをとり、落ち着かせる（外用でもよい）。蒸留水を20日間連続でのみつづけると、妊娠を安定させて出産へと導く。傷を癒やすハーブとしては最もすぐれているゆえに、ドイツ人はこれをきわめて重用し、外傷にも内臓の傷にも煎じ汁をのむことで、できものを乾燥させ、炎症を鎮めてきた（あるいは傷を直接洗い流し、汁を浸したガーゼをあててもよい）。膿をいっさい残すことなく新しい傷をきれいに治し、古くて瘻孔があるできものも治す。

L

LAVENDER
ラベンダー

 季節 ６月の終わり頃から７月の初めにかけて花が咲く。

✴ 属性と効能 ✴

 水星が支配する。

 外用 煎じ汁でうがいをすれば、歯痛がおさまる。花の蒸留水を２さじのむか、こめかみにあてるか、鼻孔に吸いこむと、失声・心臓の不整脈・興奮・失神を改善する。ただし血液と体液がたまっている場所は、熱く繊細な精神が集まっているところでもあるので、そうした場所に使うのは安全ではない。ラベンダーから抽出した油は〝スパイクの油〟と呼ばれ、刺激がとても強烈なので使用には注意が必要である。体表の病変にも内臓の異常にも数滴だけで充分で、単独ではなく他のものと合わせて与えるべきである。

 内服 卒中・てんかん・むくみ・衰弱・けいれん・まひ・何度もくり返す失神など、冷えを原因とする頭と脳のあらゆる不調に対してとりわけ有用である。胃に活力を与え、肝臓と脾臓の閉塞を治し、月経を促し、胎児が死んでしまった場合は流産させる。ワインに浸した花は止まっていた尿を促し、ガスによるさしこみなどの症状を改善する。花の他、ホアハウンド・フェンネル・アスパラガスの根からつくった煎じ汁に少量のシナモンを加えたものをのめば、てんかんやめまいなどの脳の不調に効果がある。

LAVENDER-COTTON
コットンラベンダー

 花は6月と7月に咲く。

✳ 属性と効能 ✳

 水星が支配する。

 煎じ汁に体を浸すと、かさぶたやかゆみを改善する。

 毒や腐敗を防ぐため、有毒な生物にかまれた際の治療薬となる。乾燥させた葉の粉を1ドラム、毎朝空腹時にのみつづければ、男性の泌尿器の膿や女性のおりものを止める。種をつぶして粉にしてのむと、子供だけでなく大人の寄生虫も殺す。葉にも同じような効果があるので、それを漬けたミルクをのむとよい。

LADIES-SMOCK, CUCKOW-FLOWER
レディーススモック、カッコウフラワー

多くの草地の隅をとても美しく飾っている。

特徴　根は多数の細く白いひげ根からなり、そこから曲がった葉がついた茎が何本も伸びる。葉は丸くて柔らかく、暗緑色で、中肋に向きあうようにつき、いちばん大きいものが端になる。その中から柔らかくて弱い、緑色の筋模様のついた丸い茎が何本も伸び、より長く小さな葉がつく。先端にはアラセイトウとよく似ているがもっと丸くてそれほど長くない、純白の花が咲く。種は赤みを帯びていて細かい割れ目があり、葉と同じように刺激的な味がする。

分布　湿った場所、小川の近くに自生する。

季節　4月と5月に花が咲く。根元近くの葉は冬のあいだもずっと緑色のままである。

✳ 属性と効能 ✳

🌙　月が支配し、その効能はウォータークレスにも劣らない。

内服　壊血病にすぐれた効果がある。排尿を促して結石を砕き、冷えて弱った胃を充分にあたため、食欲不振を回復させて消化を助ける。

LETTUCE
レタス

✳ 属性と効能 ✳

 月が支配するため、蟹座に位置する火星が引き起こす熱と乾きを、冷やして湿らせる性質がある。また、太陽がもたらす熱も冷やす作用を持つ。

 心臓・肝臓・腎臓のあたりに体外からあてるか、蒸留水とコウキあるいは赤いバラを入れた液体を塗ると、患部の熱や炎症を減らすだけでなく、それぞれの部位を強くし、尿の熱を抑える。高齢者の場合はスパイスも足して使うことを推奨する。スパイスがない場合は、ミント、ロケットといったあためる性質を持つハーブか、ブッシュカン・オレンジの種を足せば、冷えをやわらげてくれる。レタスの種も蒸留水も、すべて同じ効果をもたらす。息切れがあるか肺に異常がある者、吐血している者に対しては基本的に使用が禁じられている。

 冷やして湿らせる性質がある。レタスの汁液をバラ油に混ぜるか煮るかして額とこめかみにつけると、眠りをもたらし、熱が原因の頭痛をやわらげる。ゆでたものは腹部をゆるめる性質で、消化を助け、渇きを癒やし、母乳を増やし、黄胆汁による胃腸のつらい痛みをやわらげる。

WATER LILY
ウォーターリリー

　この植物には基本的に2種類がよく知られている。白ウォーターリリーと黄ウォーターリリーである。

特徴

　白ウォーターリリーは、とても大きくて厚みがある暗緑色の葉を水に浮かべる。葉を支えるのは、根から伸びている太く長い葉柄である。根は大きくて太くて丸く、黒くて長い結節があり、ばらばらに伸びるが一部はからみあっている。表面は緑色、内側は真っ白である。分厚く細長い葉が列をつくるように並び、多数の黄色い糸毛を伸ばす頭をぐるりととり囲むように広がる。葉は中心に近いほど、小さく薄い。頭には枯れるとポピーに似た丸い莢ができる。莢には油っぽくて食べると苦い、平らな種が多数おさめられている。

　黄ウォーターリリーは白ウォーターリリーとほとんど変わらないが、花の上につく葉は少なく、種は大きくて光沢があり、根は表面も内側も白い。どちらの根もほんのりと甘い味がする。

分布

　大きな池や沼に自生する。ときにはゆるやかな流れの川、あるいは小さな水路などでも育ち、イングランドのさまざまな場所にある。

季節

　5月の終わりに花が咲き、種は8月に熟す。

✶ 属性と効能 ✶

 月が支配する。

 そばかす・しみ・日焼け・顔や全身の水疱にとりわけ推奨される。花からつくった油はバラ油と同じように、熱を持った腫瘍を冷やし、痛みをやわらげ、できものを治す。

 レタスと同じく、葉と花は冷やして湿らせる性質がある。葉は炎症を抑え、おこりによる体外と内臓の熱をさげる。花も同じ効能があり、シロップにしても砂糖漬けにしても使える。シロップは体を癒やし、熱による不調を冷まして治し、興奮した脳を落ち着かせる。根と種は冷やして乾かす性質があり、外傷による出血・内臓出血・体液の流出を止める。最もよく使われるのは根で、出血を抑える。またワインと水で煮た根の煎じ汁をのむと、熱を持った刺激のある尿にも有効である。花の蒸留水はあらゆる疾患にすぐれて効果的である（患部につけてもよい）。

LILY OF THE VALLEY
リリーオブザバレー

コンバル・リリー、メール・リリー、リリー・コンファンシーとも呼ばれる。

 根は細く、芝のように地面の広い範囲に伸びる。葉は数が多く、茎の根元から15センチほどの高さまでのあいだにつく。端が外側に反っている小さな釣鐘形の白い花が多数咲く。花は強くよい香りがする。実はアスパラガスと似て赤い。

 ハムステッド・ヒースをはじめ、イングランドのさまざまな場所に数多く自生する。

 5月に花が咲き、種は9月に熟す。

✳ 属性と効能 ✳

 水星が支配するゆえに脳を強化し、記憶力を高め、その衰えを改善する。

外用 蒸留水を目にさすと炎症を改善し、その他さまざまな眼病に効く。ワインに漬けて蒸留したものは、失語・まひ・卒中にすぐれた効果があり、心臓を強化して活力をもたらす。この花をガラス瓶に詰めてアリ塚に入れ、1カ月後に回収した際に、ガラス瓶の底に液体がたまっている液体を体につければ、痛風が改善する。

WHITE LILY
ホワイトリリー

✴ 属性と効能 ✴

 月が司るハーブ。火星に対抗して体から毒を追い出す。

 根と豚脂からつくった軟膏は、しらくも（訳注：頭部に白癬菌が感染して起こる水虫）にすぐれた効果があり、切れた腱をつなぎ、潰瘍をきれいにする。根を煎じ汁で煮ると、分娩を速め、後産を促進する。根を焼いて少量の豚脂と混ぜると強力な湿布になり、感染性のできものの膿を出してつぶす。軟膏は陰部のできものにとりわけ有効で、やけどをきれいに治し、髪が薄くなった箇所をもとどおりにする。

 根をすりつぶしてワインで煮て、その煎じ汁をのむと、感染性の発熱にすぐれた効果がある。これは、毒を体外に追いだすためである。汁液をバーリーの粉と混ぜて焼き、パンとして食べると、むくみに対するすぐれた治療薬となる。

LIQUORICE
リコリス

特徴 木のような茎が何本も伸び、そこに多数の細長い緑色の葉が間隔を空けて向かいあうようにつく。茎先には葉が1枚だけついていて、アッシュの幼芽が種から伸びる様子とそっくりである。何年も動かさず同じ場所で育ち、花を咲かせる。花はとても薄い水色でエンドウに似ており、花弁に重なるようにとげが突きだし、かたまりになって咲く。花が落ちると、あとに長くて平らでなめらかな莢が出て、その中に小さくて丸く硬い種ができる。根は地中深くまで伸び、多数の水平根茎を広げ、主根から側根を伸ばして成長していく。根の表面は茶色く、内側は黄色い。

分布 野原や庭など、イングランドの各地に植えられ、広く役立てられている。

✴ 属性と効能 ✴

 水星が支配する。

外用 樹皮を細かい粉にして眼病にかかった目、あるいはリウマチ性の粘液がたまった目にさすと、患部を浄化して症状を改善する。汁液をバラ水で蒸留し、トラガカントゴムを加えた舐剤は、声がれや喘鳴などに効く。

内服 リコリスをメイドゥンヘアーとフィグと一緒にゆでたものをのむと、乾いた咳・声がれ・喘鳴・息切れ・胸と肺の不調や、塩性の体液がたまることで引き起こされる喘息や肺病を改善する。腎臓の痛み・痛みを伴う排尿障害・尿の熱感にも有効である。汁液は胸・肺・腎臓・膀胱のすべての疾患に対して、煎じ汁と同じ効果がある。

LIVERWORT
リバーワート

　植物学者によれば、リバーワート（コケ類）には300近くの種類があるという。

特　徴

　密生し、湿った日陰の地面に広がる。多数の小さな緑色の葉が、互いに貼りつくように並ぶ。それぞれの葉は縁が不規則に切れこみ、くしゃくしゃになっている。そのあいだから数センチほどのごく小さくて細い茎が伸び、その先に小さな星のような花状のものを咲かせる。

✲ 属性と効能 ✲

 木星が支配し、蟹座のもとにある。

内服　肝臓のあらゆる疾患に対してきわめて効果があるハーブで、冷やして浄化する作用を併せ持ち、全身の炎症と黄疸を改善する。すりつぶして少量のビールで煮たものをのむと、肝臓と腎臓の熱を冷まし、男性の泌尿器の膿と女性のおりものを減らす。治りにくい発疹や白癬や、その他の出血して化膿したできものやかさぶたを改善する。また肝臓を強化する作用がとても強いため、体を壊すほどの暴飲暴食で弱った肝臓に対してすぐれた治療薬になる。

LOOSESTRIFE, WILLOWHERB
ルーストライフ、ウィロウハーブ

特徴　黄色いルーストライフは、120〜150センチ、ときにそれ以上の高さまで育つ。大きく丸い茎はごつごつしていて、真ん中あたりから上は複数の大きな長い枝に分かれ、節ごとに細長い葉がつく。葉は下につくものほど広い。節ごとに2枚ずつが基本だが、ときに3枚か4枚がまとまっていることもある。ウィローの葉に似て縁はなめらかで、枝の先に近い上方の節につく葉はきれいな緑色である。茎の先端に5弁の黄色い花を多数咲かせる。花の真ん中からおしべとめしべが伸び、花後は小さくとがった種をおさめる小さな丸い頭ができる。根は地中をドッグズグラスのように這い、毎年春になると茶色い芽を出して、それがやがて茎に育つ。香りも味もない。

分布　イングランドのさまざまな場所の、湿った草原や水辺で育つ。

季節　6月から8月にかけて花が咲く。

✻ 効　能 ✻

外用　浣腸として使えば、口・鼻・肛門・外傷などからの出血や下痢に有効である（内服してもよい）。月経過多も改善する。新しい傷に対する薬としてもすぐれ、すりつぶしてつくる汁液をつけるだけで出血を止め、すみやかに傷口を閉じる。口のできものを治すためにうがいに使われることも多く、陰部にも使える。

その他　すりつぶしたものを焼いた煙は、沼沢地や水辺で暮らしている人々を悩ますハエや蚊を追い払う。

LOOSESTRIFE, WITH SPIKED HEADS OF FLOWERS
パープルルースストライフ

グラスポリーとも呼ばれる。

特　徴　ごつごつした木のような茎を何本も伸ばす。茎には節が多く、少なくとも1メートルほどの高さになる。それぞれの節にルースストライフよりも短くて細い濃い緑色（ときに茶色がかった）2枚の葉が対生する。茎からは15センチほどある長い花柄がいくつも出て、小さな莢からとがった形の花が折り重なるように咲く。かたまりになった咲き方は、ラベンダーとそっくりである。個々の花は紅紫色、先がとがった5弁花である。花が落ちたあとに小さな丸い頭が出て、その中に小さな種ができる。根はルースストライフと同じように地中で伸びるが、ひとまわり大きく、地面から最初に出てくる葉も大ぶりで、色が濃い。

分布　通常は川べりや湿った土地の水路の脇に自生する。たとえばランベス近くの水路まわりなど、イングランドのたくさんの場所で見られる。

季節　6月と7月に花が咲く。

✲ 属性と効能 ✲

月が支配し、蟹座のもとにある。
ただれ目にはアイブライトが最適だが、視力を保つためにはパープルルースストライフが最適である。
アイブライトは内服するが、このハーブは外用として使う。

冷たい性質を持つ。ルースストライフの効能のすべてを同じように備えているだけでなく、さらに特別な効能がある。蒸留水は目の外傷や打撲、あるいは失明に対してすぐれた治療効果があり、水晶体の粘液を守る。目からほこりなどの異物をとり除いて視力を保つ作用があり、軟膏にすれば傷や打ち身にもきわめて有用である。軟膏のつくり方だが、水1オンスにセイヨウサンザシの無塩バターを2ドラム、それに砂糖とミツロウをそれぞれ同量加え弱火で煮る。その液を冷ましたあと浸したガーゼを傷口にあて、軟膏をつけて亜麻布で覆うと潰瘍やできものを治すことができる。その液で洗うか、夏には新鮮な葉、冬には乾燥させた葉を患部にあてれば、炎症を抑える。同じものをあたためてつけると、皮膚のしみ・傷跡・かさぶたをきれいにとり去る。

少量をのめば、激しい喉の渇きを鎮めてくれる。

LOVAGE
ラビッジ

 特徴 　大きな曲がった葉をつけた緑色の長い茎を何本も伸ばす。葉は野生種のセロリのようにいくつもの部分に分かれるが、はるかに大きい。縁には切れこみがあり、先端が広くて根元がいちばん狭く、薄緑色で表面はなめらかで輝いている。葉のあいだに緑色の中空の茎があり、高さは150センチからときに250センチほどになる。節が多数あるが、根元ほどには葉はつかない。茎先に向かうと大きな枝に分かれ、それぞれの先に大きな繖形花序がつき、黄色い花が咲いたのちに茶色い平らな種ができる。根は表面が茶色、中が白で、とても太く、土の中深くまで広がり、長いあいだ枯れずに残る。どの部分も香りが強く、味は刺激的である。

 分布 　通常は庭に植えられ、放置されると広い範囲にはびこる。

 季節 　7月の終わりに花が咲き、種は8月にできる。

✴ 属性と効能 ✴

太陽が支配し、牡牛座のもとにある。土星が引き起こす喉の病気を治す。

葉の蒸留水でうがいをして口と喉を洗えば扁桃炎を改善する。目にさせば、充血やかすみをとる。顔のしみやそばかすも消す。葉をすりつぶし、少量の豚脂でいためて熱いうちにできものにあてると、すみやかにつぶれて膿を出す。

体液を流して分解し、月経と排尿を強力に促す。乾燥させた根を一度に半ドラムずつワインでのむと、冷えた胃を大いにあたため、消化を助け、余分な体液を排出する。内臓を締めつける痛みをやわらげ、ガスを消し、毒と病原菌に抵抗する。煎じ汁は、おこりに対する万能治療薬として定評があり、冷えからくる体と腸の痛みと不調を改善する。種は、最後に記した冷えから来る症状以外には、さらに強力な効果がある。葉の蒸留水を3回か4回のむと、胸膜炎を改善する。

LUNGWORT
ラングワート

| 特　徴 | コケの一種で、オークやビーチなどさまざまな木の幹に多数の葉をつけて広がる。幅広で強い葉は折りたたまれ、くしゃくしゃで、縁には切れこみがある。色は灰色だが、表に小さな斑点がいくつもついているものもある。いかなる時期にも茎も花もつけない。 |

✳ 属性と効能 ✳

 木星が支配する。

 外用　ローションにしてつけると、潰瘍に流れこんで治癒を妨げる体液を止め、陰部の潰瘍を改善する。

 内服　肺の疾患・咳・喘鳴・息切れなどを改善するため医師に重用されている（動物にも効く）。

 その他　ビールで煮ると、息切れを起こしている馬のためのすぐれた治療薬になる。

MADDER
マダー

特徴 　栽培種のマダーはとても長くて弱く、角張った赤い茎を多数伸ばす。茎は地面を長い距離を這い、とてもざらついており、毛が生えていて節がいくつもある。それぞれの節から細長い葉が多数出て、茎から星のように広がる。葉もざらついていて毛が生え、茎の先で多数の小さな薄黄色の花を咲かせる。花後に小さな丸い頭ができ、最初は緑色で、のちに赤くなり、熟すと黒くなる。中に種がおさめられている。根はそれほど太くないが、きわだって長く、地中に1メールほど伸びる。新しい根は赤くとてもきれいで、さまざまな方向に広がる。

 その有用性から庭や、より広い野原で育てられる。

 夏の終わりに向けて花を咲かせ、種はそのすぐあとに熟す。

✴ 属性と効能 ✴

 火星が支配する。

外用 葉と枝の煎じ汁は、月経が訪れない女性のための湿布薬となる。葉と根をつぶしたものを塗ると、そばかす・水疱・ふけといった全身の皮膚の異常を抑えてきれいにする。

内服 肝臓と胆嚢の閉塞を開いてそれぞれを浄化し、黄疸を確実に治す。脾臓の閉塞も開き、黒胆汁を消す。まひや坐骨神経痛に効き、体の内外の傷を癒やすゆえに、傷薬としてよくのまれる。これらの効果を得るためには、根を疾患の原因に応じてワインか熱湯で煮て、そのあとにハチミツと砂糖を加える。酢とハチミツに漬けた種は、脾臓の腫れと硬化を改善する。

MAIDEN HAIR
メイドゥンヘアー、アジアンタム

特徴

多数の硬く黒いひげ根から黒く輝くもろい茎を何本も伸ばす。茎は20センチほどの高さ、多くはその半分ほどで、両側に小さく丸く、暗緑色の葉を多数つける。シダのように茎の裏には斑がある。

分布

ケント州西部の古い石壁など、イングランドのさまざまな場所で自生する。泉、井戸、岩場の湿った日陰を好み、1年中緑色である。

WALL RUE, WHITE MAIDEN-HAIR
ウォールルー、ホワイトメイドゥンヘアー

特徴

薄緑色の茎はとても細く、髪の毛ほどしかない。短い葉柄にはそれぞれ多数の薄緑色の葉がつく。葉は栽培種のルーに似た色で、形は変わらないが、縁により細かい鋸歯があり、厚く、表はなめらかで、裏はきれいに斑点がついている。

分布

さまざまな場所に自生する。ダートフォード、ケント州のアッシュフォードの橋、バッキンガムシャー州のビーコンズフィールド、ハンチントンシャーのワリー、サフォーク州のフラムリンガム・キャッスル、サセックスのメイフィールドの教会壁、サマセットシャー、その他イングランドの数多くの場所で自生する。夏だけでなく、冬も緑色である。

✳ 属性と効能 ✳

メイドゥンヘアーと同様、水星が支配する。いずれも効能はよく似ているので、特徴と分布のみ個別に記し、効能についてはまとめて以下に記す。

メイドゥンヘアーの葉の煎じ汁をのむと、咳・息切れ・黄疸・脾臓の疾患・尿閉を改善し、腎結石を砕く（すべての疾患について、ウォールルーも同じく有効である）。とりわけ乾燥させた葉は、月経を促し、胃腸の出血や下痢を止める。新鮮な葉は腹部をゆるめ、胃と肝臓から黄胆汁と粘液を排出する。肺をきれいにし、血液を整えて、全身の皮膚の色をよくする。葉をカモミールの油で煮たものは、いぼ・できもの・じくじくした潰瘍を乾燥させる。この灰汁は、頭のふけ、乾性あるいは出血性のできものをきれいにし、抜け毛を防いで髪を増やし、色もよくする。そのためにはワインで煮て野生種のセロリの種を加え、最後に油を足す。ウォールルーは、頭の疾患全般、抜け毛の回復、さらに上記の疾患全般についてメイドゥンヘアーと同じ薬効がある。その粉を40日間連続でのみつづけると、子供のヘルニアを改善する。

GOLDEN MAIDEN HAIR
ゴールデンメイドゥンヘアー

ウォールルーのすべての効能が、このハーブにもあてはまる。

特徴 　地面に広がる根出葉には、多数の細かい赤茶色の毛が生えている。夏にはその真ん中から同色の細い茎が伸びる。茎もとても細い黄緑色の毛が生え、バーリーよりも小さな黄金色の頭が大きな莢の中から出る。根はとても短くて細い。

分布 　沼地や荒れ地、あるいはハムステッド・ヒースのような乾いた日陰の土地など、あらゆる場所で育つ。

MALLOWS and MARSHMALLOWS
マロウとマーシュマロウ

マロウはとてもよく知られているので、説明の必要はないだろう。

マーシュマロウは、多数の柔らかく毛が生えた白い茎が90〜120センチの高さまで伸びる。多数の枝を伸ばし、葉は柔らかく毛が生え、他のアオイに似た植物よりもやや小さくて長くとがり、（ほとんどは）鋸歯がとても深く切れこむ。花は多数咲くが、やはり他のアオイに似た植物よりは小さく、白色でやや青みがある。花後にとても長く丸い莢と種が同じようにできる。根は長く多数で、親指大の頭から伸びる。とてもしなやかで頑丈でリコリスに似ていて、表面は白黄色、中は白色で、粘つく汁気が豊富、汁は水に入れるとゼリーのように固まる。

分布　マロウはイングランドのあらゆる地域で育つ。マーシュマロウはウリッジから海までの塩性沼沢地などさまざまな場所で見られる。

季節　夏のあいだ花が咲きつづけ、ときに冬近くになるまで見られることもある。

＊ 属性と効能 ＊

　両方とも金星が支配する。

外用　マロウをすりつぶした葉にハチミツを混ぜて目につければ、膿瘍を治す。すりつぶした葉でハチに刺された箇所をこすると、痛み・赤み・腫れをとる。葉と、マメかバーリーの粉を煮てすりつぶし、バラ油を足してつくった湿布は、硬い腫瘍・炎症・膿瘍・陰部などの腫れに対する特効薬で痛みもとり、肝臓や脾臓の硬化も改善する。マロウの汁液を古い油で煮て塗るか、その煎じ汁で洗うと、皮膚のざらつき・ふけ・頭などのかさぶたを治し、抜け毛を防ぐ。やけどや丹毒などの、刺激と痛みを伴う熱を持った全身のできものにも効果がある。油か水で煮た花（すべて処理されたもの）に少量のハチミツとミョウバンを足すと、口や喉のできものを洗ってきれいにし、すみやかに治すうがい薬になる。葉・根・花の煎じ汁に足をつけるか洗うかすると、頭部からの体液の流れを大幅に改善する。その汁で頭を洗えば、抜け毛が止まる。新鮮な葉を硝石とすりつぶしてつけると、刺さったとげや異物

を体外に排出する。

マーシュマロウの根と種をワインか熱湯で煮たものは、刺激的な体液の刺激を抑え、痛みをやわらげ、できものを治すことで腸の炎症と下血に有効である。腱のけいれんを改善する。白ワインで煮たものは、るいれきと呼ばれる首のできもの、耳の後ろにできるしこり、乳房の腫れやできものに使われる。さらに、ワインで煮た根は擦り傷や打ち身によるけがや、骨や手足の脱臼・できものの痛み、筋肉・腱・血管の痛みにも使える。根の粘液をアマニとコロハの粘液と混ぜたものは、硬いできものやその炎症を抑え、痛みをやわらげる湿布・軟膏・硬膏として広く使われる。生あるいは乾燥させた種を酢と混ぜたものは、太陽のもとで煮ると皮膚の水疱やその他の変色を消す。

内服

いずれかの種類の葉を選び、根と合わせてワインか水、あるいはパースリーかフェンネルの根を入れたブイヨンで煮たものは、体を開く効果にすぐれ、煮たあとのあたたかい葉を腹部にあてると、激しいおこりや他の不調に有用である。胆汁質の熱い体液をとり除き、それに伴う腹部の痛みや不快感をやわらげるので、浣腸として使われる。乳母が母乳をためるためにも使われる。

マロウの種からミルクかワインでつくった煎じ汁を連続してのみつづけると、擦り傷・喘息・胸膜炎・その他の熱が原因による胸と肺の疾患にめざましい効果がある。葉と根も同じ効果を示し、腸のただれ、子宮の硬化、それらの臓器の他の疾患を大いに改善する。汁液をワインでのめば、あるいは煎じ汁をのめば、安全で迅速な出産へと導く。マロウを1さじのめば、その日は病気にならず、とりわけてんかんに効果がある。花からつくったシロップとジャムも同様の効果があり、便秘の際には体を開く。葉と根の煎じ汁はすみやかに嘔吐をもたらして、あらゆる毒を体から出す。

マーシュマロウは、これらの疾患すべてに対してさら

に効果が強い。葉は同じように腹部を穏やかにゆるめる目的で使われる。煎じ汁は体のあらゆる痛みをやわらげる浣腸として使われ、結石が痛みなく腎臓・尿管・膀胱から排出されるように促し、つらい痛みをやわらげる。根にはさらに特別な用途があり、ワインかハチミツ入りの水で煮たものをのむと、咳・声がれ・息切れ・喘鳴を改善する。乾燥させた根をミルクで煮たものをのむと、とりわけ百日咳に有効である。

ヒポクラテスは、けがをして出血多量で意識を失いかけている者に根の煎じ汁か汁液をのませていた（また、ハチミツとロジンと混ぜて傷に直接つけていた）。

かつて赤痢と呼ばれる危険な病気があった。私の息子はそれにかかり、腸の炎症が激烈に悪化した。私はちょうど田舎にいたため呼び戻されたが、息子に与えた唯一の治療薬は、すりつぶしてミルクと酒で煮たマロウだけだった。それを2日間のませただけで（神のご加護もあっただろう）、息子の病は治った。

MAPLE TREE
メープル

✳ 属性と効能 ✳   木星が支配する。

 葉あるいは樹皮の煎じ汁は、肝臓を強めて活性化させるために欠かせない。使ってみればその効果がわかるだろう。肝臓と脾臓の閉塞を開くすぐれた作用を持ち、閉塞による脇腹の痛みをやわらげる。

WIND MARJORAM
オレガノ

イーストワード・マージョラム、グローブ・マージョラムとも呼ばれる。

 土の中を這う根を持つ。根は長いあいだ枯れず、多数の茶色く硬く角張った茎が伸びる。茎には小さな暗緑色の葉がつく。スイートマジョラムとそっくりの葉だが、より硬く、やや広い。茎の先には深い赤紫色の花の房がまとまる。種は小さく、スイートマジョラムよりも黒い。

 麦畑の境界や、低林地に豊富に自生する。

季節 夏の終わり近くに向けて花を咲かせる。

✴ 属性と効能 ✴

 水星が支配する。

 外用 汁液を耳に垂らすと、難聴・耳の痛み・耳鳴りを改善する。

 内服 胃と脳を強化し、胃酸に悩まされる者に対してこれ以上にすぐれた治療薬はない。食欲不振・咳・肺病を改善する。黄胆汁を浄化し、毒を排出し、脾臓の調子を回復させる。有毒な生物にかまれたときの治療に、またヘムロック・ヘンベイン・アヘンなどの毒を食べてしまった際に役立つ。排尿と月経を促し、むくみ・壊血病・かさぶた・かゆみ・黄疸を改善する。

SWEET MARJORAM
スイートマジョラム

 庭で栽培される。麦畑や草原の境界など、さまざまな場所に自生する野生種もあるが、栽培種が最もよく使われ、また最も有用でもある。

 夏の終わりに花を咲かせる。

✴ 属性と効能 ✴

 水星が支配し、牡羊座のもとにある。

 　膣剤として使うと、月経を促す。粉にしてハチミツと混ぜたものを塗ると、打ち身によるあざ、擦り傷が消える。上質のコムギ粉と混ぜてあてると、目の炎症と目やにに効果がある。汁液を耳に入れれば、痛みと耳鳴りをやわらげる。あたたかい軟膏にしても有用で、関節や腱などを癒やし、できものや脱臼にも効果がある。粉を鼻から吸いこむと、くしゃみを誘発して脳をすっきりさせる。葉からつくった油は、こわばった関節、硬くなった腱をあたためてほぐし、柔らかくする。マージョラムは飾りや楽しみとして、香水や香粉によく使われる。

 　水星が司る脳や体の他の部分と心に対するすぐれた治療薬である。あたためる性質があり、頭・胃・腱・その他の部分の冷がもたらす疾患を落ち着かせる。煎じ汁をのむと、息苦しさをもたらす胸の疾患全般、肝臓と脾臓の閉塞を改善する。子宮の冷えによる不調、子宮にたまるガス、さらには舌の炎症を抑えて失語を改善する。ペリトリーオブスペイン・ロングペッパー・少量のドングリかオレガノからつくった煎じ汁をのむと、尿閉を改善し、腹部の痛みや苦しみをやわらげる。粉を口に入れてかむと、痰をたっぷり出せるようになる。

MARIGOLDS
ポットマリーゴールド、カレンデュラ

 夏のあいだ、ときには冬も温暖であれば花が咲く。

✳ 属性と効能 ✳

 太陽が支配し、獅子座のもとにある。

 葉の汁液を酢と混ぜ、熱を持ったできものにつけると、たちまち症状をやわらげる。乾燥させた花の粉・豚脂・テレビン油・ロジンでつくった硬膏を胸につけると、心臓を強くし、感染性かどうか問わず熱をさげる。

 心臓を強化し、強力な排出作用を持ち、天然痘や麻疹にはサフランに劣らない効果がある。花は生のものでも乾燥しているものでも、ミルク酒やブイヨンや酒に入れてのむと心臓と精神を落ち着かせ、不調をもたらす悪性あるいは感染性の原因を取り除く。

MASTERWORT
マスターワート

特徴　鋸歯でいくつもの部分に分かれた葉がついた茎を何本も伸ばす。葉は小さな葉柄の上におおむね3枚がまとまってつき、両端が広がっている。同様に茎の端にも3枚の葉がつくが、そちらはやや広く、縁が3つ以上に切れこんでいて、そのすべてが縁は鋸歯である。暗緑色で、アンジェリカの葉にやや似ているが、こちらのほうが地面近くの低い位置で育ち、茎は細い。葉のあいだから2、3本の短い茎が生え、60センチほどの高さになる。細くて、下部で育っているのと似ているが、より小さくてぎざぎざが少ない葉が節につき、白い花の繖形花序をつける。花後は薄く平らな、ディルの種よりは大きい黒い種ができる。根は太く、土の深くへもぐるのではなく横に広がり、いくつもの頭をつくる。口に含むと、舌に鋭い刺激がある。この植物の中では根が最もあたためる性質が強くて鋭い部分で、それにつづく種は表面が黒っぽく、よい香りがする。

　イングランドの庭に一般的に見られる。

　8月の終わり頃に花が咲き、種ができる。

✻ 属性と効能 ✻

 火星が支配する。

 ワインに入れた煎じ汁でうがいをすると、脳を圧迫する多量の水と粘液を追いだして保護する。汁液を直接つけるか、それに浸したガーゼを新しい傷や潰瘍、あるいは毒が塗られた武器で受けた傷にあてると、患部をすぐにきれいにし、治癒へと導く。

 根はコショウより熱の性質が強く、胃と体の不調や疾患に有用で、強力な排出作用がある。ワインによる煎じ汁は、風邪・肺への浸出液・息切れに対して朝と夜のむ。排尿を促し、結石を砕き、腎砂を排出する。月経を促し、胎児が死んでしまった場合は流産させ、子宮の収縮や他の婦人科の疾患にとりわけ効く。むくみ・けいれん・てんかんにも効果的である。

ワインに入れた煎じ汁を冷えた毒が体内に入ったときにのむと、すぐれた治療効果を示す。発汗作用もある。けれども葉も種も食べると作用があまりに激しすぎるため、葉と根の両方から抽出した蒸留水をのむのが最善である。

冷えが原因による痛風を改善する効果がとても強い

SWEET MAUDLIN
スイートモードリン

特徴 葉は細長く、縁に鋸歯がある。茎は60センチほどの高さで、先端にたくさんの黄色い花がかたまりになって咲く。花はタンジーと同じように繖形花序か房の上にすべて同じ高さで咲く。そのあと花とほぼ同じ大きさの小さく白い種ができる。

 分布 庭で栽培される。

 季節 6月と7月に花が咲く。

✴ 効 能 ✴

効能はコストマリーと同じ。必要に応じてコストマリーの項を参照。

THE MEDLAR
メドラー

特徴 大きなマルメロの木の近くで育ち、枝を大きく広げ、リンゴやマルメロよりも長くて細いが、縁にぎざぎざがない葉をつける。若枝の先に幅広でとがった5弁の花を咲かせる。花は真ん中に刻みがあり、白い筋を伸ばす。花後には熟すと茶緑色になる実ができて、てっぺんに5枚の緑の葉の冠がつく。枝から落ちた実の頭は、穴があいているように見える。熟す前にはとても刺激的な味で、通常は中に硬い仁が5個ある。これ以外に、前者とほぼ同じだが、とげが何箇所かついている種類もある。そちらの実は通常は小さく、それほどおいしくない。

 イングランド各地で育つ。

 ほとんどは5月に花が咲き、9月と10月に実をつける。

✲ 属性と効能 ✲

実は土星が支配する。固定する作用がきわめて強いすぐれた薬で、女性の性欲を抑える。男は、女心が浮つくことに耐えられないものだ。

実が腐る前に乾燥させ、適当な材料を合わせてつくった硬膏を背中につけると、流産を防ぐ。血液や体液の流れを止める。葉にも同じ作用がある。煎じ汁でうがいをして口・喉・歯を洗うと、痛みや腫れを伴う大量の出血や体液の流出を止める。月経過多や痔の大量出血に使うとよい。乾燥させた実をつぶし、赤いバラの汁液と混ぜ、少量のクローブ・ナツメグ・アカサンゴも加えてつくった湿布か硬膏を腹につければ、食欲不振を改善する。乾燥させた葉を粉にして新しい傷にかけると、出血を止め、傷口をすみやかに治す。

種を粉にして、パースリーの根を1晩漬けたあと軽く煮たワインでのめば、腎結石を砕き、体外に排出するのを助ける。

MELLILOT, KING'S CLAVER
メリロット、キングズクレイバー

特　徴　長く白くたくましい根を持ち、多数の緑色の茎は60～90センチほどの高さになる。毎年枯れることなく、節ごとによい香りの、縁がぎざぎざの細長い葉が3枚ずつ茎を囲むようにしてつく。黄色い花も香りはよく、他の三葉草と似たつくりだが、小さく、10センチほどの長い花穂をつくって重なるように咲く。花後は長いねじれた莢になって、中に平らで茶色の種がおさめられる。

分布　サフォーク州のはずれ、エセックス州、ハンティンドンシャーなどさまざまな場所に豊富に育つ。とりわけ麦畑や草原の隅を好む。

季節　6月と7月に花が咲き、そのすぐあとに種が熟す。

✳ 効　能 ✳

外用　ワインで煮て目などにつけると、硬い腫瘍や炎症をやわらげる。目玉焼きの黄身かコムギ粉・ポピーの実・エンダイブを加えて使うこともある。灰汁で洗うと頭に広がる潰瘍を治し、耳に垂らせばその痛みにも効く。メリロットやカモミールの花は湿布にすると、ガスを体外に排出する。脾臓などの腫瘍の腫れをやわらげ、体のあらゆる部分の炎症を改善する。汁液を目にさせば、目のかすみをもたらす皮膜をとり去る。葉と花の蒸留水、灰汁でくり返し頭を洗うと、失神にたいして有効である。記憶力を強め、頭と脳を落ち着かせ、痛みと卒中から守る。

内服 生のままか、目玉焼きの黄身かコムギ粉・ポピーの実・エンダイブと煮て使うと、胃痛をやわらげる。酢かバラ水に浸したものは頭痛をやわらげる。メリロットやカモミールの花は、ガスを体外に排出して痛みをやわらげるため、浣腸として使われることが多い。

FRENCH MERCURY
フレンチマーキュリー

特徴 多数の節がある角張った緑色の茎は60センチほどの高さになる。それぞれの節には2枚の葉が対生する。枝も茎の両側に伸びて、そこに幅広で長く、バジルほどの大きさで、縁がきれいな鋸歯になる鮮やかな緑色の葉がつく。茎と枝の先端に向かって、雄枝では節ごとに2つの小さくて丸い緑色の頭が短い葉柄にまとまってつき、熟すと花を咲かさないまま種になる。雌枝にはそれより長くとがった緑色の莢がぐるりとつき、それが花である。小さなヴァインの房のようにも見えるが、種はまったくつくらず、地面に落ちることなく茎の先に長く残る。根は多数の小さなひげ根からなり、冬の訪れとともに枯れ、また芽を出す。自ら種を落とさなくなったときには、どちらの種類も二度と芽を出すことがない。

DOG MERCURY
ドッグマーキュリー

フレンチマーキュリーと合わせて紹介する。

  特徴　フレンチマーキュリーよりも細く低い茎を多数伸ばす。茎には枝はなく、根には節ごとに2枚の葉がつく。葉は雌よりもやや大きく、とがっていて葉脈に富み、扱いがより難しい。暗緑色で、縁の鋸歯はこちらのほうが少ない。葉のついた節からは、フレンチマーキュリーよりも長い茎が伸び、そこに2倍の大きさの毛羽だった丸い種が2つつく。味は青臭く、においは強くてきつい。雌株でははるかに硬い葉が長い葉柄につき、茎も長い。節からフレンチマーキュリーの雌株と似てとがった花のかたまりが咲く。両方とも根は数多く、小さなひげ根を地中に伸ばし、もつれるようにからまる。フレンチマーキュリーとは異なり、枯れることなく冬を越す。毎年古い枝は地面に落ちて、新しい枝を出す。

  分布　フレンチマーキュリーの雄株と雌株は、ケント州のラムニー・マーシュのブルックランドと呼ばれる村の郊外など、さまざまな場所に自生している。

ドッグマーキュリーもケント州など各地で見られる。ただし、雌株は雄株よりもまれである。

季節　夏のあいだに花が咲き、そのあと種をつくる。

✳ 属性と効能 ✳

 水星が支配すると言われるが、私は金星が支配すると考えている。水星が女性の問題をこれほどに気にかけるはずがない。

 子宮の痛みをやわらげるには、陰部につける。煎じ汁は月経を促し、後産を促進する。葉を外用すれば痛みのある排尿障害、腎臓と膀胱の疾患に対して有効である（煎じ汁をミルラかコショウと合わせてのませてもよい）。さらにヒポクラテスは目のただれ・目やに・難聴・耳の痛みに対しても使い、汁液を患部に垂らし、白ワインで洗い流したという。

　汁液か蒸留水を鼻孔に吸いこむと、頭や目のカタルを改善する。葉か汁液をつけると、いぼがすぐにとれる。汁液を酢と混ぜたものは、膿の出るかさぶた・発疹・白癬・かゆみ全般を改善する。湿布としてできものにあてれば、腫れを引かせ、炎症を鎮める。また浣腸として使えば、刺激的な体液を腸から排出する。

　ドッグマーキュリーが使われる機会は少ないが、同じ方法で同じ作用をもたらし、水様性で黒胆汁を排出する。

 フレンチマーキュリーの葉を煎じた汁か、汁液をブイヨンに入れたもの、あるいは汁液に砂糖を少量足したものをのむと、胆汁質の体液を排出する。ヒポクラテスはこのハーブを婦人科の疾患にすぐれた効果があるとして推奨している。

　オンドリのブイヨンでつくった煎じ汁は、おこりの熱発作に対する最も安全な薬である。胸と肺の粘液をきれいにするが、少しだけ胃を痛める。体を開き、濃厚な粘性の憂鬱質の体液を排出するために、毎朝この蒸留水に少量の砂糖を加えたものを2、3オンスのむ者もいる。雄株と雌株の種をコモンワームウッドと一緒に煮たものをのむと、黄疸をすみやかに治す。

MINT
ミント

多くの種類があるミントの中ではスペアミントが最も一般的であり、以下にはそれについて記す。

 特徴 何本もの円筒形の茎を伸ばし、暗緑色の細長い葉をつける。花は薄青色、枝の先にあるとがった頭に咲く。においや香りはバジルに似ている。他と同じように、地中に根を伸ばして増える。

 分布 庭にごく一般的に見られる。よい種はほとんど残さないため、根が増えることによって成長していく。いったん庭に植えられると、なくなることはほぼない。

季節 ほとんどは8月の初めまで花が咲かない。

✳ 属性と効能 ✳

 金星が支配する。

 外用 バーリーの粉を混ぜてつけると、膿瘍を治す。母乳を減らす効果があり、乳房の腫れ・垂れ・肥大にも有効である。塩と混ぜてつけると、狂犬にかまれた際に効果がある。ミードとハチミツ入りの水と合わせると、耳の痛みをやわらげ、舌のざらつきを減らす。額とこめかみにあてると頭痛をやわらげ、頭を洗えば幼い子供の吹き出物・できもの・かさぶたを治す。有害な生物の毒にも効果がある。塩と混ぜて

すりつぶしたものを塗ると、狂犬にかまれたときの安全な薬となる。鼻から吸いこむと、記憶力を向上させる。煎じ汁で口のうがいをすると、歯肉や口内の腫れを治し、口臭を消す。さらにルーとコリアンダーのように、煎じ汁でうがいをして口に含むと、口の中を正常にする。

水路で育つホースミントは、外用するとみだらな夢を見て夢精してしまうのを確実におさえる。（内服すると、胃の膨満感を解消し、さしこみや息切れを改善する）。汁液を耳に垂らすと痛みをやわらげ、中にいる虫を殺す。毒ヘビにかまれた際にも有効である。あたためた汁液をつけると、るいれきや喉のしこりを治す。煎じ汁と蒸留水は虫歯の口臭を改善し、鼻から吸うと頭の体液を排出する。葉を顔につけると、かったいを治す（内服してもよい）。酢と合わせて使うと頭のふけを減らす。ただし傷のある場合は避ける。

乾かして固める性質がある。酢に入れた汁液は出血を止める。2、3本の枝をザクロ4個からとった汁液に入れると、しゃっくりや吐き気を止め、さしこみを鎮める。ミルクをのむ前に葉を浸すか煮るかすると、胃の中で固まるのを防ぐ。総じて、胃の薬としてとても有用である。頻繁に使えば、月経とおりものを止める強力な作用を持つ。

蒸留水はこれらすべての目的に使えるが、その効果は相対的に弱い。けれども正しく化学的に抽出すれば、葉そのものよりもはるかに作用が強くなる。冷えた肝臓を改善し、腹部を強化し、消化を促し、吐き気としゃっくりを止める。心臓痛に有効で、食欲を増進させ、性欲をかきたてる。ただし血液を薄めて乳清のようにし、胆汁質にするので、とりすぎは禁物で、とりわけかんしゃく持ちは避けるべきである。

塩と混ぜてすりつぶしたものを乾燥させて食後にのむ

と、消化を助け、憂鬱に効果がある。ワインでのむと難産を楽にする。腎砂と結石、痛みを伴う排尿障害に対して有効である。

傷のある者がミントを食べるとその傷は決して治らず、つらい思いをする。

MISSELTO
ミスルトー

特徴　硬い茎を伸ばして宿主となる木のさまざまな枝に貼りつき、そこで多数のさらに細い小枝に分かれ、からまりあう。ほとんどが灰緑色の樹皮に覆われ、節ごとに2枚の葉が対生する。先端も同様で、葉は細長く、根元が狭く、先端にかけて広がっていく。主枝や枝のこぶや節には小さな黄色い花が咲き、そこに小さくて丸く、白い透き通った実が3つか4つずつまとまってできる。実は粘り気のある汁に富み、それぞれに黒い種がある。ただその種は、地面にまいて育てようとしても決して芽を出さない。

分布　オークにからまって育つことはほとんどない。その他のさまざまな果樹、木立で豊富に自生する。イングランド各地で目にすることができる。

季節　春に花が咲くが、実は10月まで熟さず、クロウタドリや他の鳥についばまれてしまわない限りは、冬のあいだずっと枝に残る。

✱ 属性と効能 ✱

太陽が支配する。オークに寄生して育つと、当然ながら木星の性質も備えることとなる。オークは木星の木であるからだ。ペアの木やリンゴの木に育つものもその性質をいくばくか備える。ペアの木に育つものが有力で、集めたあとは地面に触れさせてはならない。

葉も実もあたためて乾かす性質がある。実から抽出した粘液は硬いしこり・腫瘍・膿瘍を改善し、体の離れた部分から体液を排出させる。同量のロジンとミツロウを混ぜたものは脾臓の硬化を改善し、古い潰瘍やできものを治す。サンダラックと石黄（訳注：顔料ともなる鉱物）を混ぜると、腐った爪を抜きとる。消石灰とワインの澱（おり）を足すと、作用がいっそう強まる。

生の木をすりつぶしてとった汁液を耳の膿瘍に注ぐと、数日のうちに症状がやわらぐ。

オークに寄生するミスルトー（それが最高である）を粉にして、てんかんの発作を起こした者にのませると確実に治る。ただし、40日間連続してのませるのが望ましい。この作用をきわめて高く評価し、てんかん・卒中・まひもすみやかに改善すると信じて、〝聖十字架の木〟と呼ぶ者もいる（内服だけでなく、首にかけてもよい）。

首にかければ、魔術から身を守る。

MONEYWORT, HERB TWOPENCE
マネーワート、ハーブトウペンス

　小さなひげ根から細長く、弱い枝を多数広げる。60〜90センチ、あるいはそれ以上まで伸び、節には等間隔で2枚の葉をつける。葉はほぼ円形だが、端はとがっていてなめらかで、きれいな緑色である。葉のついた節の上部から、1つか2つの黄色い花が小さな花柄の先に咲く。花は5弁で端は狭くとがり、真ん中から黄色いおしべが伸び、枯れるとその場所に小さな丸い頭の種ができる。

　イングランドのあらゆる場所で豊富に育つ。生け垣の脇の湿った土地や、草地の真ん中でよく見られる。

季節　花は6月と7月に咲き、種はそのすぐあとに熟す。

✳ 属性と効能 ✳

 金星が支配する。

 新鮮な葉の煎じ汁で傷を洗うか、それを浸したガーゼを患部にあてるのが効果的である。

 下痢・下血・内臓の出血・外傷の出血などあらゆる体液の流れを止め、吐き気を改善する。肺や他の臓器の潰瘍にも有効である。新しい傷にも、治りにくい潰瘍にもすぐれた効果があり、すみやかに治癒へと導く。どの目的でも、葉の汁液か、熱い鉄をくり返し入れた水で粉をのむとよい。新鮮な葉の煎じ汁をワインか水でのんでもよい。

MOONWORT
ムーンワート

特　徴　通常は暗緑色の幅広く平らな葉が1枚だけ、指2本分もない短い葉柄から出る。けれども花が咲くときには、10センチ強の小さく細い茎を伸ばす。その真ん中に1枚、両側がおおむね5つか7つ、ときにそれ以上に分かれる葉をつける。それぞれの部分は中肋のように小さいが、先は広く、とがって丸く、半月に似ていることからこの名前がついた。いちばん上の部分が根元よりも大きい。茎は葉の上に5センチから7センチほど伸びて、アダーズタンのとがった頭に似た小さな長い茶色の舌をいくつもつける（これを花と呼ぶべきか種と呼ぶべきか、わかりかねる）。しばらくのち、そこが枯れて粉のようになる。根は小さなひげ根である。葉と同じように1本の茎から多数の枝を伸ばし、細かく分かれていく。

分布　丘陵やヒース、草が生い茂る場所を好んで育つ。

季節　4月と5月にだけ見られる。6月になって暑くなると、ほとんどは枯れてなくなる。

✳ 属性と効能 ✳

 月が支配する。

 外用 ヘルニアに有効だが、新しい傷の治療のための油や香膏には、他のハーブも混ぜることが多く、すぐれた効果がある。

 内服 アダーズタンよりも冷たく乾いた性質が強く、外傷や内臓の傷全般にとりわけ有用である。葉を赤ワインで煮たものをのむと、月経過多やおりものを抑える。出血、嘔吐など体液の流れも止める。打ち身や擦過傷を改善し、骨折や脱臼を修復する。

 その他 ムーンワートには錠を開く作用があり、その上を歩いた馬の蹄鉄がはずれる（と言われる）。この話をあざけり、笑う者がいるのは当然だ。しかし私が知っている田舎の人々は、このハーブをアンシュー・ザ・ホース、すなわち〝馬の蹄鉄をはずす〟と呼んでいる。デボンシャーのティバートン近く、ホワイト・ダウンで、エセックス伯の騎馬の足からはずれた蹄鉄が30個ほど見つかったという。しかも、蹄鉄の多くは新たにつけ替えられたばかりのものだというから、実に驚きである。

MOSSES
モス

　ここでは2種類だけ言及しておく。すなわち地面のモスと木のモスで、どちらもとてもよく知られている。

地面のモスは湿った森の中、丘のふもと、沼地、日あたりの悪い水路といった場所で育つ。木のモスは、木の上にのみ育つ。

※ 属性と効能 ※

 すべての種類を土星が支配する。

　地面のモスをすりつぶして水で煮たものを患部につけると、熱による炎症と痛みをやわらげる。痛風の痛みをやわらげる。

　新鮮な木のモスをしばらくつけてから、煮た油をこめかみや額につけると、熱が原因による頭痛を驚くほどやわらげる。さらに目や他の部位への熱い体液の流出も減らす。

　いにしえの人々は倦怠感に対する軟膏などの薬として、また腱を強くして守るためにこれを重用した。当時効果があったのであれば、現在も同じ効果がないはずがない。

地面のモスをワインで煮たものをのむと、結石を砕いて尿により体外に排出する。

　木のモスは冷やして固める他、消化作用と排出作用も持つ。けれどもどのモスも、寄生している木の性質に影響される。たとえばオークに生えるモスは固める性質が強くなり、体液の流れを止める。ワインでその粉をのむと、嘔吐や出血を止める。月経過多に悩まされている女性は、ワインでの煎じ汁に体を浸せばとても効果がある。同じ煎じ汁をのむと、胃を守って吐き気やしゃっくりを改善し、心臓を落ち着かせる。粉をしばらくのみつづけると、むくみに有効である。

MOTHERWORT
マザーワート

特徴　角張っていて硬く、茶色でごつごつしていて、強い茎を90～120センチほど伸ばす。たくさんの枝に分かれ、節ごとに長い葉柄についた葉が対生する。葉はやや広くて長く、ごつごつしているか、しわが寄っている。太い葉脈が多数あり、くすんだ緑色で、縁は深い鋸歯で、別々の葉に見えるほどである。枝の真ん中から先（細長い）まで間隔を空けてぐるりと花が咲く。花は鋭くとがり、ごつごつした硬い萼を持ち、レモンバームやホアハウンドよりも赤か紫が強い色だが、形はホアハウンドと同じで、花後に小さく丸く黒い種が多数できる。根は長いひげ根を数多く伸ばし、地面に根を張り、暗黄色か茶色で、ホアハウンドと同じように枯れない。においは両方ともあまり変わらない。

分布　イングランドでは庭でのみ見られる。

✱ 属性と効能 ✱　　金星が支配し、獅子座のもとにある。

内服　憂鬱症を治して心を強め、陽気で快活な気分になりたいなら、これに勝るハーブはない。シロップか砂糖漬けにして保存する。不整脈や失神にとても有用なため、古代ローマ人はカルディアカ、すなわち〝強心薬〟と呼んだ。また女性に母親としての喜びを感じさせ、子宮の位置を整えることから、現在では〝母なる草〟と呼ばれる。ハーブの粉を1さじ分ワインでのむと、難産を助け、子宮の圧迫やできものに有効である。排尿と月経も促し、胸の冷たい粘液をきれいにして抑え、腹部の寄生虫を駆除する。冷えた体液をあたためて乾かし、血管・関節・全身の腱にたまった体液を分解し、けいれんを改善するためによく使われる。

MOUSE-EAR
マウスイヤー

 **特　徴**　マウスイヤーは背の低いハーブで、ストロベリーのように小さな蔓を地面に這わせ、そこから小さな根を伸ばす。多数の小さくて短い葉を丸いかたまりのようにつける。葉は毛が多く生え、ちぎると白い乳液がしみでる。それらの葉のあいだから2本か3本のごく短く白い茎が伸び、そこにも数枚小さな葉をつける。その先に通常は1つだけたくさんの薄黄色の花弁からなる花をつける。花弁は先端が広く、わずかに切れこみ、タンポポによく似て3列あるいは4列（いちばん上が大きい）に並び、とりわけ乾いた地面で育っているときには縁の裏側が少し赤くなる。花が長く咲いたのちには茎はしなだれ、種が風で運ばれる。

 分布　水路脇の土手、ときには乾いていれば溝の中、また砂地でも見られる。

 季節　6月か7月頃に花が咲き、冬のあいだもずっと緑のままである。

✳ 属性と効能 ✳

 月が支配する。

 外用　新鮮な葉をすりつぶして傷につけると、すみやかに傷口を閉じる。乾燥させた葉の汁液・煎じ汁・粉は、口内や陰部に広がる、たちの悪い潰瘍にとりわけ効果がある。蒸留水も有効で、傷やできものを洗い流したり、それを浸したガーゼをあてたりして使われる。

 内服　汁液をワインで、あるいは煎じ汁にしてのめば、黄疸を改善する。ただし朝と夜にのみ、しかもそのあと数時間は他の飲み物は避けなければならない。結石とそれに伴うつらい痛みや、腸の激しい痛みや不調にも有効である。チコリとセントーリーを混ぜた煎じ汁は、むくみに対して治療にも予防にもなり、脾臓の疾患にも効く。どんな傷も癒やす特別なハーブで、口・鼻・内臓の出血を止める。下血あるいは月経過多を改善する。イタリアなどの薬局には、汁液と砂糖からつくったシロップが置かれ、咳や喘息の薬として重用されている。シロップはヘルニアにすぐれた効果がある。

MUGWORT
マグワート

特徴 多数の葉を地面に這わせる。葉は深い切れこみが入り、縁は鋸歯で、コモンワームウッドとも似ているがずっと大きく、表は暗緑色、裏は白みが強い。茎は120～150センチほどの高さになり、そこに地面近くよりも小さな葉がつき、上向きに枝分かれし、その先に蕾に似た小さく薄黄色の花が咲く。花後に丸い頭におさめられた種ができる。根は長くて硬く、ひげ根を多数伸ばし、地中に食いこむ。けれども茎と葉は毎年枯れ、根からは春に新たな芽が出る。植物全体がほのかににおう。種よりも継ぎ穂によるほうが増やしやすい。

分布 イングランドのあらゆる地域で見られる。水辺、細い水路、その他さまざまな場所で育つ。

✳ 属性と効能 ✳

 金星が支配する。そのため金星が支配する体の部位を守り、牡牛座と天秤座がもたらす病気を治す。

豚脂を混ぜてつくった軟膏は、首や喉にできるこぶ・いぼ・しこりをとり、野生種のデイジーを足すとさらに効果的に首の痛みを消す。カモミールとアグリモニーとつくった煎じ汁にあたたかいうちに患部を浸すと、腱の痛みやけいれんを消す。

　煮ることで女性に対するすぐれた効果が出るハーブで、熱い煎じ汁は月経を促し、分娩を助け、後産を促進し、子宮の閉塞と炎症を改善する。結石を砕き、閉じた尿道を開く。(ミルラを混ぜてつくった汁液や根を膣剤として使ってもよい)。

　新鮮な葉そのものか汁液をのむと、アヘンの過剰摂取に特別な効果がある。乾燥させた葉の粉3ドラムをワインでのむと、坐骨神経痛を確実に改善する。

THE MULBERRY-TREE
マルベリー

 季節 7月と8月に実をつける。

✷ 属性と効能 ✷

 水星が支配する。水星の影響によりさまざまな効力をもたらす。

 外用 葉をつぶして酢を混ぜたものは、部位を問わずやけどに効く。樹皮と葉の煎じ汁は、痛みのある口や歯を洗うと効果がある。収穫期に根に少しだけ切りこみを入れ、その脇の地面に小さな穴をあけておくと、そこに汁がたまり、翌日には固まる。これは歯痛をやわらげ、いぼをとり、便通をよくする働きがある。葉を患部にあてると、口・鼻・痔・外傷の出血を止める。満月の夜に折った枝を腕に巻くと、月経過多を短時間で改善する。

 内服 熟した実は、なめらかで甘い果汁により体を開く。熟していない実は乾燥させると逆に体を固め、出血・下痢・月経過多を止める。根の表皮は体内のさまざまな虫を殺す。果汁でつくった汁液かシロップは、口・喉・口蓋の炎症やできものを改善する。葉の汁液はヘビにかまれた際、あるいはトリカブトを食べた際に治療薬となる。

MULLEIN
マレイン

特　徴　大きくて硬い白い美しい葉を地面近くに叢生させる。葉は長くて先がとがり、縁に鋸歯がある。茎は120〜150センチの高さになる。地面近くよりは少ないが、葉に覆われて茎は見えない。その茎を囲むように、花柄をつけない多数の花が穂状花序となってかたまりに咲く。黄色や薄い色の花で、丸くとがった5弁、花後に小さな丸い頭ができて、その中に小さな茶色い種がおさめられている。根は白くて長くて硬く、種ができたあと枯れる。

　分布　道の脇や小径など、イングランド各地に自生する。

　季節　7月頃に花が咲く。

✶ 属性と効能 ✶

　土星が支配する。

煎じ汁でうがいをすると、歯痛をやわらげる。花をくり返し浸した油は、痔に有効である。セージ・マージョラム・カモミールの花を加えて煎じた汁に患部を浸すと、冷えで硬くなったりけいれんを起こしたりした腱を柔らかくし、回復させる。葉と花の汁液を塗り、乾燥した根の粉でこすると、ざらざらしたいぼは簡単にとれるが、表面がなめらかないぼには効果がない。根の煎じ汁も、葉と同じように喉の腫瘍・できもの・炎症にすぐれた効果がある。種と葉をワインで煮てつけると、肌に刺さったとげや異物をすみやかに抜きだし、痛みをやわらげて治す。葉をすりつぶして紙で二重にくるみ、熱い灰と炭火でしばらく蒸し焼きにし、あたたかいままあてれば、鼠径部や陰部のできものに効果がある。種をすりつぶしてワインで煮たあと、はずれた関節をはめなおしてすぐにつけると、腫れや痛みを消す。

　少量の根をワインでのむと、下痢に効果がある。煎じ汁をのむと、ヘルニア・けいれん・しつこい咳を改善する。根を赤ワインか水で煎じた汁に（おこりの際には）真っ赤に焼けた鉄を浸してのめば、下血を止める。膀胱と腎臓の閉塞も開く。花の蒸留水を3オンス数日のあいだ朝晩のみつづけると、痛風に対する特効薬になる。乾燥させた花は、腹痛やさしこみの特別な治療薬である。

MUSTARD
マスタード

特徴 幅広の大きく、ざらついた葉をつける。不規則な深い鋸歯があり、カブの葉に似ているがそれより少なくざらつきが強い。茎は30センチ以上、ときに60センチほどの高さになり、丸くざらついていて、先端で枝分かれする。上部の葉は小さくて切れこみも少ない。枝の先には多数の黄色い花が重なるように咲き、花後に小さくてひょろ長い、端が平らなごつごつした莢ができる。中におさめられた丸く黄色い種には、舌を刺すような鋭い刺激がある。根は細長く、茎を伸ばす頃には硬くなり、毎年枯れる。

分布 庭あるいは耕された土地のみに育つ。

季節 1年草で、7月に花が咲き、8月に種が熟す。

✳ 属性と効能 ✳

 火星と牡羊座が支配する。

外用 マスタードの種は骨のかけらや異物を体外に排出する。月経を促し、てんかん・無気力・眠気・物忘れに有効で鼻孔・額・こめかみにあてれば心をあたためて活気づける（内服してもよい）。強烈な刺激により、くしゃ

みで脳から分泌物や粘性の体液を排出させ、肺と胸をきれいにして咳を止める。ハチミツを加えてもすぐれた効果がある。

うがい薬として使うと、垂れさがった口蓋を引きあげる。また喉に直接塗れば、腫れが引く。口に入れてくり返しかめば、歯痛をやわらげる。

坐骨神経痛で痛む箇所につけると、体液をとり去って痛みをやわらげる。痛風など関節の痛みにも有効である。脇腹や腰、肩、その他の全身の痛みをやわらげるために頻繁に使われ、水疱をつくって疾患をもたらす体液を排出して治癒へと導く。また抜け毛の治療にも使われる。種をつぶしてハチミツやミツロウと混ぜてつくったものをつけると、けがの痕・あざ・皮膚のざらつき・かさぶた・かったい・るいれきを消す。首の凝りも改善する。

花が咲いている時期の葉の蒸留水は、これらの疾患を治すために用いられている。口蓋がさがっているときの口内洗浄として、また喉の疾患にはうがいとして使われる。かさぶたやかゆみ、その他の皮膚の異常の治療に、あるいは顔の水疱・しみ・そばかすなどの症状をきれいにするためにも使われる。

内服　血液をきれいにしたいとき、胃が弱ったときにすぐれた効能がある。ただし、かんしゃく持ちには使えない。高齢者や「冷」のもたらす病気に悩まされている者には有用である。心臓の力を強め、毒を中和する。胃が弱って食事が消化できず、食欲がない者には、マスタードの種１ドラムと同量のシナモンをつぶして粉にし、その半量の樹脂とアラビアゴムをバラ水に溶かしてトローチにしたものを半ドラム、食事の１、２時間前になめるとよい。高齢者や女性には存分に活用してもらいたい。

　ワインでつくった種の煎じ汁は排尿を促し、キノコやサソリなどの有害な生物の毒が体に入った直後にのめば、解毒する。おこりの発作の前にのめば、症状をやわらげ、治療へと導く。種は単独でも他のものと混ぜても、また舐剤にしてもそのまま食べても、性欲を強烈にかきたて、脾臓を活性化し、脇腹や腸の痛みを改善する。

THE HEDGE-MUSTARD
ヘッジマスタード

| 特　徴 | 通常は1本だけ黒緑色の茎が伸びる。茎は丈夫でしなやかで、曲げても折れない。枝分かれし、ときには多数の蔓を四方に伸ばし、長くてざらついた、あるいは硬くごつごつした葉をつける。葉は深く切れこみが入り、縁がぎざぎざで大きさはさまざま、くすんだ緑色である。花は小さくて黄色、枝の先に穂状の長い花序を出して少しずつ咲く。長い花期のあいだに、茎の根元には小さな丸い莢ができる。莢は茎に寄り添うようにまっすぐ上に伸び、そのあいだに花の中に小さな黄色い種ができる。種も葉と同じように刺激が強い。根は細く硬いが、枯れることはなく毎年新しい芽を出す。 |

 道端や生け垣の脇、ときには開けた野原など、イングランド各地でよく見られる。

 ほとんどは7月頃に花を咲かせる。

✳ 属性と効能 ✳

♂　火星が支配する。

汁液からつくったシロップを浣腸として使うと、黄疸・胸膜炎・背中や腰の痛み・腹部の不調・さしこみに効く。種は解毒剤としてすぐれた効果があり、坐骨神経痛・関節の痛み・潰瘍・口や喉や耳の後ろの潰瘍・陰嚢や乳房の硬化と腫れに効果がある。

　胸と肺のあらゆる疾患、声がれにきわめて有効である。短期間煎じ汁を使うことで、完全に言葉を発せなくなった者、あるいはほぼ意識がない者を回復させた例もある。汁液からつくったシロップ、あるいはハチミツと砂糖を混ぜてつくった舐剤も同じ効果があり、咳・喘鳴・息切れに効く。

CULPEPER'S
COMPLETE HERBAL

NAILWORT, WHITLOWGRASS
ネイルワート、ウィトゥローグラス

特徴

とても小さくてありふれている。わずかなひげ根の他は根がない。10センチ以上に伸びることなく、葉はとても小さくて長く、チックウィードと似ている。そのあいだから細い茎を何本も伸ばし、ごく小さな花をいくつも積み重なるようにしてつける。花後には種をおさめる小さくて平らな莢ができる。種は極小だが、鋭い味がする。

分布

古い石やレンガの壁にごく一般的に見られる。砂利道、とりわけ芝やモスなどで日陰となる場所にも見られる。

季節

1年のとても早い時期、ときに1月、2月に花を咲かせる。4月が終わる前には姿を消す。

✱ 効　能 ✱

関節の膿瘍や、ひょうそと呼ばれる手足の指先に起こる炎症に対してきわめて効果がある。

NEP, CATMINT
ネップ、キャットミント

特徴 庭で栽培されるネップは、硬く角張っていて毛が生えている茎を1メートル以上の高さまで伸ばす。枝分かれし、節ごとに葉が対生する。葉はレモンバームに似ているが、長くとがり、柔らかく白色、毛が多く生え、周囲に鋸歯があり、甘く強いにおいがする。花は白紫色で枝先に総状花序として、またその下の茎にも同様に固まって咲く。多数の長いひげ根を伸ばし、地面にからみつき、緑色の葉のまま冬を越す。

分布 庭で栽培されるのみである。

季節 7月頃に花が咲く。

✴ 属性と効能 ✴

♀ 金星が支配する。

すりつぶした新鮮な葉を肛門につけて２、３時間横になると、痔の痛みをやわらげる。汁液からつくった軟膏も同じ効能を持つ。煎じ汁で頭を洗えば、かさぶたをとり去る。体の他の部分にも同じ効果が見こめる。

　月経を導く。単独でも、他の適当なハーブと合わせてもよい（煎じ汁に体を浸すか、熱い湯気をまたいで座ってもよい）。くり返し使えば不妊を治し、子宮にたまったガスと痛みをとり去る。カタル・風邪による頭痛・めまい・ふらつきにも使われ、腹部の膨満感には特に有用である。疾患の原因となる冷えとガスを消す作用があり、けいれんや冷たい痛みに対して効果があり、風邪・咳・息切れに使われる。汁液をワインでのむと、事故による傷に有効である。

NETTLES
ネトル

✳ 属性と効能 ✳

火星が支配する。火星が熱く乾いていること、冬が冷たく湿っていることは知っているだろう。ネトルの若芽を春に食べると、冬の寒さと湿り気によりたまった粘液を減らしてくれるのはそのためである。

根か葉をゆでるか、どちらかの汁液で口と喉のうがいをすると、喉の扁桃の腫れを改善する。汁液も口蓋を正しい位置に戻し、口と喉の炎症とうずきを癒やす。葉の蒸留水もそれらの疾患に効果がある（ただしその作用は弱い）。外傷やできものを洗い流し、水疱・かったい・皮膚の変色をきれいにもする。種は眠気に有効で、額やこめかみを刺されたりかまれたりしたときは、その部位を少量の塩とともにこすれば効果が大きい。種か葉をすりつぶして鼻孔に入れると鼻血を止め、ポリープと呼ばれる肉芽をとり去る。葉か根の汁液か煎じ汁で患部を洗うか、すりつぶした新鮮な葉をつければ、部位を問わず化膿し、あるいは異臭を放つできものや瘻孔・壊疽・創面が露出し化膿したかさぶた・疥癬・かゆみ・新しい傷

を治すが、筋肉が骨と離れる副作用がある。同じものを疲弊した手足につけると回復をもたらし、脱臼した箇所につければ関節をもとに戻し、強化し、乾かして治す。さらに痛み・痛風・関節や腱に体液がたまって症状が出ている場所につけてもよい。汁液・脂・少量のミツロウでつくった軟膏は、冷えてまひした手足に塗るとすぐれた効果がある。ネトルや壁を伝うハーブの新鮮な葉を1つかみすりつぶし、痛風・坐骨神経痛・全身の関節など痛む箇所に直接つけると、めざましい改善を見る。

　　根か葉をゆでるか、どちらかの汁液、あるいは両方をハチミツと砂糖を加えて舐剤にすると、喘鳴と息切れの原因となる気管と肺の通り道を開き、しつこい痰を出し、唾を吐かせて膿瘍になった胸膜炎を治す。葉をワインで煎じた汁をのむと、月経を促し、子宮の萎縮と閉塞などの疾患を治す（少量のミルラとともに外用してもよい）。同じもの、あるいは種は排尿を促し、腎臓と膀胱の結石と砂を排出する。子供の寄生虫を駆除し、脇腹の痛みをやわらげ、脾臓や体内のガスを消す。ただし、性欲を強力にかきたてるだけだと考える者もいる。

　　葉の汁液を2日か3日つづけてのむと、口内の出血を止める。種は有毒な生物に刺されたり、狂犬にかまれたりしたとき役に立ち、ヘムロック・ヘンベイン・ベラドンナ・マンドレークなど、感覚をまひさせるハーブの毒を中和する。

NIGHTSHADE
ナイトシェイド

特徴

円筒形で中空の緑色の茎は30〜50センチほどの高さで、多数の枝を伸ばし、端がとがった柔らかくて汁気に富む幅広の葉を互生させる。葉はバジルに似ているが、それより大きく、縁に不規則な鋸歯がある。茎と枝の先に5裂の白い花が3つか4つずつ重なって咲く。中央に4つか5つの筋がかたまりになった黄色い花柱を突きだし、それがのちに緑色のエンドウマメのような実となって垂下する。実は緑色の汁に富み、その中に小さな白く丸くて平らな種がある。根は白く、花が咲き実ができる頃にはやや硬くなり、たくさんのひげ根を伸ばす。植物全体が水っぽく薄い味だが、実の汁は粘り気があり、冷やして固める性質を持つ。

分布

壁の下、ごみの中、路上、生け垣や野原の脇に自生する。種をまかなくても、各地の庭で育っている。

季節

1年草で、落ちた種から芽を出す。早くとも4月の末までは芽を出さない。

✳ 属性と効能 ✳

 土星が司る、冷たい性質のハーブである。

 葉か実の汁液をバラ油と少量の酢と鉛白とともに鉛のすり鉢で混ぜてつくった外用剤を塗ると、目の炎症にとても効果がある。帯状疱疹・白癬・膿を出し創面が露出した潰瘍全般につけても効果が大きい。汁液を耳に入れると、熱や炎症による痛みをやわらげる。喉の下の熱を持ったできものにも有効である。

これを危険なベラドンナと間違えないよう注意する必要がある。見分けがつかないときは、いっさい手を出さないのが無難である。薬として使えるハーブは、これ以外にも充分すぎるほどある。

 皮膚と内臓の炎症を冷やす。その用途ではまったくの無害だが、度を超して使わないよう留意すべきである。ハーブ全体からつくった蒸留水が内服に唯一ふさわしく、安全でもある。汁液を漉して少量の酢と混ぜてのむと、口と喉の炎症に効く。

CULPEPER'S
COMPLETE HERBAL

THE OAK
オーク

✳ 属性と効能 ✳

 木星が支配する。

 ヒポクラテスは、子宮の収縮に悩まされる女性にオークの葉を焼いた煙を使ったという。葉をすりつぶせば、新しい傷の治療に使える。

古い木のうろからとった水は、化膿して治らないかさぶたに有効である。葉の蒸留水(煎じ汁であればさらによい)は、おりものに対する最高の治療薬である。

 葉・樹皮・殻斗(訳注:ブナ科の実を覆う偽果)は、固めて乾かす性質がとても強い。内皮と実を覆う薄皮は、喀血と下血を止めるために最もよく使われる。樹皮の煎じ汁と実の粉は、嘔吐・喀血・口内などの出血・下痢・夢精を止める。実の粉をワインでのむと、排尿を促し、有害な生物の毒を中和する。ミルクでつくった実と樹皮の煎じ汁をのむと、有毒なハーブや薬の影響、あるいはカンタリスを食べたために膀胱がただれて血尿になったとき、その毒を中和する。

花弁が開く前のつぼみの蒸留水は炎症をやわらげ、あらゆる出血を止める(外用してもよい)。感染症や高熱

にもすぐれて有効である。これは原因菌と戦い、熱をさげる作用による。肝臓の熱を冷まし、腎結石を砕き、月経を止める。葉の煎じ汁にも同じ作用がある。

OATS
オート

✷ 効　能 ✷

内服

粗塩を混ぜて焼き、脇腹につけると、さしこみや腹部の膨満感を消す。オートの粉にゲッケイジュの油を足してつくった湿布は、かゆみ・かったい・肛門の瘻孔・硬い膿瘍を治す。同じ粉に酢を足して煮たものをつけると、顔や体の他の場所のそばかすやしみが消える。

ORCHIS
オルキス

多くの種類があり、それぞれ個別の名前がつけられている。ドッグストーンズ、ゴートストーンズ、フールストーンズ、フォックスストーンズ、サティリコン、キュリアンズといった具合に列挙していけばきりがない。

 特徴 すべての種類を解説するのは膨大な作業となるので、ここでは根についてのみ説明する。根は慎重に扱う必要があるためだ。どの種類も丸い根と手に似た形の根をつける。2つの根は毎年順番に育ち、片方が成長して大きくなると、もう片方はやせて枯れる。薬として使われるのは大きく育ったほうで、もう一方はいっさい使わない。併用すると正反対の働きをして、せっかくの効能を打ち消してしまうことがある。

 季節 4月の初めから8月後半のあいだ、いずれかの種類が花を咲かせる。

✳ 属性と効能 ✳

♀ 金星が支配する。

外用 すりつぶして患部につければ、るいれきを治す。

内服 熱く湿った性質があり、性欲を強烈にかきたてる。乾いて枯れた根はそれを抑える。子供の体内の寄生虫を駆除する。

ONIONS
オニオン

✳ 属性と効能 ✳

 火星が支配する。

 腐敗を引き寄せる性質を持つ。たとえば皮を1枚はがしてそれを堆肥にのせると、腐敗をおこし半日で腐る。この性質を利用し、すりつぶして感染性のできものにつければ、同じような作用をもたらす。

大きなオニオンの芯をくりぬいて上質の糖蜜を流しこみ、炭火で蒸し焼きにしてから外皮をむいてすりつぶせば、感染症・できもの・潰瘍に対するすぐれた膏薬になる。オニオンの汁液は火・熱湯・火薬によるやけどに有効で、酢と合わせて使うとにきび、皮膚のしみや傷跡をきれいにする。耳に入れれば痛みと耳鳴りをやわらげる。フィグと合わせてすりつぶしたものをつければ、膿瘍や他のできものをつぶして膿を出す。

 ガスを発生させやすい傾向があるものの、食欲を刺激し、喉の渇きを増し、腹部と腸の緊張をとき、月経を促し、狂犬や他の有毒な生物にかまれた際の薬となり、またハチミツとルーと合わせて使うと精液、とりわけ精子を増やす。またオニオンを1晩漬けておいた水を空腹時にのませれば、子供の寄生虫も殺す。炭火で蒸し焼きにし、ハチミツか砂糖と、油をつけて食べると、しつこい咳を改善し、頑固な痰を切り、倦怠感を改善する（ただし食べすぎると頭痛を誘う）。田舎の多くの人々は、オニオンをパンと塩だけで食べると感染症を防げると信じている。

リーキもよく似た性質を持つ。炭火で蒸し焼きにして食べればキノコの食べすぎに効果があり、煮つめた汁を熱いうちにつけると痔を改善する。それ以外もオニオンと同じ作用を持つが、総じて効果は弱い。

ORPINE
オーピン

 ごつごつした弱い茎が何本も伸びる。茎には厚手で汁気の多い、縁がなめらかな緑色の葉が密生する。花は白色で花房につき、花後に小さなもみがらのような莢ができて、その中に極小の種がある。太く丸い根を多数伸ばし、白い結節を多数つくる。育つ場所によって、植物の大きさは異なる。

 イングランドのあらゆる地域に数多く自生している。庭でも栽培される。栽培種は野生種よりも大きくなり、野原や森の日陰で見られる。

 7月頃に花が咲き、8月に種が熟す。

✳ 属性と効能 ✳　　 月が支配する。

 根は傷やけがの熱や炎症を冷まし、痛みをやわらげる。汁液を新鮮なオリーブ油と混ぜてつくった軟膏は、やけどを治す。すりつぶした葉は手足の新しい傷・扁桃炎・ヘルニアも改善する。

のみ薬として使われることはほとんどないが、蒸留水は胃腸の傷と激痛、肺や肝臓などの臓器や細胞の潰瘍を改善する効果があり、のみつづけるとそれらの疾患を治す。下血や全身の体液の流出による刺激を抑える。根にも同様の効果がある。

汁液をハチミツと砂糖を混ぜてシロップにして扁桃炎の際に2さじほどなめれば、安全でおいしいだけでなく、すみやかな治療効果もある。

CULPEPER'S
COMPLETE HERBAL

PARSLEY
パースリー

✳ 属性と効能 ✳

 水星が支配する。

 炎症を起こして腫れた目に葉をあてると、症状を大幅に改善する。母乳が凝固してしこりができた乳房に、このハーブをバターで焼いてからつけると、すみやかにしこりをとる。傷や打ち身によるあざや傷跡も消す。汁液を少量のワインと混ぜて耳に入れると、痛みをやわらげる。

 胃にとても優しい。排尿と月経を促し、胃腸のガスを排出し、体を少しだけ開く作用がある。根はその作用が強く、肝臓と脾臓の閉塞を開く。開く作用を持つ根としては5指に数えられる。葉はてんかんの治療薬として使われ、また根を煮てパースニップのように食べれば排尿を強力に促す。種は排尿と月経を促し、ガスを排出し、結石を砕き、それらによる痛みと症状をやわらげる。有害な生物にかまれたときの毒を中和し、倦怠感を消し、咳を止める。蒸留水は乳母にとってはなじみのある薬で、子供が腹部の膨満感で不機嫌になったときにのませる薬として長年使われてきた。

黄疸・てんかん・むくみ・腎結石に対するすぐれた治療薬としては、以下のつくり方を推奨する。パースリー・

フェンネル・アニス・キャラウェイの種をそれぞれ1オンス、パースリー・バーネットサキシフレイジ・キャラウェイの根をそれぞれ1オンス半集める。種をすりつぶし、根を洗って細かく刻む。瓶詰めの白ワインに入れて1晩寝かせ、翌朝、蓋をした陶製の鍋で3分の1以上蒸発するまで煮つめ、漉した液を起床時と就寝前に4オンスずつのみ、その後3時間はいっさいの飲用を控える。これにより肝臓と脾臓の閉塞を開き、尿によってむくみと黄疸の原因を体外に排出する。

PARSLEY PIERT, PARSLEY BREAK-STONE
パースリー・ピアート、パースリー・ブレイク・ストーン

特徴

根はとても小さくて細いが、何年も枯れることなく、そこから出た多数の葉が地面に広がる。葉はそれぞれが長い葉柄につき、爪ほどの大きさで、パースリーに似て縁にとても深い鋸歯がある。色はとてもくすんだ緑色である。茎は細くてかなり弱く、指3、4本分の長さで、葉柄はあってもごく短いため、叢生する葉に隠れてほとんど見えない。花もとても小さく、種も同じように小さい。

地域を問わずどこにでもあるハーブであり、不毛な土壌、砂地、湿った場所でも育つ。ハムステッド・ヒース、ハイド・パーク、トットヒルフィールズなどで豊富に目にすることができる。

夏時間のあいだ、4月の初めから10月の終わりまで目にすることができる。

✳ 効　能 ✳

排尿を促し、結石を砕く作用がとても強い。サラダに使うのにとてもよいハーブである。上流階級の家庭では、冬にサムファイアを酢漬けにするように、このハーブも酢漬けにする。とても健康によいことは間違いない。好みに応じて、葉は乾燥させても、シロップにして保存してもよい。その粉を1ドラム白ワインに入れてのむのもよい。腎砂を痛みなく自然に排出させ、痛みを伴う排尿困難も改善する。

PARSNIPS
パースニップ

　栽培種はとてもよく知られている（根は食べられる）。野生種は薬としての用途が広いので、ここで説明することにする。

特　徴　野生種は栽培種とほとんど変わらないが、そこまできれいに大きくならず、葉の数も少なく、根は短くごつごつしていて食用に適さず、薬としての性格が強い。

分布　栽培種は庭で見られる。野生種は、たとえばロチェスターの沼沢地などさまざまな場所で自生し、7月に花が咲く。種は2年目の8月初めに熟す。

※ 属性と効能 ※

 金星が支配する。

内服　栽培種は育む力が強く、健康的なすぐれた栄養を与えるが、ガスを少しつくり、性欲をかきたてる。胃と腎臓に有益で、排尿を促す。
　一方、野生種はヘビにかまれた毒を中和して治し、脇腹の痛みやさしこみをやわらげ、胃と腸のガスをとる。さしこみを抑え、排尿を促す。根も使われるが、それより種が活用される。野生種が栽培種よりもすぐれている事実は、自然が最高の医師であるあかしである。

COW PARSNIPS
カウパースニップ

特徴　3枚から4枚の大きく幅広で曲がり、ざらついた葉を地面に這わせる。毛が生えた中空の茎を長く伸ばして、そこに葉を広げる。葉は5裂で対生し、茎の先端には1枚だけがつく。それぞれの葉は楕円形、縁にぎざぎざの鋸歯があり、白緑色で強いにおいがする。円筒形で毛が生えている茎は60～90センチの高さになる。茎には外皮があり、複数の節と葉ができ、先端で分かれた枝に大ぶりな繖形花序をつける。花は白色、ときに赤みがかり、花後には白く平らで薄く曲がった種を2つずつつなげてつける。根は長くて白く、数本の長いひげ根を地中に伸ばす。根も強く不快なにおいである。

分布　湿った草地、野原の境界や隅、水路の近くなどさまざまな場所で見られる。

季節　7月に花が咲き、8月に種ができる。

✴ 属性と効能 ✴

 水星が支配する。

外用　根は皮膚の硬い瘻孔をほぐす。焼いて鼻からその煙を吸うと、昏睡から目覚めさせ、倦怠感をとる。油で煮た種と根で頭をこすると、錯乱・倦怠感・眠気を改善し、ルーと合わせれば長引く頭痛をやわらげる。化膿したかさぶたや帯状疱疹も改善する。花の汁液を化膿して症状がひどい耳に入れると、浄化して治癒へと導く。

内服　種は咳・息切れ・てんかん・黄疸に効く。根もそれらの疾患に効果がある。種は腹部の粘液を消し、肝臓肥大や子宮の炎症をやわらげる。

THE PEACH TREE
ピーチ

特徴　ピーチの木はアンズほどには大きくならないが、枝をかなり広げ、赤みを帯びた小枝を伸ばし、鋸歯のある細長い緑の葉をつける。花はプラムより大きく、明るい紫色である。果実は丸く、ときに一般的なリンゴよりも大きくなる。小ぶりのものもあり、茶褐色・赤・黄色と色も味もさまざまで、うっすらと産毛がつき、アンズのように割れ目があって、中にごつごつしてしわが寄った大きな種があり、その中に苦い仁がある。アンズよりもはるかに早く熟して、すぐに腐る。

分布　イングランドの庭や果樹園で育てられている。

季節　春に花が咲き、果実は秋にとれる。

✻ 属性と効能 ✻

　金星が支配する。火星の悪影響から守ってくれる。

外用　すりつぶした葉を腹部につけると寄生虫を駆除する。乾燥させた葉は、体液を排出させるとても安全な薬になる。その粉を新しい傷にかけると出血を止め、傷口を閉じる。

仁の乳液をバーベインの水と混ぜて額やこめかみにつ

けると、病で弱った体に必要な休息と眠りを与える。仁からとった油をこめかみや下腹部に塗っても同様の効果がある。耳に垂らせば、痛みをやわらげる。葉の汁液にも同じ効果があり、額とこめかみにつけると憂鬱や頭の疾患を改善する。仁をすりつぶし、酢に混ぜて煮つめたものを頭につけると、はげや薄毛を治して髪をよみがえらせる。

この木の葉や花からつくったシロップやジャム以上に子供や若者の黄胆汁を排出して黄疸を改善する薬はない。性欲を高めるには果実を食べるとよい。自らの健康や子供の健康を害した者は、このシロップを2さじのむとよい。ビーナスのように優しく安全である。葉をエールで煮たものは腹部を開く。

花を1晩だけ少量のワインに漬けたあと、翌朝に漉して食前にのむと、腹部を開いて臓器の位置をさげる。バラと同じようにしてつくったシロップはさらに強く作用して、吐き気をもたらし、のみつづければ漿液を排出させる。花からつくったジャムにも同じ働きがある。木の傷からにじみでた樹液をコルツフットの煎じ汁に混ぜ、甘いワインを加えてサフランも足してのめば、咳や息切れに効く。声がれ・失声にも有効である。肺のあらゆる障害を改善し、嘔吐や吐血にも効く。2ドラムをレモンかラディッシュの汁液でのむと結石に効き、種の仁はガスや体液による腹部の痛みやねじれをやわらげる。　結石の特効薬のつくり方を以下に記す。ピーチの種から50個の仁、チェリーの種から100個の仁、エルダーの花（生のものでも乾燥させたものでもよい）1つかみを3パイントのムスカデルと混ぜ、蓋をした瓶に入れて馬糞の中に10日ほど置き、そのあと弱火で蒸留してガラス瓶に保存する。それを一度に3、4オンスずつ、機会に応じてのむとよい。

THE PEAR TREE
ペア

✳ 属性と効能 ✳

 リンゴの木と同じように金星が支配する。

 薬として使う場合は、味の違いに応じて使い分けるのがよい。甘いペアは栽培種も野生種も腹部の臓器の位置をある程度さげる。硬くてすっぱいペアは、逆に腹部を固める。葉にも同様の作用がある。水っぽいペアにも冷やす性質はあるが、苦みのあるものや野生種のペアの作用ははるかに強く、排出薬としてきわめて有用である。野生種をキノコと煮るとより安全に使えるようになる。少量のハチミツを混ぜて煮たものは、種類によって程度の差こそあれ、胃の圧迫を大幅に改善する。けれども苦みが強いほど冷やして固める性質が強いため、新しい傷を冷やして出血を止め、こじれたり炎症を起こしたりせずに治す薬となる。野生種は他の種類よりもすみやかに傷口を閉じる。

食べたあとはワインを大量にのむことをすすめる。そうしないとペアは毒にも等しい。だが、貧しい者がペアを食べたせいで胃に変調をきたしたときには、体を激しく動かせば、ワインをのんだときと同じ効果が得られる。

PELLITORY OF SPAIN
ペリトリーオブスペイン

栽培種は、庭に種をまくととてもよく育つ。ただし野生種も存在し、そちらも作用は少しも劣らない。

特　徴

とてもありふれたハーブで、意識的に探さなくても庭に出ればすぐに見つかる。根はまっすぐに土中に伸び、長くてきれいな形の根葉が茎の先から地面に広がる。葉はカモミールよりもずっと大きい。その先に1つずつ咲く大きな花は多数の花弁を持ち、表は白く、裏は赤色で、真ん中にカモミールほどには密集せずに黄色い房を伸ばす。

よく目にする別の種類は刺激的な味のする根を伸ばし、前者とは味だけでは区別できない。何本もの弱い茎は1メートルほどの高さになる。葉は細長く縁にきれいな切れこみがあり、茎の先端まで積み重なるようにつく。白い花が多数、ヤロウのようにかたまりになって咲く。その真ん中に黄色いおしべが伸びる。種はとても小さい。

 後者は野原の生け垣の脇や小径など、あらゆる場所で自生する。

 6月後半と7月に花が咲く。

✳ 属性と効能 ✳

 水星が支配する。

 葉か根の粉を鼻孔に吸いこむとくしゃみを誘い、頭痛をやわらげる。豚脂でつくった軟膏は打ち身によるあざを消し、痛風と坐骨神経痛を改善する。

 脳の浄化を促す最高のハーブである。汁液を1オンス、おこりの発作が起こる1時間前にマスカットに混ぜてのめば、遅くとも二度目か三度目には発作を止めることができる。乾燥した葉か根をかむと、脳から粘液質の体液を排出する。それゆえに、頭と歯の痛みをやわらげるだけでなく、脳からの体液が肺や目に流れこむのを止め、咳・喘息・肺病・卒中・てんかんを防ぐ。無気力に対するすぐれた治療薬にもなる。

PELLITORY OF THE WALL
ペリトリーオブザウォール

特徴 赤茶色で柔らかく、弱く、透けるようなきれいな茎は60センチほどの高さになり、節には卵形で暗緑色の歯が対生する。葉の輪郭はなめらかだが、茎と同様に表面はざらつき、毛が生えている。葉のつく上部の節からは枝が伸び、そこにつく毛羽だった莢から薄紫色の小さな花がたくさん咲く。花後には小さな黒い種ができるが、とげがあり、触れると布や服にへばりつく。根は暗赤色で長く、細いひげ根を伸ばす。1年草で茎と葉は枯れるが、根は残る。

分布 野原の端、壁の脇、ごみの中など、地域を問わず広く自生する。庭でもよく育ち、日陰を好み、落ちた種から芽を出す。

季節 6月と7月に花が咲き、種はその直後に熟す。

✶ 属性と効能 ✶

 水星が支配する。

背中・脇腹・腸の痛み・腹部の膨満感・尿閉・結石や砂などの治療として、他のハーブとともに浣腸としても使われる。すりつぶした葉にマスカットをかけ、タイルの上であたためるか、炭火にかけた鍋に入れたものを腹部につけても同じ効果がある。煎じ汁に少量のハチミツを加えると、喉が痛む際のうがいとして有用である。汁液を口にしばらく含むと、歯痛をやわらげる。葉の蒸留水に砂糖を加えても同じ効果があり、皮膚のしみ・そばかす・あざ・丘疹・日焼け・水疱などをきれいにする。

汁液を耳に入れると耳鳴りを減らし、刺すような痛みをとり去る。汁液あるいは蒸留水は、熱く腫れた膿瘍や、火か熱湯によるやけどの症状をやわらげる。その液に浸した布をくり返し患部にあてれば、熱を持った腫瘍・炎症・発疹・発熱を改善する。汁液を鉛白（訳注：顔料として使われる顔料）とバラ油と混ぜて塗布剤にして塗ると、潰瘍をきれいにし、病変の広がりを止め、子供の頭の化膿したかさぶたやできものを治す。軟膏か葉を肛門につけると、痔を治し、痛みをやわらげる。ヤギ脂と混ぜると、痛風に効く。

新しい傷も治癒へと導く。すりつぶして患部に３日間つければ、ほかの薬は何も必要ない。ワイン・マロウ・ふすま・マメの花・脂を混ぜたあたたかい湿布は、腱や筋肉を短時間で回復させ、傷の痛みをとり、打ち身によって固まった血液を溶かす。

汁液を漉し、ハチミツと混ぜて煮つめたシロップは、毎朝１さじずつのむとむくみに効く。

乾燥させた葉をハチミツと混ぜた舐剤、葉の汁液あるいは砂糖とハチミツを加えてつくった煎じ汁は、乾いたしつこい咳・息切れ・喘鳴の特効薬である。汁液を一度に3オンスのむと、尿閉を劇的に改善し、腎臓と膀胱の結石と砂を排出する。

葉の煎じ汁をのむと、子宮の痛みをやわらげて月経を促し、肝臓・脾臓・腎臓の閉塞による症状をやわらげる。

汁液は喘息を改善する作用が強い。葉をすりつぶして、少量の塩を混ぜたものでもよい。

PENNYROYAL
ペニーロイヤルミント

栽培種はとてもよく知られている。

それよりも大きな野生種がある。庭に持ちこんでも茂るが、違いは葉と茎の大きさだけで、高く伸びてあまり地面を這って広がらない。花は紫色で、栽培種と同じように茎のまわりに輪のように咲く。

庭でよく目にする種類は、各地にあまたある湿った、水の多い場所でも育つ。

野生種は、ロンドンからコルチェスターまでの街道沿いなど、さまざまな場所に自生している。他の国よりもイングランドで最も多く見られる。エセックス州の庭にも植えられている。

夏の終わり、8月頃に花が咲く。

✳ 属性と効能 ✳

 金星が支配する。

酢とともに鼻孔に入れると、失神から回復させる。乾燥させて焼いたものは、歯肉を強くする。患部が赤くなるまでつけると、痛風の症状をやわらげる。硬膏にして使うと、顔のしみや傷跡をとる。塩を混ぜると、脾臓や肝臓の肥大を抑える。煎じ汁で洗うと、かゆみを抑える。

新鮮な葉をすりつぶして酢に入れたものをつけると、潰瘍・擦り傷の跡・目のまわりのくま・火による顔の変色・かったいに効果がある（内服でもよい）。ハチミツと塩を足してワインで煮た液は歯痛をやわらげる。熱い浴場に入って汗をかいたあとで患部につけると、関節の痛みをとって冷たい症状を改善し、冷えた部分をあたためる。ペニーロイヤルミントとミントを混ぜた酢をかがせるか、鼻孔か口に入れれば、失神から回復する。頭痛・胸と腹部の痛み・胃のさしこみをやわらげる。ハチミツ・塩・酢と混ぜてつけると、腱のけいれんを改善する。耳に入れれば、痛みをやわらげる。

漿液をつくる冷えた場所をあたため、生ものや腐敗したものをとり除く。煮たものをのむと月経を促し、胎児が死んでしまった場合は流産させ、水と酢を混ぜてのめば吐き気を止める。ハチミツと塩を混ぜると、肺から粘液を消し、憂鬱質を根こそぎ追いだす。ワインでのむと、毒を持つ生物にかまれたり刺されたりしたとき効果がある。

ミルクで煮たものをのむと、咳・潰瘍・口内のできものに効果的である。ワインでのめば月経を促し、胎児が死んでしまった場合は子宮から出す。煎じ汁をのむと黄疸とむくみ、冷えからくる頭痛や腱の痛み全般を改善し、目のかすみをとる。無気力から回復させ、バーリーの粉と合わせるとやけどを改善する。

MALE and FEMALE PEONY
メイルピオニィ
フィメイルピオニィ

特徴　フィメイルピオニィは茶色い茎を伸ばし、緑色と赤色の葉をつける。葉には切れこみはない。花は茎の先端につき、広い5弁か6弁、薄い赤紫色で、その真ん中に多数の黄色いおしべを伸ばし、そこから種の莢ができる。莢は2つ、3つ、4つと分かれてシカの角のようにねじれ、完熟すると口を開けて下向きになり、多数の丸く黒光りする種をのぞかせる。そこにたくさんの赤い種も混じりあうさまは、とても美しい。根は太くて長く、土の奥深くまで広がる。

　フィメイルピオニィも同じように多数の茎を伸ばし、そこに雄性よりも多くの葉をつける。葉はそれほど大きくないが、端に大小さまざまな切れこみがあり、鈍い緑色である。花はとても強い香りで、通常は雄性より小さく、しかし紫色は濃く、同じように頭に黄色いおしべを伸ばす。種の莢も雄性と似ているがやや小さく、種は黒いが光沢は少ない。根はたくさんの小さなこぶをつくり、長いひげ根の端が結びつくが、すべて太くて短い根の根元から分かれていて、香りは雄性と似ている。

分布　庭で栽培される。

季節　花はたいてい5月頃咲く。

✲ 属性と効能 ✲

 太陽が支配し獅子座のもとにある。メイルピオニィの根が最高であると医師たちはいう。けれども理論的には男性には雄性が、女性には雌性が適切なはずであり、その結論は実際に遣うことで確かめるしかない。

 根は種より効能がある。次に役立つのは花、最後が葉となる。雄性の新鮮な根はてんかんを治す。子供の首に根をかけたら治った例もあるが、たしかな方法は雄性の根をきれいに洗って小さくつぶし、袋に少なくとも24時間浸したあと漉して、起床時と就寝時に充分量を満月の前からあとまでのみつづけることである。ウッドベトニーからつくったミルク酒など、しかるべき準備ができているなら、高齢者のこじれた病気も治すことができる。根は分娩後の清拭が不十分で子宮に問題が起きた場合にも効果的で、黒い種をつぶして粉にし、ワインに入れてのんでもよい。黒い種を就寝前と朝に食べると、悪夢に悩まされた際に有効である。これは憂鬱質の人がなりやすい疾患である。花からつくった蒸留水かシロップも根や種と同じ効果を持つが、作用は弱い。雄性は稀少で、数少ない物好きな人しか育てていないために、雌性がこれらの目的のために使われる。

PEPPERWORT, DITTANDER
ペッパーワート、ディテンダー

特徴 　長く幅広で明るい青緑色、縁には鋸歯がつき、先がとがった葉をつける。円柱形の硬い茎は 90 〜 120 センチの高さになる。四方に枝を伸ばし、その先に多数の白い小さな花を咲かせる。花後には小さな頭に小さな種をおさめる。根は細く、地中を這うが、あちこちで地上に突きだす。葉も根もコショウに似たとても鋭い味で、それが名前の由来である。

分布 　エセックス州のクレア、デボンシャーのエクセター近く、ケント州のロチェスター・コモン、ランカシャー州など、イングランドの多数の場所で自生する。庭で栽培される。

季節 　6 月の終わりから 7 月に花が咲く。

✳ 属性と効能 ✳

 火星が支配する。

外用 　坐骨神経痛・痛風・関節の痛みなどの治りにくい症状にとても効果がある。すりつぶした葉を古い豚脂と混ぜて患部に塗り、男性なら 4 時間、女性なら 2 時間置いたあとワインと油を混ぜた液体で洗い、少し汗をかいたら羊の毛か皮で覆う。そうすれば皮膚の異常や変色を治し、しみ・傷・かさぶた・火か鉄によるひどいやけどの跡を消す。

内服 　汁液をエールに混ぜて妊娠中の女性にのませると、すみやかな分娩が期待できる。

PERIWINKLE
ペリウィンクル

特徴 多数の枝を地面に這わせ、節から小さなひげ根を伸ばして地面に根をおろし、さまざまな場所に広がる。枝の節には光沢のある暗緑色の小さな葉が対生する。ゲッケイジュの葉に似ているが、それより小さい。花は葉腋から華奢な花柄にのって1つずつ、長くて4枚か5枚の花弁に分かれる。最も多いのは薄青色、その他に白や紫色の花もある。根はラッシュよりも少し大きく、地面に茂みをつくり、枝を遠くまで伸ばしてすみやかに広がるため、叢生できる場所があるときは生け垣の下に最優先で植える草となることが多い。

分布 薄青色と白色の花を咲かせるペッパーワートは、森や果樹園の生け垣の脇など、イングランド各地で育つ。紫色の花を咲かせるペッパーワートは庭でのみ見られる。

季節 3月と4月に花が咲く。

✳ **属性と効能** ✳ 金星が支配する。夫婦が一緒に葉を食べると、お互いの愛が強まる。

内服 結びつける作用が強く、葉をかめば口と鼻の出血を止める。フランスでは、月経を止めるために使われる。下痢や下血を止めるためにワインでのむことをすすめる。

ST. PETER'S WORT
セントピーターズワート

　少しばかりの知識と敬虔さを持っているなら、このハーブに（セント・ジョンズ・ウォートにも）聖者の名前をつけようなどとは思うまい。いにしえのアテネで聖パウロがいったことを引用すれば、〝あなたはいちいち迷信を信じすぎる〟。そこでここでは、馴染みがある通り名に従うこととし、以下にその特徴を記すことにする。

特　徴　角張った茎をほぼ直立させる。セントジョーンズワートよりも高く育つものもあるが（それも当然で、聖ペテロは背の高い使徒である。教皇に確かめてみればいい。もっとも、神は聖者を平等にしたもうから、教皇の意見は異なるかもしれない）、同じように茶色である。節ごとに2枚つく葉も似ているけれども、こちらのほうが大きくて丸みがあり、穴はほとんどない。ときに大きな葉の内側から小さな葉が出て、少しだけ毛が生える。2本の茎の端に星のような花が多数咲き、真ん中には黄色いおしべが伸びる。セントジョーンズワートにそっくりで、見分けはほとんどつかないが、大きさと高さだけがやや異なる。種もよく似ている。根は長いあいだ枯れず、毎年新しい芽を出す。

　分布　ケント州、ハンティンドン、ケンブリッジ、ノーサンプトンシャー州などイングランド各地の多くの木立、小さな低木林、あるいは他の場所の水路近くに自生する。

　季節　6月と7月に花が咲き、8月に種が熟す。

✳ 効　能 ✳

セントジョーンズワートとの違いはほとんどない。セント・ジョンズ・ワートより効能はやや弱いため、ほとんど使われることはない。ハチミツ入りの水で種を一度に2ドラムのむと、胆汁質の体液を排出し、坐骨神経痛の症状をやわらげる。葉はセントジョーンズワートと同じように使われ、やけどに有効である。

PIMPERNEL
ピンパーネル

特徴　多数の角張った弱い茎を地面に広げ、節ごとに2枚の小さくほぼ円形の葉を対生させる。チックウィードととてもよく似ているが、葉柄はない。葉は茎をとり巻くようにつく。花は1つずつ花柄につき、先が丸い小さな薄橙色の5弁で、真ん中に多数のおしべがあり、のちに小さな種をおさめる丸い頭ができる。根は小さくて繊維質で、毎年枯れる。

分布　草原、麦畑、道の脇、庭などあらゆる場所に自生する。

季節　5月から4月にかけて花が咲き、そのあいだに種が熟して落ちる。

✳ 属性と効能 ✳

 太陽が支配する。

 とげなど、肉に刺さった異物を抜きだす。鼻孔に入れれば頭を浄化する。乾かす性質があるので傷口を閉じ、潰瘍をきれいにする。

蒸留水や煎じ汁も、新しい傷から古い潰瘍までを短時間で治癒へと導く。汁液を少しだけ混ぜて目にさすと、ぼやけた視界をはっきりさせ、視力を低下させる原因となる厚い皮膜をとり去る。痛む歯とは反対側の耳に入れると、歯痛をやわらげる。また痔の痛みをやわらげる。

 蒸留水や汁液は、皮膚の荒れや異常、変色をなくすので、フランス人女性に重宝されている。ワインで煮たものをのみ、そのあとベッドに横になって体をあたため、2時間ほど汗をかくことを少なくとも2回くり返せば、疫病や感染性の熱病にとても効果がある。有毒な生物や狂犬にかまれたり刺されたりしたときにも効果がある（外用でもよい）。肝臓の閉塞を開き、腎臓の障害にとても有用である。排尿を促し、腎臓と膀胱から結石と砂を排出し、内臓の痛みと潰瘍にすぐれた効果がある。

GROUND PINE, CHAMEPITYS
グラウンドパイン、シャミピティズ

特徴　草丈が低く、10センチより高くなることはめったにない。小さな枝を多数伸ばし、細長く幅が狭い、灰色か白っぽい葉をつける。葉は毛が生えており、切れこみで3つに分かれていて、多くは節にまとまってつくが、茎にばらばらとつくものもあり、ロジンのような強いにおいがある。花は小さく薄黄色、節の葉腋から伸びる。花後には小さく丸い莢ができる。根は小さくてごつごつし、毎年枯れる。

分布　イングランドでは、ケントで最も豊富に見られる。ダートフォードの多くの場所、サウスフリート、チャタム、ロチェスター、さらにチャタム・ダウンやビーコンの近く、ロチェスター郊外、セレシスと呼ばれる家の近くの野原などに自生している。

季節　夏のあいだに花を咲かせ、種をつくる。

✳ 属性と効能 ✳

 火星が支配する。

 外用　新鮮な葉か、その煎じ汁をつけると、乳房のしこりや、体の他の部位の硬い腫れを消す。新鮮な葉か、汁液にハチミツを足したものをつけると、悪臭を放つ悪性の潰瘍やできもの全般をきれいにするだけでなく、新しい傷口

を閉じて治す。ただし女性器に激烈な影響があるので、妊婦に使用してはならない。

　煎じ汁をのむと痛みを伴う排尿障害をはじめ、腎臓や尿道の疾患による痛みを劇的に改善し、肝臓と脾臓の閉塞全般にとりわけ有効で、体を優しく開く。その目的のために、かつてはこの粉にフィグの果肉を混ぜて丸薬がつくられていた。外用でも内服でも子宮の疾患全般をめざましく改善し、月経を促し、胎児が死んでしまった場合は流産させる。女性器に強力に作用するため、流産や早産をもたらす危険を避けるため妊婦には使用が禁じられている。葉の煎じ汁をしばらくのあいだワインでのむと（外用するか、併用してもよい）、痛風・けいれん、まひ・坐骨神経痛・関節の疾患に効果がある。その際、ペッパーワートの粉にベネチア産のテレビン油を混ぜて使うとさらに効果があがる。丸薬はしばらく継続してのみつづけると、むくみ・黄疸・関節や腹部や内臓の締めつける痛み・脳疾患・冷たい粘液質の体液の流出・てんかんも改善する。トリカブトや他のハーブの毒、あるいは有毒な生物に刺されたときの特効薬であり、熱の出ない咳のとりわけ初期にはすぐれた効果がある。これらすべての目的のためには、葉を新しい酒に入れてのんでも同様の効果があり、しかも弱った繊細な胃にははるかに優しい。葉の蒸留水にも同じ作用があるが、効果は弱い。花の砂糖漬けも同様で、まひを改善する。

PLANTAIN
プランテン

通常は草原や野原、小径の脇などで育ち、とてもよく知られている。

  6月に盛りとなり、そのすぐあとに種は熟す。

✳ 属性と効能 ✳

 火星、牡羊座、蠍座が引き起こす頭や陰部の病気を治すため火星のハーブと考えられてきたが、実際には金星が支配するハーブである。頭の病気は火星に対する反発、陰部への効果は金星への共感による。火星がもたらす病気のほとんどすべてに対して治療効果がある。

 根をペリトリーオブスペインの根とともにすりつぶして粉にし、歯にあいた穴に入れると痛みをとる。漉した汁液か蒸留水を目にさすと、炎症を冷やし、被膜をとる。耳に入れると痛みをやわらげ、熱をさげる。その粉にハウスリークの汁液を混ぜると、皮膚の炎症や病変、火や熱湯によるやけどを治す。単独か同様の効用を持つハーブを合わせてつくった汁液や煎じ汁は、治りにくく穴があいた古い潰瘍や、口や陰部にできたただれやできものにすぐれた効果がある。さらに痔の痛みにも効く。

汁液をバラ油と混ぜて軟膏としてこめかみや額につけると、熱による頭痛をやわらげ、精神に異常をきたし、あるいは興奮した者を落ち着かせる。ヘビや狂犬にかまれた際にも役立つ。手足の痛風のとりわけ初期段階につけると効果がある。脱臼箇所につけると、はずれた直後に生じる炎症・腫れ・痛みを抑える。乾燥させた葉の粉をワインで煮たものは、古い潰瘍の中で育つ虫を殺す。プランテン水と、その倍量の牛肉を粉にしたものを溶かした塩水を一緒に煮て漉した液は、頭や体に広がるかさぶた・かゆみ・発疹・白癬・帯状疱疹・化膿して創面が開いたできものに対する最も確実な治療薬である。
　要するに、プランテンはきわめてすぐれた傷用のハーブで、皮膚や内臓の新旧の傷とできものを治す。

　漉した汁液を単独で、あるいは酒と合わせてのみつづけると、腸の炎症や疾患全般にすぐれた効果があり、頭からの体液の流れを改善し、月経過多を含めて体液の流出全般を止める。吐血・口内の出血・腎臓か膀胱の潰瘍による血尿や濁った尿を止める。また傷口からの大量の出血も止める。喘息・肺病・潰瘍・熱による咳に対する特効薬とも考えられている。根か種の煎じ汁あるいは粉は、固める作用が葉よりもはるかに強い。3本の根をワインで煮たものをのむと、三日熱あるいは四日熱を改善する。このハーブ（とりわけ種）はむくみ・てんかん・黄疸・肝臓と腎臓の閉塞に有用である。
　乾燥させた葉の粉をのむと、腹部の寄生虫を駆除する。

PLUMS
プラム

✳ 属性と効能 ✳

 金星が支配する。女性に似て、よいものもあれば悪いものもある。

 外用 葉をワインで煮たものは、口と喉を洗い、うがいをするのに有用で、口蓋・歯茎・扁桃に流れてくる体液を乾かす。樹脂か葉を酢で煮たものをつけると、発疹・白癬を治す。種の仁からつくった油は、炎症を起こしている痔・腫瘍・潰瘍の腫れ・声がれ・舌や喉のざらつき・耳の痛みに有効である。

 内服 きわめて多くの種類があるため、その作用も多岐にわたる。甘いものは胃の乾きを消し、腹部を開く。すっぱいものはさらに乾きを消し、逆に腹部を固める。水分の多いものは胃の中ですぐにくずれるが、硬いものは栄養をさらに与え、害は少ない。食料品店でダマスク・プルーンの名前で売られている乾燥した果実は腹部をゆるめる。煮こんだものは健康な者にも病気の者にも、口と胃を楽しませて食欲を増進させ、体を少し開かせ、黄胆汁を整えて胃を冷やすためによく使われる。樹脂は結石を砕く。

アーモンドの油と同じように種の仁からつくった油5オンスをムスカデル1オンスと合わせてのむと、結石を体外に排出し、さしこみをやわらげる。

POLYPODY OF THE OAK
ポリポディ

特徴　小さなハーブで、根と葉だけで、茎や花や種を持たない。根から出ている葉を3枚か4枚、別々の場所につける。葉はそれぞれ10センチほど、曲がった形で、中肋まで届く深い切れこみが多数あり、茎の両側についている。下部は大きく、上部にいくほど小さくなり、縁には雄性のシダのような鋸歯はなく、暗緑色で、表はなめらかだが裏側は黄色い花がつくのでざらついている。根は小指よりも小さく、斜めに伸びるか、地面の浅いところを這う。外側は茶色で内側は緑色、味は甘く刺激がある。両側にごつごつした節をつくり、表面にはモスや黄色い毛が生え、その下にひげ根を伸ばして栄養を吸う。

分布　古い切り株、オーク、ビーチ、バジル、ウィローなどの木の幹、森の中、古い土壁、あるいは森の近くのモスが生え、石が転がり、砂利の多い場所で育つ。オークにからまって育つ種類が最高とされるが、一般的に使うには数が少なすぎる。

季節　常緑で、使いたいときにはいつでも集めることができる。

✳ 属性と効能 ✳

 土星が支配する。

外用　小さくつぶした生の根か、乾燥させた根の粉をハチミツと混ぜて脱臼した箇所にあてるとすぐれた効果がある。鼻につければ、ポリープと呼ばれる鼻腔の中にでき

て呼吸を妨げる肉芽を治す。手足の指のあいだの裂傷も改善する。

漿液を乾かし、濃く粘り気のある体液を消し、焼けた黄胆汁と粘液を関節からも排出するため、憂鬱質や四日熱に悩まされている者は、とりわけ乳清かハチミツ入りの水・バーリー油・ビーツ・マロウを混ぜたブイヨンなどでのめば効果がある。脾臓の硬化やさしこみにも有効である。胃に対する負担を減らすためにフェンネル・アニスの種・ジンジャーを加える者もいるが、そこまでは不要だろう。安全で優しい薬であり、万人に向く。

強力な排出作用を持つ下剤を併用していなければ、煎じ汁1オンスを一度に与えることもできる。乾燥させた根の粉を1〜2ドラム、空腹時にハチミツ入りの水1カップでのめば、穏やかな作用で上記の効果を示す。根と葉の蒸留水はどちらも長期間のみつづければ、四日熱・憂鬱・悪夢に対する治療薬として強く推奨できる。そこに氷砂糖を溶かすと、咳・息切れ・喘鳴・喘息・肺病をもたらす漿液の流れを止める。

THE POPLAR TREE
ポプラ

白と黒の2種類がある。

特徴

　白いポプラは幹が太く、かなりの高さまで伸び、厚くなめらかで白い樹皮に覆われ、枝には深い切れこみのある長い葉がつく。葉は深い切れこみがあってヴァインに似ているが、表面はそこまで濃い緑色ではなく、裏は毛が生えており白い。とてもよい香りで、輪郭はコルツフットの葉と似ている。葉の前に伸びる長い花穂は薄赤色で、それが落ちるときよい種をおさめていることがまれにある。木肌はなめらかで柔らかくて白く、鮮やかに波模様がついていて、とても評価が高い。

　黒いポプラは白いポプラよりも背が高く、まっすぐに育ち、樹皮は灰色で、緑色の幅広の葉は白いポプラと違って切れこみがなく、アイビーに似ているが丸くて鋸歯で、先はとがっていて裏は白くなく、細長い茎があり、風でいつも揺れている。花穂は白いポプラよりも大きく、たくさんの丸く緑の実が長い房のように固まっていて、中にはたくさんの冠毛つきの種があり、熟すと風にのって飛ばされる。湿っぽいつぼみは黄緑色で、小さくて甘いが強い花弁が開く前に摘まれて、軟膏がつくられる。木肌はなめらかで白く、簡単に裂ける。どちらの種類も甘い香りを発するために、かつては芳香のある軟膏にされた。

 さまざまな場所で、湿った森の中や水辺で育つ。ただし白いポプラは黒いポプラより少ない。

 花穂は夏の終わりに葉の前に出る。

✴ 属性と効能 ✴

 どちらの種類も土星が支配する。

 葉の汁液をあたたかいまま耳に入れると、痛みをやわらげる。若く湿ったつぼみを花弁が広がる前にすりつぶし、少量のハチミツを加えると、目のかすみを改善する。黒いポプラは白いポプラよりも冷やす性質が強く、葉を酢と混ぜてすりつぶしてつければ、痛風を改善する。この木のうろから落ちる水はいぼ・膨疹・丘疹などの皮膚の病変をとり去る。黒いポプラの若いつぼみは、髪を美しくしようとする女性たちに広く使われる。新鮮なバターと一緒にすりつぶし、しばらく日光をあてたあとで漉して使う。このポプラからつくった、ポプルネオンと呼ばれる軟膏は、部位を問わず熱と炎症にきわめて有効で、傷の熱を抑える。子供の離乳期に、母乳を止めるためにも使われている。

 白いポプラには浄化作用がある。樹皮の粉を1オンスのむと、坐骨神経痛や痛みを伴う排尿障害の治療薬となる。種を酢でのむと、てんかんに有効である。

POPPY
ポピー

　庭で栽培される花が白と黒の2種類、さらに野生種のポピーであるヒナゲシについて説明する。

特　徴

　白いポピーは4枚か5枚の白緑色の幼葉を地面に広げ、茎が伸びるとその根元を囲むように葉が広がる。葉はとても大きくて縁の切れこみが深く、両端は波打つ。茎は通常120〜150センチほどで、たいていはその先が2つか3つに枝分かれするが、ときには分かれない場合もある。その枝に1つだけ、薄い膜に包まれた頭が出て、それが開く前に下向きに垂れ、それから膜が破れると花が咲く。花はとても大きな4枚の白く丸い花弁からなり、真ん中に多数の頭の丸い白いおしべが固まり、頭が王冠か星のようにくるまれた小さくて丸い緑色の頭がある。それが熟すとリンゴほどにも大きな果実になり、多数の小さな丸い種が殻の中でいくつかの区画に分かれておさめられている。果実の中心は空洞になっている。葉や茎や頭などすべての部分は、新鮮で若く緑のうちに折ると乳液が出る。乳液は不快な苦い味で吐き気をもよおさせるほどだが、それを凝縮させるとアヘンになる。根は白くごつごつし、熟した種を落とすとすぐに枯れる。

　黒いポピーは白いポピーとほとんど変わらないが、花はやや少なく黒紫色、花弁の底に紫色の斑はない。種の頭は白いポピーよりはるかに小さく、冠に包まれた先端のまわりを少しだけ開き、もしその頭を下に向けたときにはその中から真っ黒な種が落ちてくる。

　野生種のポピーであるヒナゲシの葉は細長く、縁が切れこんでいくつ

にも分かれ、明るい緑色で、ときに毛が生えている。茎は黒くてやはり毛が生えているが、栽培種ほどは高く伸びず、下部で育つのと同じ葉をつける。ときに3本か4本に枝分かれし、そこに小さな毛羽だった頭をつける。頭が下を向いたあと被膜が破れて花が出て、美しい黄赤色や深紅の花弁を開く。もっと色が薄い花もあり、花弁の付け根には斑がいっさいできず、小さな緑の頭を囲むように咲く。頭は熟すと小指の先ほどの大きさになり、その中に栽培種よりも大きくはないとても黒い種をおさめる。根は毎年枯れ、春にまた種から芽生える。野生種はすべてがひとまわり小さいが、それ以外に違いはない。

分布　栽培種は、一般的にいかなる場所でも自生はしない。庭では種をまいて育てる。

　野生種のヒナゲシは、イングランドのあらゆる地方の麦畑で充分すぎるほどたくさん目にすることができる。その他、水路の土手、生け垣の脇などでも見られる。それよりさらに小さい野生種も麦畑やその他の場所で見られるが、その数は前者ほど多くない。

季節　栽培種は春に種をまき、5月の終わりには花が咲く。自生の場合には、開花時期はもう少し早い。野生種の花は5月から7月にかけて咲き、種は開花後すぐに熟す。

✹ 属性と効能 ✹

 月が支配する。汁液からアヘンができる。海を越えた地では、アヘンは涙のようなもので、ポピーが泣いたときに落ちるなどという嘘がまかり通っている。

栽培種のポピーのあたたかい煎じ汁かポピー油、あるいはすりつぶした新鮮な葉か果実に酢を加えた液で、頭やこめかみを洗うか、バーリーの粉と豚脂を混ぜて湿布をつくるかすれば、炎症全般を冷やして改善し、丹毒を治す。解毒剤・耐毒剤・入眠剤・鎮痛剤の成分として広く使われる。炎症・おこり・錯乱を抑えるため、あるいは咳と消耗をもたらす体液がたまるのを防ぐため、下痢や月経を止めるためにも使われる。虫歯の穴に入れると痛みをやわらげる。痛風の痛みもやわらげる。

 栽培種のポピーの種からつくったシロップは、病弱者に休息と睡眠をもたらすためによく使われる。頭から胃と肺に流れこんでしつこい咳や肺病をもたらすカタルや、漿液がたまる症状を抑える。声のかすれ、失声も改善するが、その作用は種からとった油にもある。黒い種をワインで煮たものをのむと、下痢や月経を止める。中身を抜いた殻のポピーの果実は通常は熱湯で煮て与えると、休息と眠りをもたらす。熱湯で煮た葉にも同じ作用がある。

野生種のヒナゲシはてんかんを予防する。花からつくったシロップは、胸膜炎に有効である。乾燥させた花を熱湯で煮るか粉にしてのむか、あるいは蒸留水をのんでも同じ効果がある。花の蒸留水は、夜と朝にのめば暴飲暴食後にとても有用である。他の種類のポピーよりも冷やす性質が強く、おこりや錯乱、その他の内臓と皮膚の炎症に効果がある。ただし、種を内服するのは危険である。

PURSLAIN
パースレイン

栽培種のパースレインはサラダ用のハーブとして使われる。

✳ 属性と効能 ✳

 月が支配する。

 外用 汁液は陰部の炎症と潰瘍、潰瘍性の痔にきわめて有効である。すりつぶした葉を額とこめかみにあてると、休息と睡眠を妨げる高熱を鎮める。目につけると、充血と炎症をとる。少量の酢を混ぜ、雄牛の胆嚢とアマニを同量加えたものを首につけると、全身のあざ・丘疹・にきび・丹毒を治し、痛みをとって首の凝りをほぐす。汁液もバラ油と合わせて同じ目的に、また落雷や火薬によるやけど、乳房のただれにも効き、さらに他のできものやけがによる熱をさげる。子供のでべそにつけて治す用途もある。口や歯茎の腫れを抑え、ぐらぐらする歯を固定する。蒸留水はあらゆる治療が失敗に終わった歯の痛みをとる。

 内服 肝臓・血液・腎臓・胃・おこりの熱を冷ます作用が最も強い。腹部の胆汁質の体液を止め、月経・おりもの・淋病・腎臓の膿・熱による痛み・寝不足・錯乱に効果がある。種は葉より効果が大きく、尿道の熱と痛みを落ち

着かせ、淫夢を消す。その作用ゆえ、過剰に使うと本来の生殖能力を失う恐れがある。種をすりつぶしてワインで煮てから子供にのませると、寄生虫を体外に排出する。葉の汁液は、こうした目的すべてに有効である。

　吐き気を止める作用もあり、適量の砂糖とハチミツとともにのめば、乾いたしつこい咳・息切れ・喘息・喉の渇きを止める。葉の蒸留水も、同じ効果を引きだすために少量の砂糖を加えて多くの者が（おいしく）のんでいる。

　濃縮した汁液にトラガカントゴムとアラビアゴムの粉を混ぜてつくった丸薬をのむと、血尿を改善し、痛風の痛みをやわらげ、けいれんや冷え以外が原因の腱の硬化を改善する。

PRIMROSES
プリムローズ

　この植物の葉からつくった軟膏以上に傷の治療に効果がある薬はない。

PRIVET
プリベット

 多数の細い枝をかなりの高さと幅に伸ばし、あずまやや屋敷の壁を覆う。人、馬、鳥などさまざまな形に切りそろえられる。最初は支えがいるが、成長すると自立する。細長い緑の葉を対生させ、枝の先に甘い香りの白い花を総状に咲かせ、花後には紫の果汁を含む小さな黒い実ができる。実の中には、片側が平らで、中に穴かくぼみがある種ができる。

 イングランドのさまざまな森の中で自生する。

花は6月と7月に咲き、実は8月と9月に熟す。

✳ 属性と効能 ✳

 月が支配する。

 最近はローションにして、できものや口のただれを洗い、炎症を冷やし、体液の流出を止めるために使われる程度である。花を入れてしばらく日なたに置いた油は、傷の炎症、熱が原因の頭痛に対してとりわけ有効である。花からつくる蒸留水は冷やして乾かす必要がある疾患全般に有効で、下痢・下血・月経異常を改善する（内服でもよい）。さらに、口や他の部位の血液をとり除き、目の粘液をきれいにする。

CULPEPER'S
COMPLETE HERBAL

QUEEN OF THE MEADOWS, MEADOW SWEET, MEAD SWEET
クイーンオブザメドウズ、メドウスイート

特徴 　茎は赤く、90センチからときに120センチ、150センチほどの高さになり、節ごとに大きくて曲がった葉が間隔を空けて互生する。硬くてざらつき、ごつごつしてしわになったエルムと似ている多数の幅広の葉が中肋の両脇に伸び、さらに（アグリモニーのように）深い鋸歯が縁についた、上部が暗緑色で下部が灰色の小葉をいくつもつける。香りと味はとても鋭く、バーネットと似ていて、葉をカップに注いだ赤ワイン（クラレット）に入れると、すばらしい風味がつく。茎と枝の先には小さな白い花が密集した房が多数集まる。花は葉よりもはるかによい香りで、それが落ちたあとにねじれ、とがった種ができる。根は木のようで外側が黒で内側が茶色である。いくつも大きな根を伸ばし、それより少ないひげ根もつける。においは強いが、花や葉のように心地よいものではなく、枯れずに何年も生きつづけ、毎年春に新しい芽を出す。

 ほとんどがぬれている湿った草地や、水路の近くで育つ。

 6月から8月にかけて、夏のあいだにいずれかの場所で花を咲かせ、そのすぐあとに種が熟す。

✳ 属性と効能 ✳

 金星が支配する。

外用 ただれた古い潰瘍・瘻孔・口や陰部のできものに有効である。成長した葉を肌につけると短時間で水ぶくれができ、その水は目の熱と炎症を改善する。

内服 出血・下痢・嘔吐・月経・おりものを止める。四日熱の発作を治し、心臓を楽にするために花か葉が使われる。さしこみをすみやかに改善する。ワインで煮て、少量のハチミツを加えてあたたかいうちにのむと、腹部を開く。

THE QUINCE TREE
クインス

特徴 平均的なリンゴの木ほどの高さと大きさになることもあるが、通常はもっと丈が低くてねじ曲がり、樹皮はざらつき、枝を大きく伸ばす。葉はリンゴと似ているが、さらに厚くて広く、葉脈に富み、裏側は白みが強く、切れこみはまったくない。花は大きくて白く、ときに赤い。花後の果実は黄色く、熟す手前で白い産毛に覆われる。若いあいだは密集し、それが熟すにつれて数が減り、ときとして数箇所が飛びだし、リンゴやペアに似た形になり、においは強いが耐えられないものではない。生で食べるとすっぱくてまずいが、煮たり焼いたり砂糖漬けにしたりするとましになる。

 池の近くや水辺を最も好んで育ち、イングランド各地で数多く見られる。

 花は葉が出たあとに咲く。果実は9月か10月に熟す。

✷ 属性と効能 ✷

 土星が支配する。

熱い体液を外から固めて冷やす必要があるときは、マルメロの油あるいはそれからつくった薬を腹部などの部位に塗るととても有用である。同様に胃腸、体液によりゆるんだ腱を強め、不適切な発汗を防ぐ。マルメロの種からとった粘液は、乳房の熱を冷まし、できものを治す。その粘液に少量の砂糖を混ぜれば、喉の痛み・声のかすれ・舌のざらつきに有効である。マルメロの産毛を煮て感染性のできものにつけると、それを治す。またミツロウを混ぜてつくった硬膏をつけると、はげた頭に毛を生やし、抜け毛を防ぐ。

　生のマルメロは、あらゆる体液・胆汁質の下痢・嘔吐・その他の調節が必要な症状を改善する作用が、熱を加えたマルメロよりも強い。ただし汁液のシロップや砂糖漬だけは別で、加熱すると固める作用がとても強くなる。少量の酢を足すと、食欲減退を改善し、胃のむかつきを治す。スパイスを足すと、気力の衰えを回復し、消化不良をもたらす肝臓の圧迫をとり、黄胆汁と粘液を正常化する。排出作用を持たせるには、砂糖の代わりにハチミツを入れる。

　便通をよくしたい場合には、ルバーブを足す。固める作用をさらに強力にしたいなら、熟していないマルメロにバラ・アカシア・火であぶったルバーブを混ぜて使うとよい。マルメロの汁液を生でのむと、致死性の毒の予防になる。

RHADDISH, HORSE-RHADDISH
ラディッシュ、ホースラディッシュ

特徴　ホースラディッシュは、冬になる前に最初の葉は40センチほど伸びる。葉は鋸歯で多数の深い切れこみが入り、暗緑色で太い中肋がある。そのあとしばらくして、もっと大きくてざらつき、幅広で長く、最初は切れこみがなく縁が波打つように曲がっている葉がつく。花が咲くときには（まれである）茎は大きく、葉をまばらにつけて90～120センチほどの高さになり、先端から4弁の白い花をつけたいくつもの小さな枝を広げる。花後にはシェパーズパースのような莢ができるが、その中に種があることはあまりない。根は大きくて長くて白く、ごつごつとし、たくさんの根葉を出して増えるが、土の中に広くはびこることも地面に広がることもない。マスタードのように強く刺激的な苦みがある。

　自生もするが、主として庭で栽培される。湿った日陰を好む。

　花が咲くことはまれだが、花期は7月である。

✳ 属性と効能 ✳

 どちらも火星が支配する。

 ホースラディッシュの汁液を腹部にあてると、子供の体内の寄生虫を駆除する（内服でも）。すりつぶした根を坐骨神経痛・関節痛・肝臓と脾臓の強い腫れにより痛む場所につけると、症状を大幅に改善する。

 ホースラディッシュの汁液をのむと、壊血病にとても効果がある。葉と根の蒸留水は、坐骨神経痛・関節痛・肝臓と脾臓の強い腫れを改善するために、少量の砂糖を足してのまれることが多い。

栽培種のラディッシュは、高級食材としてサラダに使われるが壊血病を引き起こす体液を胃にもたらすので注意が必要である。とはいえ、結石や腎砂、尿閉に悩まされている者にとっては、もしその副作用に耐えられる体力があるなら、効果の高い薬となる。好みにより、根の汁液をシロップにして使ってもよい。大量の尿を促して排出する。

RAGWORT
ラグワート

セント・ジェームズワート、スタガーワート、スタマーワート、セグラムとも呼ばれる。

特徴 多数の大きくて長い暗緑色の葉を地面に広げる。葉は両脇にたくさんの切れこみがある。葉のあいだから1本、ときに2、3本の角張り、あるいはとがった黒か茶色の茎が90〜120センチほどの高さになり、ときに枝分かれし、先まで間隔を空けて同じような葉を多数つける。先端でさらに枝分かれして、それぞれに多数の花弁を持ち、真ん中に暗黄色の毛房をつけた黄色い花がかたまりのようになって咲く。花はとても長いあいだ残るが、しおれたのちに小さな灰色の種ができて、風にのって飛ばされる。根は多数のひげ根からなり、地面に根を張り、長い年月生えつづける。

これとよく似ているが、茎が高く伸びない種類が別にある。葉はきれいな鋸歯ではなく、色も暗くなくむしろ白色で、柔らかくて毛が生えており、花は通常は色が薄い。

分布 草原やあちこちの未耕地に自生する。どちらもしばしば同じ場所に育つ。

季節 6月と7月に花が咲き、種は8月に熟す。

✳ 属性と効能 ✳

 金星が支配する。

 汁液は新しい傷を治し、陰部などのしつこい潰瘍・内臓の傷・潰瘍・瘻孔を治す。体の各部と神経や腱の痛み・坐骨神経痛・腰や指の関節の痛みも、葉で患部を洗うか、葉をすりつぶしたあとに古い豚脂で煮て漉した液に樹脂と乳香の粉を加えてつくった軟膏を塗れば癒える。

 浄化・分解・排出作用がある。煎じ汁は潰瘍やできものがある口や喉を洗うと効果がある。できもの・しこり・膿瘍を根こそぎ浄化して治す。さらに扁桃炎・るいれきにも効果がある。カタルや漿液、頭から目・鼻・肺への体液の流入を止める。

RATTLE GRASS
ラトルグラス

赤と黄色の２種類を解説する。

特徴 赤いラトルグラスは、根から赤く（ときに緑色の）中空の茎をいくつも伸ばす。いずれも大部分は地面に広がり、一部は直立して中肋の両側に小さな赤か緑の、切れこみの入った葉を多数つける。花はきれいな赤紫色で、茎と枝の先端に小さな鉤を開いたような形でつく。花後に小さな莢におさめられて黒い種ができる。莢の中でばらばらに落ちるため、揺さぶると音をたてる。白く細い根が数本伸び、それぞれにひげ根が出る。

黄色いラトルグラスは、ほとんどが大きな円筒形の１本だけの茎が50〜60センチの高さになるが、枝はほとんどない。茎の節に長く幅広で深い切れこみが入り、ニワトリのとさかに似た葉を対生させる。葉は茎近くがいちばん広く、先が細い。花は茎の先で育ち、赤いラトルグラスと同じように脇についた小葉に覆われる。きれいな黄色で、色が薄く白色に近い花もある。種は大きな莢にばらばらにおさめられていて、熟すと音をたてる。根は小さくて細く、毎年枯れる。

分布 イングランドの草地や森で育つ。

季節 ときとして、真夏から８月が過ぎるまで花が咲く。

✳ 属性と効能 ✳

 2種類とも月が支配する。

 黄色いラトルグラスは、葉をマメと煮てハチミツを適量加えて目にさすと、咳や目のかすみに効果がある（内服してもよい）。種をそのまま目に入れると、痛みもなく視界をぼやけさせていた膜をきれいにとり去る。

 赤いラトルグラスは、赤ワインで煮たものをのむと潰瘍や瘻孔を治し、中の体液の流れを止め、月経過多やその他の血液の流出も止める。

REST HARROW, CAMMOCK
レストハロウ、カモック

 特徴 多数のごつごつした小枝を50センチ～1メートルほどの高さまで伸ばし、節に無秩序に小さな丸い暗緑色の葉を2枚か3枚ずつつける。若葉にとげはないが、やがてさまざまな場所に短く鋭いとげをつける。薄紫色の花が小枝と枝の先に、エンドウやブルームのようにぴったり固まって咲くが、それらよりは少なく、平らで密集している。花後に小さく平らで丸い種を含む小さな莢ができる。根は外皮は黒くて中は白く、若く生のうちはごつごつして裂けにくく、乾燥させると牛の角ほど硬くなる。地中深くに食いこんで広がり、ちぎれても地中にあればまた育ちはじめる。

 分布 肥沃な土地でも荒れ地でも、イングランドのたくさんの場所で育つ。

季節 7月の初めから半ばに花が咲き、種は8月に熟す。

✴ 属性と効能 ✴

 火星が支配する。

 酢と混ぜてつくった煎じ汁でうがいをすると、とりわけカタルの際の歯痛をやわらげる。根の粉を潰瘍の周辺に振りかけるか、他の手頃なものに混ぜて直接つけると、硬くなった部分をとり去り、より早い治癒へと導く。

 止まっていた尿閉を治し、結石を壊して排出するすぐれた作用を持つ。根の皮の粉をワインでのむと効果が大きい。この粉はヘルニアを改善し、3カ月間のみつづければ、切ったり焼いたりする方法では治らなかった疾患をも治す。

酢と混ぜてつくった煎じ汁は、肝臓と脾臓などの閉塞を開く作用がとても強い。バルネオ・マリエの蒸留水に4ポンドの根を細かく刻み、1ガロンのカナリーワインに漬けたものを加えるとすぐれた効能を示し、尿道をきれいにする。根の粉に砂糖を混ぜてつくった舐剤かトローチ、あるいは新鮮な根の表皮をじっくり煮てから砂糖を加えてつくった砂糖漬けも同様の効果をもたらす。

ROCKET
ロケット

　栽培種のロケットは薬としてよりもサラダ用のハーブとして使われる。野生種のロケットの解説は以下のとおりである。

特徴　野生種のロケットは、栽培種よりも長く細い葉をつける。暗緑色で、中肋の両側の切れこみやぎざぎざもさらに細かい。そのあいだから複数の茎を60～90センチまで伸ばし、ときには形が似た小さな葉をつける。葉は上部にいくほど小さくなる。茎は中ほどから枝分かれし、硬い分枝に4弁の黄色い花を多数つける。花後には細長い莢の中に小さな赤い種ができる。葉も種も、栽培種よりも苦く刺激が強い味がする。

分布　イングランドのさまざまな場所に自生する。

季節　6月か7月頃に花が咲き、8月に種が熟す。

✵ 属性と効能 ✵

 火星が支配する。

 種をハチミツと混ぜて顔につけると皮膚の水疱をきれいにし、酢と合わせて使うと顔などのそばかすや赤らみをとる。雄牛の胆嚢と合わせて使うと、化膿した傷・黒あざ・青あざ・天然痘の跡を治す。

 野生種のロケットは頭に鋭い刺激をもたらして痛みを引き起こすために、単独で使うことは禁じられている。精子と性欲を増やす作用が栽培種よりも強く、消化を助け、排尿を大量に促す。種はヘビ・サソリ・トガリネズミにかまれたときや、その他の毒をのんだときの治療に使われ、寄生虫や腹の中にいる有害な生物を体外に排出する。葉を煮て砂糖を適量加えたものは、くり返しのめば子供の咳を治す。種を酒でのむと、脇の下の悪臭を消し、母乳を増やすが、脾臓を消耗させる。

WINTER-ROCKET, CRESSES
ウィンターロケット、クレス

特徴 大きな暗緑色の葉を地面に這わせる。葉には深い切れこみが入り、どこかロケットやカブの葉に似て、根元近くが小さくて端が広く、冬のあいだも枯れず（秋に芽が出たら、冬に食べるために摘まれる）、あいだから小さな円筒形の茎が何本も伸びる。茎は枝に富み、4弁の黄色い小さな花を多数つける。花後には小さな莢ができ、中に赤い種がおさめられる。根は糸のように細く、毎年種が熟したあと枯れる。

分布 庭や野原、道の脇などさまざまな場所に自生する。とりわけホルバーンのミスター・ラムの水道の水源となるグレイズ・インの裏に位置する、暗渠（訳注：蓋をつけられた水路）の端の隣にある草地で見られる。

季節 5月に花が咲き、6月に種ができ、そのあと枯れる。

✴ 効　能 ✴

内服 排尿を促し、痛みを伴う排尿障害を改善し、結石と砂を排出する。壊血病に有効で、内臓の傷に対するきわめてすぐれた傷薬である。汁液か煎じ汁をのむか、傷をきれいにし、死んだ組織をとり去り、乾かす性質により患部を治す（潰瘍やできものに直接つけてもよい）。

ROSES
ローズ

✳ 属性と効能 ✳

赤いバラは木星が、淡赤色のダマスクローズは金星が、白いバラは月が、プロバンスローズはフランスの王が支配する。

外用と内服

　白と赤のバラは冷やして乾かす性質があるが、どちらの性質も白いバラの方が赤いバラより強い。ただ、内服役にされることはほとんどない。新鮮なバラは汁液の苦みにより黄胆汁と漿液を排出させる。けれども乾燥させて苦みをもたらす熱が消えると、固めて収縮させる作用を持つようになる。満開前のものは、満開のものよりも冷やして固める性質が強く、白いバラは赤いバラよりその性質が強い。ワインでつくった赤いバラの煎じ汁は頭痛・目・耳・喉・歯肉の痛みにとても効果がある。また肛門・下腹部・子宮を浸すかその中に入れても効果がある。同じ煎じ汁にその中に残っていたバラを加えたものを心臓のあたりにあてると、炎症や丹毒、その他の胃の

疾患をやわらげる。

　乾燥させてつぶして粉にし、鉄を入れたワインか水でのむと、月経を改善する。バラの中央の黄色い筋（種でないのにローズシードと呼ばれる）を粉にしてマルメロの蒸留水でのむと、月経過多を改善し、歯肉や歯へ粘液がたまる症状を改善して化膿を防ぐ（カイソウの酢を足したものでうがいをして洗い流せば、ぐらついていた歯を支える）。種のついた頭を粉か煎じ汁にして服用すると、下痢・吐血を止める。赤いバラは心臓・胃・肝臓を強くし、保持する作用を持つ。熱による痛みをやわらげ、炎症を抑え、休息と睡眠をもたらし、おりもの・月経・淋病・尿路の膿・下痢を止める。汁液は黄胆汁と粘液を体から排出する。莢は固めて冷やす性質があり、蒸留水は目の熱と充血を治し、粘液や涙が流れ落ちるのを止めて乾かす。

　赤いバラからはたくさんの調合物がつくられ、それぞれが各種の効能を持っている。バラの舐剤や砂糖漬けは乾かす性質と湿らせる性質を両方持ち、バラ砂糖・乾燥バラのシロップ・バラのハチミツと呼ばれることが多い。強壮作用を持つ粉は、ディアルホデン・アバティスあるいはアロマティクム・ロザルムと呼ばれる。

　バラの蒸留水・酢・軟膏・油・乾燥させた葉は、用途が広く効果が大きい。舐剤は排出作用があり、虚弱な者であれば2、3ドラムを適当な酒で服用すれば充分だが、体力に応じて6ドラムまで増やすことも可能である。副作用なく黄胆汁を排出し、高熱・胆汁質の体液がもたらす頭痛・目の熱・黄疸・熱い体液による関節痛に有効である。

　乾燥させない砂糖漬けは固める作用と強心作用を兼ね、とても有用である。つくってから2年は固める作用が、それ以後は強心作用が強くなる。つくってから年数がたっていない砂糖漬けを耐

毒剤と混ぜると、脳から鼻へと流れる体液・目にたまる粘液・さらには下痢に有効である。樹脂の粉と混ぜたものは、淋病や体液の流れを大幅に改善する。古い砂糖漬けをアロマティクム・ロザルムと混ぜると、失神・虚弱・不整脈に効果があるすぐれた強心薬となり、心臓と弱った胃を強め、消化を助け、吐き気を抑え、感染症の予防薬ともなる。

バラ砂糖と呼ばれる乾燥させた砂糖漬けは、心臓と精神を強めるとてもすぐれた強心薬であり、体液がたまるのを防ぐ。

乾燥させた赤いバラのシロップは吐き気を抑え、加熱した肝臓やおこりの際の血液を冷やし、心臓の負担を減らし、化膿や感染に抵抗し、下痢や体液の流出を止める。

バラのハチミツはうがい薬やローションとして使われ、口や喉などのできものを治し、患部に流れこむ体液を止める。また冷やして浄化するために浣腸としても使われる。

ディアルホデン・アバティスあるいはアロマティクム・ロザルムと呼ばれる強心作用のある粉は、心臓と胃の負担を減らして強め、食欲を増進させ、消化を助け、吐き気を抑え、ゆるんだ腸を強くし、粘液を減らして乾かす。

赤いバラのバラ水はよく知られており、あらゆる機会に広く使われる。冷やして心臓を強め、弱った心を立ちなおらせる作用はダマスクローズよりもすぐれる。食事にもブイヨンにも使われ、こめかみを洗ったり、鼻から吸い込んだり、また香水瓶から漂う甘い香りを吸ったり、熱い石炭すくいに入れて使うこともある。充血や炎症にきわめて有効で、目にさしたり、こめかみにつけたりする。

鎮痛目的にはバラの酢が非常に有用で、休息と睡眠を与えるためにはバラ水と合わせてかぐか、鼻とこめかみにつけて湿らせて

使う。

　しかし最もよく使われるのは、赤いバラのローズケーキを湿らせて目的に応じて切り、二重にした布に挟んで熱したものに、つぶしたナツメグとポピーの実を少量足して額やこめかみの脇につけ、1晩そのままにする治療法である。

　バラの軟膏は額とこめかみに塗れば、頭の熱と炎症を抑える。肝臓・腰・腎臓の熱の治療に、また顔などのできもの・丘疹・赤いにきびなどを冷やして治す。

　バラ油は熱を持ったできものや炎症を冷やし、できものへの体液の流入を固めて止めるためにそのまま使われる。

　軟膏や硬膏にすれば冷やして固め、体液の流れを抑える作用を持つ。

　赤いバラの乾燥させた葉は内服にも外用にも使われ、どちらも冷やして固め、心臓を強める。アロマティクム・ロザルム、ディアルホデン・アバティスである。バラの葉とミントを熱したものを外用として胃のあたりにつけると、吐き気を抑え、弱った胃を大幅に強化する。また肝臓と心臓のあたりに湿布薬としてつければ、両方を冷やして整え、ローズケーキの代わりとして興奮を静め、休息と眠りをもたらす。

　ダマスクローズのシロップは純粋なものと混合物を加えたシロップとがあり、混合物にはエブリコを加える。バラを溶かした純粋なシロップは、安全で優しく使いやすい薬としてよく知られており、1オンスから4オンス服用すれば黄胆汁を排出する。このシロップの蒸留水は腹部を固める卓越した作用がある。エブリコを加えたシロップはさらに強力で、1オンスだけでも体を開く作用がさらに強く、黄胆汁も粘液も同様に排出する。憂鬱質の体液に対してより強力に働き、かったい・かゆみ・発疹・梅毒など

に有効である。またエブリコを加えてつくったバラのハチミツにも同様の効能があり、開いて排出する作用を持つが、胆汁質の者より粘液質の者に多く使われ、砂糖を足してつくったシロップと同様、飲用よりも浣腸として使われることが多い。これらバラの葉の砂糖漬けと塩漬けも、優しく腹部を開く。

　ダマスクローズの純粋な水は、甘みをつける蒸気をつくる。同様に乾燥させた葉は、粉に甘みをつけ、におい袋に入れるために使われる。どちらも薬として使われる機会はほとんどないが、排出作用を持つ。

　野生種のバラも薬用として使われることはほとんどないものの、栽培種に近い性質を持つ。ヒップと呼ばれる野生種のイバラの実は、完熟したものを砂糖漬けにすると食用としておいしいだけでなく、腹部を穏やかに固め、頭から胃への粘液の流入を防いで乾かし、消化を助ける。硬く乾燥させた実の繊維は、リコリスの汁液や乾燥させて粉にしたものと似て、おりものをすみやかに止める。粉を丸めてつくったバラの玉もよく使われるが、結石を砕き、止まっていた排尿を促し、さしこみをやわらげて改善する。同じ目的のために、それを焼いてから服用する例もある。玉の中には白い虫がいることが多く、それを乾燥させて粉にしてのむと、腹部の寄生虫を駆除する。

ROSA SOLIS, SUN DEW
ロサソリス、サンデュー

レッドロット、あるいはユースワートとも呼ばれる。

| 特　徴 | 小さく丸く、鋸歯の葉を多数つける。葉は緑色だが、赤い毛が多く生え、そのせいで赤く見える。それぞれが、やはり赤く毛羽立った葉柄の先につく。葉は猛烈に暑い日にも常に湿っている。実のところ、日差しが強いほどに湿り気が増し、その粘り気が小さな毛に常に湿り気を与える。それらの葉のあいだから、やはり赤みを帯びた茎は指の3、4本分の高さになり、多数の小さく白いこぶを互生させる。それが花である。花後には小さな種を含む頭が出る。根は数本の小さなひげ根である。

 通常は沼地や湿地、ときに湿った森の中で育つ。

 6月は花が咲き、葉を摘むにも最適である。

✴ 属性と効能 ✴

> 太陽が支配し蟹座のもとにある。

内服　肺に塩性の粘液がたまって生じる消耗を改善する作用があり、きれいな黄色の蒸留水をワインでのむとよい。蒸留水は喘息・喘鳴・息切れ・咳などに有効で、肺に生じる潰瘍も治す。また心臓を落ち着かせ、無気力を改善する。葉を肌に直接あてると水ぶくれを起こすことから、内服するのは危険だという説がある。けれども水ぶくれを起こしてものんで平気なものは他にもある。アルコールとスパイスを混ぜてつくった飲み物は、くり返しのんでも危害や危険をもたらさず、めまいや動悸に使うと有効である。

ROSEMARY
ローズマリー

 4月と5月に花が咲き、ときには8月にもう一度咲く。

✴ 属性と効能 ✴

 太陽が支配し、牡羊座のもとにある。牡羊座が支配する。

 葉は入浴の際にとてもよく使われる。軟膏か油にすると、冷えてまひした関節・腱・手足を改善する。葉と花からつくった油は、上記のすべての疾患に対する特効薬となる。そのうち頭や脳の疾患に対しては、2、3滴をこめかみと鼻孔に垂らす。また内臓の不調には、症状に応じて1滴から3滴までをのむとよい。ただし急激に作用するので、服用に際しては慎重に少量ずつのむようにする。日干しによってこのハーブから油をつくる方法がある。すなわち、花を必要量集め、密閉性の高い丈夫なガラス瓶に入れ、その口にきれいな亜麻布をかぶせてひっくり返し、別のガラス瓶の口と重ねる。それを日差しの下に置くと、油が下のガラス瓶にしみだしてくる。この油を保存すれば、さまざまな用途に使える貴重な薬となる。上記の疾患によく効く香膏となり、目のかすみを改善し、皮膚のしみや傷跡をとる（内服してもよい）。

薬としてだけでなく、日常的にとてもよく使われる。皮膚の疾患にも内臓の疾患にも使われ、あたためて強化する作用により、頭・胃・肝臓・腸のあらゆる冷たい疾患を改善する。ワインによる煎じ汁は目への冷たい体液の流入・めまい・眠気・倦怠感・感覚鈍磨・まひ・失語・てんかんといった頭と脳の冷たい疾患全般を改善する（こめかみにつけてもよい）。息を臭くする化膿によるものではなく、粘液が流れこむことによる歯肉と歯の痛みをやわらげ、記憶力の衰えを改善し、感覚を鋭敏にする。

　煎じ汁か粉をワインでのむと、胃の冷えた不調全般にとても効果があり、食べたものの滞留を改善して消化を助ける。胃・腸・脾臓の膨満感に対する治療薬で、ガスを強力に排出し、閉塞を開くことにより肝臓肥大を改善する。

　咲いている花をとって毎朝パンと塩のみで食べると、かすみ目を改善する。煎じ汁を水でつくり、それをのんだすぐあとに運動をすれば、確実に黄疸を治す。花とその砂糖漬けは心臓の負担を減らし、病原菌を排出する。

　花も葉も、毎日服用すればおりものにとても効果がある。乾燥させた葉を細かく切り、タバコのようにパイプに詰めて吸うと、あたためて、乾かす性質により、有害な漿液を咳・喘息・肺病をあたためて、乾かす性質によって改善する。

室内で葉を焼くと、空気を清浄化する。

RHUBARB, REPHONTIC
ルバーブ、リフォンティック

　どこまでも茂って広がっていくことに驚いてはならない。名前は異国風だが、イングランドでも育ち、あちこちの庭で見られる。充分に使いこなせば、その効能は中国からもたらされた種類にもなんら劣らないことを体感できるはずである。

特徴

　冬が過ぎると、地面から最初に大きく丸く茶色い頭を出す。根の真ん中か脇から伸びて、次々に多数の葉を開いていく。葉は最初は茶色で、しわくちゃで折りたたまれている。1枚ずつが親指ほどの太さにまでなる茶色い茎の先で自然に広がり、なめらかでとても大きな円形の葉になる。茎はとりわけ湿った上質の土では60センチ以上まで育つ。葉柄はその根元から葉までが60センチほど、葉の幅も端から端までいちばん広いところではやはり60センチにもなる。葉の色はくすんだ暗緑色、刺激的なすっぱい味で、庭や森で育つ種類よりははるかに味がよい。葉のあいだから年によっては何本かの強く太い茎が伸びる。ソレルやドックほどの高さにはならず、下部の葉と同じように丸いが小さい葉を先端までの節ごとにつけ、白い花のあいだからたくさんの枝を広げる。

　花は5弁あるいは6弁で、どの弁も細く、真ん中の白いおしべと見分けがつかない。花後には三角の茶色い種ができ、大ぶりだがドックと似ているため混同されている。

　根は伸びるのが速く、大きく分枝を広げていく。表皮は暗茶色か赤色、その下の薄黄色の薄皮が内部の組織と根を覆っている。薄皮をはがすと現れる根はとてもみずみずしく鮮やかな色で、きれいな色の脈が走っている。その根は注意深く乾燥させると（イングランドでは日差しが不充分なため、火によりゆるやかに熱しなければならない。それぞれが触れ

あわないようにする必要もある)、生のときと変わらず鮮やかな色を残せる。

庭で栽培される。

6月の初めから半ばにかけて花が咲き、種は7月に熟す。乾燥させて翌年保存しておくための根は、茎と葉が真っ赤になって落ちるのを待ってからとる。具体的には10月半ばか終わり頃からということで、葉が出る少し前や出たあとにとった根は、色の鮮やかさが半分以下になる。

この種を最初に紹介したのは、その効能が卓越しているためでもある。ここからはモンクス・ルバーブと呼ばれる種類について記し、そのあとに大きく丸い葉のドックについて述べる。効能はそれぞれ似ており、ただその効力の強さが異なるだけなので、ないときにはいずれかで代用できる。最後に、3種類すべての効能について解説する。

GARDEN-PATIENCE, MONK'S RHUBARB
ガーデンペイシャンス、モンクス・ルバーブ

特徴

ドックに似ていて、排出作用を持ち、背の高い茎を伸ばし、切れこみがまったくない広く長くきれいな緑色の葉をつける。ドックと同じように、茎の先は赤色か紫色の花と三角形の種をつける多数の小さな枝に分かれる。根は長く太くて黄色、野生種のドックと似ているが、赤みが少し強い。乾燥させたとき、他の種類よりも変色した葉脈が少ない。

GREAT ROUND-LEAVED DOCK, BASTARD RHUBARB
グレイトラウンドリーブドドック、バスタードルバーブ

特徴

大きな丸く薄い黄緑色の葉が根から伸びる。縁は少し波打ち、それぞれがかなり太く長い茶色の葉柄から出る。きれいな太い幹は60センチほどの高さになり、下部よりも少し小ぶりの葉がつく。その先に長い穂状花序をつけて小さな茶色い花を多数咲かせ、先述した栽培種のガーデンペイシャンスに似た硬い三角形の光沢のある茶色い種をつける。根はそれより大きくなり、ひげ根をいくつも分枝する。外皮は薄黄色、中は黄色で最初に記したものと同じ変色した葉脈があるが、特に乾燥させた場合、その数ははるかに少ない。

分布　庭で栽培される。

季節　花期も種のできる時期も本来のルバーブと同じである。6月に花が咲き、7月に種が熟す。

✻ 属性と効能 ✻

 火星がこれらのハーブすべてを支配する。

外用と内服　モンクス・ルバーブの乾燥させた根1ドラムを少量のジンジャーと混ぜて粉にし、あたたかいブイヨンで空腹時にのむと、黄胆汁と粘液を腸からとても穏やかに安全に排出する。種は逆に腹部を固め、下痢や下血を止める。蒸留水はかさぶたや潰瘍性のできものを改善し、炎症も鎮める。葉か根の汁液か、酢でつくった煎じ汁は、かさぶたや膿のあるできものを治す。

グレイトラウンドリーブドドックは、モンクス・ルバーブの効能すべての他、体の内と外の疾患双方に対してさらなる効能がある。酢を使わない煎じ汁を耳に入れると、痛みをとる。うがいに使うと、歯痛をやわらげる。内服すれば黄疸を治す。種は胃のさしこみや激痛をやわらげ、食欲不振を改善する。根は爪の異常を治し、ワインで煮ると、るいれきと呼ばれる首のできものや耳のリンパ腺の腫れを抑える。結石の症状を抑え、排尿を促し、目のかすみを治す。根は開いて排出する薬として

使われ、肝臓を開き、血液をきれいにして冷やす。

　イングリッシュ・ルバーブと呼ばれる種類にも同じ作用があるが、効果ははるかに強く、本来のイタリアン・ルバーブの効用をすべて備えている。ただし排出作用だけは半分の効果しかないので、倍量を使う必要がある。過剰な刺激はなく、制約はない。それ以外はほぼ同じ効能を持つ。そのまま食べてもよいし、粉にして白ワインでのむか、1晩ワインに漬けて空腹時にのむか、排出作用のある他の適当なものと合わせてもよい。体から黄胆汁と粘液を排出し、胃・肝臓・血液をきれいにし、閉塞を開き、黄疸・むくみ・脾臓の腫れ・三日熱・おこり・脇腹の鈍痛・吐血などの症状を改善する。粉にカッシアと使い古しのテレビン油を足したものは、腎臓をきれいにしたのち強化し、淋病にもとても効果がある。また頭痛・頭のできもの・憂鬱症に対しても使われ、坐骨神経痛・痛風・けいれんを改善する。

　ルバーブの粉を少量のマダーと混ぜて赤ワインでのむと、けがによる固まった血液を溶かし、けがや内臓の破裂を改善する。葉を煮た油を塗っても同様の効果がある。漬けて漉したものは、目やまぶたの潰瘍や、腫れや炎症を抑える。ハチミツを加えてワインで煮たものは、あざや傷跡をきれいに消し去る。漬ける液体は乳清か白ワインが最も望ましく、閉塞を開き、胃と肝臓から排出する作用がいっそう強まる。その最もすぐれた中和剤として、少量のインド産のスピグネルが広く使われる。

MEADOW-RUE
メドウルー

 特徴 黄色い繊維質の根を地面に大きく広げ、あちこちから新しい芽を出し、多数の濃い緑色の茎は60センチほどの高さになる。茎は全長にうねがあって節に富み、その上下に大きな葉が多数つく。葉は先端に切れこみが入っていくつもの小さな葉に分かれ、表は赤緑色、裏は薄緑色である。茎の先端に向かって複数の短い枝に分かれ、それぞれに2つから4つの小さな頭が出る。その外皮が破れると中から薄黄緑色の細い毛筋が房になって飛びだし、それが落ちると小さな三角形の莢ができ、その中に小さくて楕円形の種がおさめられている。植物全体が強く不快なにおいがする。

 分布 イングランドの多数の場所で育つ。湿った草地の端、水路脇などで見られる。

季節 7月頃、あるいは8月初めに花が咲く。

✳ 効　能 ✳

 葉をすりつぶしてつけると古いできものが完璧に治り、葉と花の蒸留水にも同じ効果がある。他のハーブと同じように、体を開く。

根を水で煮て、あたたかいうちにノミやシラミに悩まされている箇所につけると、それらを完全に殺す。イタリアでは感染症に有効とされ、ドイツでは黄疸に使われる。

 きれいに洗った根をビールで煮たものをのむと、葉よりも便通を促す作用が強いが、それでも効き目はとても穏やかである。

GARDEN-RUE
ガーデンルー、ルー

ハーブ・オブ・グレイスとも呼ばれる。

✳ 属性と効能 ✳

 太陽が支配し、獅子座のもとにある。

 乾燥させたディルの葉と花を足してつくった煎じ汁は、患部に塗るかあてるかすると坐骨神経痛と関節の痛みをやわらげる。油で煮るか漬けるかしたものを患部に塗ると、子宮の収縮や閉塞を改善する。少量のハチミツを足してワインで半量になるまで煮つめたものは、患部につけると痛風や、関節・手・足・膝の痛みをやわらげる。フィグを加えた液で洗うと、むくみを改善する。すりつぶしたものを鼻孔に入れると、その出血を止める。

ギンバイカの葉と混ぜてすりつぶし、ミツロウを加えたものをつけると、丘疹とにきびをとる。コショウと硝石を加えてワインで煮た液をつけると、水疱を治していぼをとる。アーモンドとハチミツを足すと、乾燥したかさぶた・発疹・白癬を治す。汁液をザクロの皮の中であたためて耳にさすと、痛みをやわらげる。汁液にフェンネル・少量のハチミツ・ニワトリの胆嚢を加えたものは、目のかすみを改善する。汁液とバラ油・鉛白・少量の酢でつくった軟膏を塗ると、丹毒・頭の化膿したできもの・鼻などの悪臭がする潰瘍を治す。

内服

食べてものんでも、排尿と月経を促す。種をワインでのむと、あらゆる危険な薬、致死性の毒物に対する解毒剤になる。葉を単独で、あるいはフィグとウォルナットと合わせたものは感染症に対する解毒薬で、有害物をすべて無害にする。ただし、くり返し内服をつづけると、性欲を減退させる。乾燥させたディルの葉と花を足してつくった煎じ汁は、痛みや症状をやわらげる（あたたかいまま患部につけてもよい）。同じものをのむと、胸や脇腹の痛み・咳・息切れ・肺の炎症を改善する。発作が起こる前に1服のめば、おこりの発作を防ぐ。油で煮るか漬けるかすると、ガスによるさしこみ、子宮の硬化と膨満を抑える。少量のハチミツを足してワインで半量になるまで煮つめたものは、腹部の寄生虫を駆除して排出する。

　毎朝、空腹時にのむと毒や感染から守ってくれる解毒剤のつくり方は以下のとおりである。ガーデンルーの葉20枚・塩少々・ウォルナット2個・フィグ2個にジュニパーの実20個をつぶして混ぜる。これが1日の服用量になる。

　舐剤のつくり方は以下のとおりである。硝石・コショウ・クミンシードを同量ずつ用意する。ガーデンルーの葉を先に記した3種を合わせた分量だけ摘む。これらをつぶしてよく混ぜ、同量のハチミツを加えて舐剤にする（クミンシードは最初に24時間酢に漬けてから乾燥させるか、熱い石炭すくいかかまどで焼いておかなければならない）と、膨満感やさしこみによる脾臓・腹部・脇腹の痛みや不調に対する治療薬となる。閉塞による肝臓、尿閉による腎臓と膀胱の痛みにも効く。肥満の脂肪を減らす働きもある。

RUPTURE-WORT
ラプチャーワート

 とてもたくさんの細い枝を地面に20センチほどに広げる。枝は小さな節が密集したさらに細い多数の小枝に分かれ、緑の枝にフレンチイエローのとても小さな葉を2枚ずつつけ、葉腋にきわめて小さく、茎や葉と見分けがつかない黄色い花を咲かせる。花後はポピーの粒のように小さな種ができる。根はとても長くて細く、土の奥深くまで伸びる。最初はにおいも味もないが、やがて少しだけ苦く鋭い味になる。

 乾いた砂地や岩場で育つ。

 夏のあいだずっと鮮やかな緑色である。

✵ 属性と効能 ✵

土星が支配するハーブで、金星の影響に対抗する。土星がヘルニアを引き起こすと言われる。それが事実なら、土星の力でヘルニアを治すこともできるはずである。〝ヘルニア草〟という名前は伊達ではない。

傷口を癒着させる効果がある。生のまますりつぶしてつけるか、額・こめかみ・うなじを乾燥させた葉の煎じ汁に浸せば、頭から目・鼻・歯への粘液の流出を止める。じくじくした瘻孔ができた潰瘍や、化膿して広がっている病変を乾燥させる。

毎日乾燥させた葉の粉1ドラムをワインでのむか、煎じ汁をしばらくのみつづければ、子供だけでなく大人のヘルニアも治る。新鮮な葉の汁液か蒸留水を同じようにしてのめば、体液の流出を改善する。いずれかの方法で服用すれば、吐き気を止め、淋病を治す。痛みを伴う排尿障害、腎臓や膀胱の結石や砂に悩まされている者には特効薬となる。さしこみ・胃や下腹部の締めつけるような痛み・肝臓の閉塞も改善し、黄疸を治す。同様にして子供の寄生虫も殺す。

RUSHES
ラッシュ

　たくさんの種類があるが、ここでは最もよく知られ、最も医学的なもののみについて記す。大きなラッシュなど柔らかくなめらかな種類は、イングランドのあらゆる地域で見られる。

✳ 効　能 ✳

内服

　柔らかいラッシュの種をワインと水でのめば、下痢と月経過多を止める。ただし頭痛をもたらす。また睡眠薬としても使えるが、慎重な投与が必要である。根を熱湯で煮て3分の1に煮つめたものは、咳を改善する。

RYE
ライ

✳ 属性と効能 ✳

ライはウィートよりも分解作用がある。

外用

　ライの粉を二重織りの布に挟んで少量の酢で湿らせ、炭火にかけた白目の鍋に入れ、熱いうちに頭にあてると、長くつづく頭痛を大幅にやわらげる。ライのわらの灰を1日と1晩つけた水で手足のひび割れを洗うと、きれいに治る。

内服

　パンと酵母は膿瘍やできものを破って膿を出させる。

SAFFRON
サフラン

どこでも育ち、とてもよく知られている。

 分布 エセックス州のウォールデンやケンブリッジシャー州で頻繁に見かける。

✳ 属性と効能 ✳

太陽が支配し、獅子座のもとにあるため、心臓を強化する作用がこれほど強いのも当然である。一度に10グレイン以上は与えないよう注意する。太陽は光の泉であるため、失明の恐れがあるためである。

内服 適量以上の強心薬をとると、心臓の働きを助けるどころか逆に阻害することになる。脳を活性化する働きもあり、肺病・呼吸困難を改善する。腺ペスト・天然痘・麻疹などの感染症にすぐれた効果を持つ。排出作用にすぐれ、黄疸を劇的に治す。

私見だが（その論拠はない）、クロバナイリスはサフランの根を乾燥させたものに他ならない。白も黄色もサフランの根はクロバナイリスのように粘液を排出する。サフランの根を乾燥させてみてほしい。目で見ても味を確かめても、クロバナイリスと区別できないはずである。

SAGE
セージ

 7月頃に花が咲く。

✳ 属性と効能 ✳

 木星が支配する。

 セージとネトルの葉を合わせてすりつぶし、耳の後ろにできる膿瘍につけると、とても効果がある。ワインに漬けた葉をまひした箇所にあてると（合わせて煎じ汁ものむと）、症状を大幅に改善する。またヘビにかまれたときの治療になり、耳の中の虫を殺し、できものを治す。セージ・ローズマリー・ウッドゥバイン・プランテンをワインか水で煮て、ハチミツかミョウバンを足したうがい薬も、口や喉のできもの・潰瘍、さらに陰部の病変の治療に使われてきた。あたためる性質が強い他のハーブとともに煮た液は、夏に体と足を洗うために使われる。とりわけ、冷えた関節や腱、まひやけいれんに悩まされている患部をあたため、落ち着かせて強める。ガスによる脇腹の痛みは、ワインによる煎じ汁か、葉を煮てあたたかいまま患部に湿布としてあてるとすぐれた効果が期待できる。

内服

　肝臓に効果がある薬で、血液を増やす。セージの葉と根の煎じ汁をのむと排尿を促し、胎児が死んでしまった場合は子宮から流産させ、髪を黒くする。傷の出血を止め、潰瘍をきれいにする。セージの汁液に少量のハチミツを加えて3さじを空腹時にのむと、消耗した者の喀血・吐血をすみやかに止める。

　以下のような丸薬が推奨できる。スピグネル・ジンジャーをそれぞれ2ドラム、火であぶったセージの種を8ドラム、ロングペッパーの種を12ドラム合わせて粉にし、同量のセージの汁液を混ぜると、丸薬を大量につくることができる。それを毎朝と毎夕の空腹時に1ドラムずつのみ、そのあと少量のきれいな水をのむ。冷えたリウマチ性の体液がもたらす頭痛や、関節の痛み・てんかん・倦怠感・無気力・落ちこみ・まひを改善する。頭からの体液の流出や胸や乳房の疾患にも大いに役立つ。

　セージの汁液を湯に入れてのむと、声がれ・咳を治す。煎じ汁にコモンワームウッドを合わせてのむと、下血に効果があり、月経を促し、周期を正常に整える。感覚を熱で刺激して、記憶力を強める。また花の砂糖漬けも同様の効果がある。過去のどの時代においても、セージの汁液を酢と混ぜた飲み物は、感染症の特効薬だった。

WOOD-SAGE
ウッドセージ

特徴　毛が生えている角張った茎は少なくとも60センチの高さになる。セージに似ているが、それより小さくて柔らかく、白くて丸い、縁にわずかに切れこみがあるにおいの強い葉を対生させる。茎と枝の先にはとげのように細い花を咲かせる。薄い白色の花は開くとすべて同じ方向を向く。セージより小さいが、筒状で口を開く形は同じである。種は黒くて丸い。莢の中に通常は4粒ずつおさめられる。根は細長く、多数のひげ根を伸ばし、何年も枯れない。

分布　森の中やその周辺で育つ。また各地の野原や道の脇でも見られる。

季節　6月、7月、8月に花が咲く。

✳ 属性と効能 ✳

♀　金星が支配する。

葉の汁液、あるいはそれを乾燥させた粉は、足などの湿性の潰瘍やできものに有効で、患部を乾燥させ、治癒へと導く。新しい傷にも同様の効果がある。

 煎じ汁は排尿と月経を促す。また発汗も促し、体液を分解し、腫れとこぶを抑える作用もあるため、梅毒に有効である。ワインでつくった新鮮な葉の煎じ汁は、擦り傷、打ち身により血管が破れた際に固まった血液を溶かし、血管そのものを強化して治す。体の内外のけがに有効で、まひに対するたしかな治療薬になる（外用してもよい）。

SOLOMON'S SEAL
ソロモンシール

| 特　徴 |

円筒形の茎は50センチ近くになる。茎は地面に向かって垂れさがり、リリーオブザバレーに似た大きな単葉を互生させる。緑の葉には青い斑があり、下部は黄色が強い。茎の根元から先まで、それぞれの葉腋から長くて白くて円筒形のリリーオブザバレーに似た小さい花が垂れさがる。その先は５つに分かれてとがっている。長い花柄の先にほとんどは２つ組み、ときには１つだけが咲く。葉の付け根の花はときに花柄が２本で、においはまったくなく、茎の片側につく。花後には最初は大きな丸い実がつく。実は黒緑色で、熟すと青くなり、その中に小さくて白くて硬い石のような種がある。根は親指ほどの太さで白く、ところどころこぶができ、平らで丸い印章（シール）のような形態からソロモンズ・シールという名前がついた。根は土中浅いところに伸び、深くは伸びないが、下に向かってひげ根を出す。

イングランドのさまざまな場所で豊富に見られる。たとえばカンタベリーから４キロほどの森、フィッシュプール・ヒルの近く、あるいはソールズベリーから４キロのクラレンドン近くにあるオルダーベリー牧師館の境内の草むら、ケント州のニューウィントンとシッティングボーンのあいだのチェソン・ヒル、エセックス州の各地、その他の州などで目にすることができる。

５月頃に花が咲く。根は枯れず、毎年新たな枝根を出す。

✳ 属性と効能 ✳

 土星が支配する。

 根は傷や皮膚のできものに有効で、新しい傷口を治して閉じ、古い傷は体液の流れをおさえて乾かす。吐き気や出血全般、体液の流れを止める。また弱くはずれがちで、治してもずれてしまう関節を強化する。根をすりつぶして患部につけると、部位を問わず折れた骨をつなげて固める。

打ち身による外傷や内臓の傷に対して有効で、固まった血液を溶かし、傷ができたあとに残る痛みやあざを消し去る。同じものか、植物全体の蒸留水を顔や他の箇所の皮膚につけると、水疱・そばかす・しみ・傷跡をきれいにして、みずみずしく魅力的な肌を保つため、イタリア人女性に広く使われている。

 ワインによる根の煎じ汁、あるいはすりつぶした根をワインや他の酒に入れて1晩寝かせたあとに漉してのめば、人も動物も問わず骨折を改善する。このハーブが手に入るさまざまな地域の人々にとっては、最も確実な治療法である。ワインによる煎じ汁や、粉をブイヨンか酒に溶かしたものをのめば、ヘルニアに効果がある（患部にあててもよい）。

SAMPHIRE
サムファイア

 柔らかい緑色の茎は 50 〜 60 センチほどになる。根元近くから枝分かれし、深緑色の熱く楕円形の（やや長い）葉を多数つける。葉は 2 枚以上がまとまり、みずみずしく、おいしく刺激的な味がする。茎と枝の先には白い繖形花序がつき、花後にフェンネルの種をひとまわり大きくしたような種ができる。根は白くて太くて長く、何年も枯れず、やはり刺激的な味である。

 湿っていることが多い岩場で育つ。ただし海水がかぶる場所では見られない。

 7 月の終わりと 8 月に花が咲き、種ができる。

✱ 属性と効能 ✱

> ♃ 木星が支配する。健康を損なう疾患のほとんどの原因は消化不良と閉塞だが、どちらもこのハーブをもっと使うことにより治るはずである。食事にソースを使う際には、味だけでなく、体によいものを使うという発想もあってしかるべきだろう。

 安全なハーブで、味もよく、胃に優しく、消化を助け、肝臓と脾臓の閉塞の一部を改善する。排尿を促し、腎臓や膀胱の結石や砂を尿によって排出する。

SANICLE
サニクル

バターワートとも呼ばれる。

特徴 　長い茶色の茎に多数の大きな丸い葉をつける。葉は深い切れこみがあり、5裂あるいは6裂である。クロウフットやドゥブズフット、クレインズビルに似た鋸歯が縁にあって、表面はなめらか、濃緑色で光沢があり、縁は赤みがかっている。葉のあいだから小さく円筒形の緑色の茎が伸びる。茎には節も葉もなく、その先が枝分かれして3裂あるいは4裂の葉がつき、葉腋に花が咲く。小さな丸く黄緑色の頭から小さくて白い花が多数まとまって房になり、花後にはそこに小さく丸い種ができる。種にはとげとげした、いがのような突起がついていて、触れたものに貼りつく。根は黒いひげ根が多数伸び、緑の葉とともに冬のあいだも枯れずに残る。

分布 各地の森の中の日陰などで見られる。

季節 6月に花が咲き、種はそのすぐあとに熟す。

✵ 属性と効能 ✵

 金星が支配し、火星が体に与える傷や苦しみを癒やす。

 葉と根の煎じ汁に少量のハチミツを加えてうがいするか、洗浄に使うと、口・喉・陰部の悪性の潰瘍を治す。月経や、口・尿路・腸からの出血、下痢を止める。ヘルニアにも有効である（内服でも）。つまり、コンフリー・ビューグル・セルフヒールなどの他の傷薬と同様に、結びつけて固め、あたためて乾かす性質がある。

 新しい傷・潰瘍・膿瘍・内臓の出血・あらゆる腫瘍をすみやかに治す。煎じ汁か粉をのめば、体液を消し去る（汁液を塗ってもよい）。人に対しても動物に対しても、肺や喉の疾患にこれほどにすみやかな効果があるハーブは他にない。

ワインか湯で煮たものをのむと、腎臓の潰瘍・腸の痛み・淋病に効果がある。

SARACEN'S CONFOUND, SARACEN'S WOUNDWORT
サラセンズコンファウンド、サラセンズウンドゥワート

特徴　茶色あるいは緑色の茎を大人の身長ほどにまで伸ばし、縁に鋸歯がある細長い緑色の葉をつける。葉はピーチやウィローの葉に似ているが、そこまで白っぽくはない。茎の先端には緑の頭に多数の黄色い星形の花が咲き、それが落ちたあと長く小さな茶色の種が熟す。種は冠毛に覆われ、風にのって飛ばされる。根頭から多数のひげ根が出て、根は冬も枯れないが、茎は乾き、葉はなくなる。味もにおいも強く、不快である。

分布　湿ってぬれた地面、森の脇、ときには日陰の木立の湿った場所、水辺などで育つ。

季節　7月に花が咲き、種もすぐに熟して風に飛ばされる。

✴ 属性と効能 ✴

 土星が支配し、その穏やかな性質を反映している。

内服　ドイツでは傷薬として最も好まれている。ワインで煮たものをのむと肝臓の不調を改善し、胆嚢の閉塞を解消するので、黄疸や初期のむくみに有効である。腎臓・口・喉の潰瘍全般、内臓の傷や陰部のできものにも効く。蒸留水をのむと、胃のただれ・体の痛み・子宮の痛みをやわらげる。湯で煮たものをのめば、長引くおこりを改善する。葉を煮た湯か蒸留水は新しい傷や古いできものと潰瘍を治す効果がとても高く、化膿を防いで治癒する。要するに、ビューグルやサニクルの項目で記した効能がそのままあてはまる。

SAUCE-ALONE, JACK-BY-THE-HEDGE-SIDE
ソースアロン、ジャックバイザヘッジサイド

特徴 下部の葉は茎の先端に向かって伸びる葉よりも丸く、節ごとに1枚ずつつく。丸くて幅広で端がとがり、縁は鋸歯で形はネトルに似ているがさらに鮮やかな緑色で、ざらつかず、とげもない。花は白色で茎の先に積み重なるように咲き、花後には小さな丸い莢ができて、中に黒く丸い種がおさめられる。根は細く、毎年種ができたあと枯れ、落ちた種からまた芽が出る。植物全体かその一部をすりつぶすとガーリックに似ているがそれよりもよい香りがして、食べると刺激があり熱く、ロケットに似た味である。

 各地の壁の下、生け垣の脇、野原の小径などで自生する。

 6月から8月にかけて花が咲く。

✴ 属性と効能 ✴

☿ 水星が支配する。

子宮に問題がある女性には、種を布に入れてあたたかいうちに下腹部にあてるとすぐれた効果がある（種をすりつぶしてワインで煮たものをのんでもよい）。葉や種を煮たものを浣腸として使うと、結石の痛みをやわらげる。緑色の葉は足の潰瘍を治す。

　多くの国で塩漬けの魚のソースとして使われている。生ものや、そこから生じる膿液を分解し、胃をあたため、消化を促進する。汁液をハチミツと合わせて煮ると、ヘッジマスタードと同じように咳に対して効果があり、粘液を排出する。種をすりつぶしてワインで煮たものをあたたかいうちにのむと、ガスによるさしこみや結石の特効薬となる。

WINTER and SUMMER SAVORY
ウィンターセイボリーとサマーセイボリー

✳ 属性と効能 ✳

 水星が支配する。

 汁液を鼻から吸いこむと、疲労による無気力を改善する。目にさせば、視野の曇りをとり、脳から薄くて冷えた体液が流れこむのを防ぐ。汁液をバラ油と混ぜて加熱して耳に入れると、耳鳴りを消し、難聴も改善する。コムギ粉と混ぜて湿布として使うと、坐骨神経痛やまひのある手足の症状をやわらげ、患部をあたためて痛みをとり去る。ハチに刺された際の痛みもとる。

 これ以上にさしこみや腸骨の痛みに有効な治療薬はない。健康を保ちたい者は、葉を乾燥させるか、砂糖漬けかシロップをつくって1年中手元に置いておくべきである。とりわけサマー・セイボリーの効果は強い。どちらもあたためて乾かす性質があり、鋭い味で、胃腸のガスを排出し、ガスによる子宮の位置異常をすみやかに改善する。排尿と月経を促す。胸や肺の粘液を治し、より簡単に吐きだせるようにする。

SAVINE
サヴィン

たいていの庭で育てられており、冬のあいだもずっと緑を保つ。

✳ 属性と効能 ✳

 火星が支配し、あたためて乾かす性質がきわめて強い。

 きれいな部分は分解作用がすぐれている。乾燥させて粉にし、ハチミツと混ぜると、古い潰瘍や瘻孔をきれいにする。ただし患部の治りは遅れる。他に、皮膚や皮下にできる急性の化膿性炎症である癰や、感染性のできものの膿をとるすぐれた効能を持つ。患部にあてれば、るいれきも改善する。革に塗りつけてそれをへそにあてると腹部の寄生虫を駆除し、かさぶた・かゆみ・ただれたできもの・潰瘍・発疹・白癬を治す。患部にあてると、性病のできものも治ることが多い。外用は安全だが、内服する場合は常に危険を伴う。

THE COMMON WHITE SAXIFRAGE
ホワイトサキシフレイジ

特　徴

外皮にくるまれた小さな赤い根のこぶが、多数の小さな黒いひげ根のあちこちにあり、そこから丸く薄黄緑色で裏は灰色の葉が多数伸びる。葉は地面に広がり、縁は不規則な鋸歯で、毛が生えており、それぞれが小さな葉柄につく。そこから茶色がかった毛が生えている円筒形の緑の茎が60〜90センチの高さになる。茎には下部についているのと似ているがやや小さい円形の葉をつけ、その先で枝分かれして、それぞれに白くとても大きな5弁花を咲かせる。花は真ん中からは黄色いおしべが伸び、全体が長くとがった茶緑色の莢から出ている。花後には丸く硬い頭ができる。先端はぎざぎざになっていて、中には小さな黒い種があるが、通常は種をつくらずに落ちてしまう。ホワイトサキシフレイジの種と通常呼ばれて使われるのは、根のこぶである。

分布

低地でも、草地の上部の乾いた一画でも、草の多い砂地でも、イングランドの多数の場所で育つ。かつてはミスター・ラムの水道の水源となるグレイズ・インの裏に位置する、暗渠の近くで見られた。

季節

5月に花が咲き、種と呼ばれるものとともに蒸留するために摘まれる。熱くなるとすぐに枯れて地面に落ちてしまうためである。

✳ 効　能 ✳

内服　腎臓と膀胱を浄化し、結石を砕く薬として、これ以上のものはない。結石を砂とともに尿によって排出する。痛みを伴う排尿困難を改善するには、葉か根の白ワインによる煎じ汁が最も一般的に使われる。あるいは根の小さなこぶの粉を白ワインでのむか、白ワインでつくったその煎じ汁が最も多く使われる。ハーブ全体・根・葉の蒸留水が最もなじみがあるかもしれない。月経を促し、胃や肺に悪影響を与える粘液を排出してきれいにする。

BURNET SAXIFRAGE
バーネットサキシフレイジ

特徴　大型の種類は、多数の長い茎に曲がった葉が対生する。葉は広くて少しとがり、縁が鋸歯で暗緑色である。茎の先に繖形花序をつけて白い花を咲かせ、花後に小さな黒い種ができる。根は長くて白く、長いあいだ枯れない。

　小型の種類はそれよりもはるかに整った、とても小さな葉を対生させる。縁は深く切れこんでいるが、色は大型の種類と同じである。根は小ぶりで刺激的な味がする。

分布　イングランドの湿った草地で育ち、草むらを探せば見つけるのは簡単である。他の草と見分けるのは難しくない。

季節 7月頃に花が咲き、8月に種が熟す。

✳ 属性と効能 ✳

 どちらの種類も月が支配する。

外用 葉の汁液を頭の重度の傷につけると患部を乾燥させ、すみやかな治癒へと導く。蒸留水を肌や顔のそばかすやしみをとるために使う女性もいる（蒸留水を砂糖で甘くしてのんでもよい）。

内服 コショウのようにあたためる性質が強く、健康によいハーブである。パースリーと同じ効能を持つが、根か種を粉か煎じ汁などにして使うと、排尿を促し、尿路の痛み・膨満感・さしこみをやわらげる作用ははるかに強くなる。子宮のガスによる痛みを改善し、月経を促し、腎結石を砕いて排出し、胃の冷えた粘り気がある粘液を分解し、あらゆる毒に対抗する。ビーバーの分泌液であるカストリウムを葉の蒸留水で煮ると、けいれんにきわめて有効である。種を（キャラウェイの種と同じように）コンフィッツと呼ばれる砂糖菓子にして使う者もいるが、それも上記のすべての効能を持つ。

SCABIOUS, THREE SORTS
スカビアス3種（フィールドスカビアス、デヴィルズビットスカビアス、コーンスカビアス）

特徴　野生種のスカビオスは毛が生えており、柔らかく、白緑色の葉を多数伸ばす。とても小さく縁が鋸歯のものと、脇に大きく切れこみがあって裂け、折るとはっきり見える葉脈があるものがある。そのあいだから毛が生えた緑色の茎は90～120センチほどの高さになる。同様に毛が生えており緑色で、切れこみがさらに深くきれいに分かれた葉がつき、少しだけ枝分かれする。葉のない茎が長く伸びた先端には、薄青色の花弁が丸く固まって頭状花序をつくる。花弁は外側ほど大きく、真ん中に多数のおしべがあるがその先は平らで、花後に種をおさめる頭ができる。大きな根は白くて太く、土の中深くに伸び、何年も枯れない。

　これとよく似ているが、ひとまわり小さい別の野生種もある。

　コーン・スカビアスも野生種と似ているが、すべてが大きく、花は紫色が強く、根は地面の浅いあたりに広がり、前者ほど深くには伸びない。

分布　野生種は草原で育ち、とりわけロンドン周辺ではあちこちに見られる。ひとまわり小さい野生種はロンドンの乾いた土地で育つが、前者ほど多くはない。コーン・スカビアスは麦畑や休耕地、あるいはそれらの境界で見られる。

季節　6月と7月に花が咲く。一部は8月後半まで花が残り、そのあいだに種が熟す。スカビオスに似た植物には他にもたくさんの種類があるが、ここで述べた3種類が最も一般的である。すべての効能はとても似ており、それをまとめて以下に記す。

✳ 属性と効能 ✳

 水星が支配する。

 新鮮な葉をすりつぶして癰や感染性のできものにつければ、3時間以内にその腫れをつぶして膿を出させる。葉と根の煎じ汁は全身の硬くて冷たいできものを劇的に改善し、萎縮した腱や血管に有効で、新しい傷・古いできもの・潰瘍を癒やす。ホウ砂とサムファイアの粉を合わせてつくった汁液は、顔などの皮膚をきれいにし、そばかす・にきび・水疱・かったいを治す。あたたかい煎じ汁で頭を洗うと、ふけ・かさぶた・できもの、かゆみなどをとる。すりつぶした葉をつけると、短時間でゆるめる作用があり、とげ・折れた骨・矢尻など、体に刺さった異物を抜きとる。

 冷たい痰や粘り気のある体液を分解し、咳や唾とともに排出させる作用があり、咳全般や息切れ、その他の胸や肺の疾患に対して有効である。また乾燥した葉か新鮮な葉からワインでつくった煎じ汁を一定期間のみつづけると、内臓の潰瘍と膿瘍、胸膜炎の膿を出して治す。汁液を漉したもの4オンスを朝の空腹時に1ドラムの耐毒剤かベネチア産の糖蜜とともにのみ、その後2時間ベッドに入って汗を出す習慣をくり返すと、心臓を感染から守ることができる。

新鮮な葉の煎じ汁をのめば、さしこみや痛みを改善す

る。根の煎じ汁を40日連続してのむか、その粉を1回につき1ドラム乳清でのめば、化膿して広がるかさぶた・発疹・白癬などの梅毒による症状を見事に改善する。汁液か煎じ汁をのめば、かさぶたやかゆみのある吹き出物のたぐいも改善する（汁液を軟膏にして使ってもよい）。また乾かして浄化し、癒やす作用により、あらゆる内臓の傷も治す。汁液と砂糖でつくったシロップは、前述のあらゆる効能を備えている。葉と花でしかるべき季節につくった蒸留水も同様で、とりわけ新鮮なハーブが摘めないときには有用である。

SCURVYGRASS
スカルビーグラス

特徴

イングリッシュ・スカービーグラスと呼ばれる種類は、厚く平らで細長い葉を多数つける。縁はなめらかで、ときに波打つ。平らでなめらかでとがり、青みがかった暗緑色のこともあり、どれも緑色か茶色の長い柄を持ち、あいだから多数の細い茎が伸びる。茎には同様の、より長く小さい葉が少しだけつく。先端には多数の白い花が緑の頭に咲き、花弁の真ん中に黄色いおしべがまとまる。頭は莢となり、熟すとつぶれてその中に赤い種をつくる。種は刺激的な味がする。根は多数のひげ根で、泥地を好み、深くまで伸びる。乾いた高地でも育ち、それでも少し塩味がするが、海の近くで育っているものほどではない。

ダッチ・スカービーグラスと呼ばれる最も有名な種類もある。庭でよく見られるハーブで、鮮やかな緑色のほぼ円形の根葉を伸ばす。イングリッシュ・スカービーグラスほど厚みはないが、肥沃な土地で育って2倍ほどの大きさになる。縁に切れこみや鋸歯はなく、長い葉柄がついている。そのあいだから細長い茎がイングリッシュ・スカービーグラスよりも高く伸び、先端に白い花が咲き、花後には小さな莢になってイングリッシュ・スカービーグラスよりも小さな茶色い種ができる。根は白く、小さくて細い。塩味はまったくない。熱く香ばしく刺激的な味である。

分布

テムズ川の両岸に沿って、またウリッジからドーバー、ポーツマス、さらにはブリストルまでエセックス州とケント州の海岸沿いに豊富に育つ。丸い葉を持つ種類は、リンカーンシャー州のホランドの沼地や海辺などで育つ。

季節

4月と5月に花が咲き、そのすぐあとに種が熟す。

✷ 属性と効能 ✷

 木星が支配する。

 汁液でうがいをすると、口内の潰瘍やできもの全般を改善する。皮膚にぬれば、しみ・傷跡などをきれいにする。

 イングリッシュ・スカービーグラスは、その塩味が開いて浄化する作用をもつため、よく使われる。けれどもダッチ・スカービーグラスの方が効果はより強く、壊血病の治療に使われ、春に汁液を毎朝空腹時にカップ1杯のめば、血液・肝臓・脾臓をきれいにする。煎じ汁も同じ効能を持ち、閉塞を開き、粘液質の体液を肝臓と脾臓からとり除き、皮膚の色をより健康的にする。

SELF-HEAL
セルフヒール

プルネル、カーペンターズ・ハーブ、フックヒール、シックルワートとも呼ばれる。

特徴 小さく低く這うハーブで、野生種のミントのような小さくて丸く、先がとがった暗緑色の葉を多数つける。縁に切れこみはない。そのあいだから角張った毛が生えている茎は30センチほどの高さになり、小さな葉が先までついた枝に分かれることもある。先端には芽鱗と花が集まったような、小さく茶色いとがった頭ができる。頭はフレンチ・ラベンダーに似ていて、花は筒型で口を開け、青みが強い紫色、甘い場所と甘くない場所がある。根は多数のひげ根を下向きに伸ばし、分枝を広げていく。地面に葉を這わせる小さな蔓から地面をつかむ細い分枝を伸ばし、短いあいだに大きな房をつくる。

 分布 各地の森や野原で見られる。

 季節 5月に花が咲く。ときに4月に咲くこともある。

✳ 属性と効能 ✳

 金星が支配する。

外用と内服

その名のとおり、傷を自ら癒やすことができる。内臓の傷にも外傷にも特別なハーブで、内臓の傷にはシロップを使い、外傷には軟膏や硬膏を使う。

形だけでなく性質や効能もビューグルに似ていて、潰瘍など内臓の傷全般、あるいは擦り傷などの外傷に、内服でも外用でもすぐれた効果をあげる。ビューグル、サニクルなど傷用のハーブと併用して、体表の潰瘍を洗い、あるいはそこに注入すればさらに効果的である。できもの・潰瘍・炎症・できものなどに流れこむ体液の熱と刺激を抑え、傷などによる出血を止め、できものの膿をきれいにとる。新しい傷に対する特効薬で、傷口を閉じてそれ以上の症状を抑える。汁液をバラ油と合わせてこめかみや額に塗ると、頭痛を効果的にやわらげ、バラのハチミツと混ぜて使うと口・喉・陰部の潰瘍をきれいにして治す。

ドイツやフランスなどの格言は正しい。〝自らを助けるセルフヒールとサニクルがあれば、内科医も外科医も必要ない〟

THE SERVICE-TREE
サーヴィストゥリー

 季節 5月の終わりより前に花が咲き、果実は10月に熟す。

✳ 属性と効能 ✳

 土星が支配する。

外用 額やうなじにあてると、口や鼻や傷からの出血を止める。

内服 熟した実は下痢や嘔吐を抑えるが、その作用はメドラーよりは弱い。熟す前に乾燥させて1年を通して保存したものを使い、煎じ汁を使うとよい（患部にあててもよい）。

SHEPHERD'S PURSE
シェパーズパース

ホアマンズ・パーマセティ、シェファーズ・スクリップ、シェファーズ・パウンス、トイワート、ピックパース、ケースワートとも呼ばれる。

特徴 根は小さくて白く、毎年枯れる。葉は小さくて長く、薄緑色で、両側が深く切れこみ、あいだから小さく円筒形の茎が伸びる。先端まで小さな葉がつく。花は白くてとても小さい。花後には種をおさめる小さなハート形の平らな莢ができる。

分布 イングランドのあらゆる道の脇に見られる。

季節 夏を通して花が咲く。実が多くつかないものもあり、それらは2年に1回しか花が咲かない。

✳ 属性と効能 ✳

 土星が支配するため、冷たく乾いた性質のハーブで、固める作用がある。

 手首や足の裏に結びつけると、黄疸を改善する。このハーブからつくった湿布は炎症や丹毒を改善する。汁液を耳に垂らすと、痛み・耳鳴り・化膿を癒やす。軟膏にすると、とりわけ頭の傷など外傷全般にすぐれた効果がある。

 内臓の傷と外傷双方が原因の出血・下痢・下血・吐血・血尿を改善し、月経を止める。

SMALLAGE
スモーレッジ、セロリ

乾いた土地、あるいは沼地に自生する。庭に種をまいても、とてもよく育つ。

冬のあいだもずっと緑のまま枯れず、8月に種をつくる。

✳ 属性と効能 ✳

 水星が支配する。

汁液はバラのハチミツやバーリーを煮た湯に加えてうがい薬として使うと、口や喉のただれや潰瘍をすばやく治す。ローションとして患部を洗っても、あらゆる部位の潰瘍を浄化して治癒へと導く。

パースリーより熱く乾いた性質のハーブであり、はるかに薬効が強く、肝臓と脾臓の閉塞を解消し、濃厚な痰を薄め、血液も含めて浄化する作用が強い。排尿と月経を促し、汁液をのむと黄疸・三日熱・四日熱にきわめて有効である。シロップはとりわけ効果が強い。

種は主としてガスの排出・寄生虫の駆除・口臭の改善に使われる。根は上述のすべてについてハーブよりも強い効能がある。とりわけその汁液をワインでのむか、ワインでつくった煎じ汁をのむと、閉塞の改善と解熱作用にすぐれる。

SOPEWORT, BRUISEWORT
ソープワート、ブリーズワート

 根は地中を広く這い、多数の節をつくる。外皮は茶色、中は黄色で、あちこちから細い円筒形の茎を伸ばす。茎も節に富み、それぞれにプランテンに似た葉脈を持つ、形は一般的な野生種のワイルドキャンピオンに似た葉が対生する。茎から枝はめったに分かれず、先端に野生種のワイルドキャンピオンのような長い莢から、5弁で先は丸く、真ん中がくぼんだ花が咲く。白に近いバラ色で、その濃淡はさまざまである。よい香りがする。

 小川など水が流れる場所の近く、イングランドの多数の湿った低地で自生する。

普通は7月に花が咲き、9月に入るまで花は残るが、やがて枯れる。

✳ 属性と効能 ✳

 金星が支配する。

 田舎の人々は葉をすりつぶし、手や足の指を切ったとき、傷にあてて使う。

 排尿作用があり、尿路の結石や砂を排出する。また分泌液を止める強い効果もある。サルサ・ユソウボク・キナノキよりも梅毒の治療効果が高い。

SORREL
ソレル

分布 庭で栽培される他、野原で自生する。

✳ 属性と効能 ✳

 金星が支配する。

外用 汁液に少量の酢を加えたものは、かゆみを引き起こす刺激的な体液を止め、また発疹や白癬などにも有効である。また扁桃の腫れをとり、汁液でうがいをすればできものを治す。葉をアブラナの葉で包んで蒸し焼きにし、堅い膿瘍や感染性のできものにつけると、つぶして膿を出させる。ハーブの蒸留水は、ここに記したすべての効能を備えている。

内服 熱を持つ病気全般に有効で、感染性や胆汁質のおこりでの炎症や血液の熱を冷まし、熱から生じる病気や失神を治し、おこりの発作で消耗した精神に効果がある。喉の渇きを癒やし、胃が弱って衰えた食欲を回復させる。血液の化膿を防ぎ、寄生虫を駆除し、強心薬にもなる。

種には乾かして固める性質があるので、強心薬としての作用がいっそう強く、月経過多・下血・胃の粘液を止める。根の煎じ汁か粉もそれらの作用を備えている。葉と根と種もサソリの毒に対して強力な解毒作用がある。根の煎じ汁は黄疸を改善し、尿路の結石と砂を排出する。ワインでつくった花の煎じ汁をのむと、黒黄疸や腸などの内臓の潰瘍を改善する。ソレルとフミトリーの汁液でつくったシロップは、かゆみを引き起こす刺激的な体液を止める。

WOOD SORREL
ウッドソレル

特徴　地面を這う葉は三出複葉で端が広く、真ん中に切れこみがあり、黄緑色で長い柄を持つ。最初はたたまれているが、やがて開く。すっぱくておいしい味がし、汁液は漉すと赤色になり、とてもきれいなシロップをつくることができる。葉のあいだから細く弱い柄を多数伸ばし、それぞれの先端に小さな5弁で星形の花をつける。花は白いが、裏側だけに小さな青い斑を散らす。花後には小さな黄色い種をおさめる小さくて丸い頭をつける。細長い1本の根の先から、黄色いひげ根を伸ばす。

分布　森やその出口などの湿った日陰、その他日あたりの悪い場所など、イングランドのさまざまな場所で育つ。

季節　4月と5月に花が咲く。

✳ 属性と効能 ✳

 金星が支配し、他の種類のソレルと同じ効能を持つ。

 汁液でうがいをくり返すと、口内の化膿して悪臭を放つ潰瘍を改善する。傷を癒やし、刺し傷からの出血を止め、かさぶたを治す。

 血液の感染、口内や全身の潰瘍を抑え、喉の渇きを癒やし、弱った胃を強めて食欲を回復させ、吐き気を抑え、感染症やそれによる発熱にも効果がある。汁液からつくったシロップと葉の蒸留水は、それらすべての効能を持つ。汁液を浸した海綿や布を熱を持った腫れや炎症にあてると、患部を冷やして改善させる。

SOW THISTLE
ソウシスル

分布 庭や耕作地、ときに古い壁のそば、野原の小径脇、街道のそばでも育つ。

✴ 属性と効能 ✴

　金星が支配する。

外用　汁液や蒸留水は炎症全般・丘疹・発疹・皮膚の熱感・痔のうずきに有効である。汁液を煮るか、ザクロの皮にくるんで少量のビターアーモンドの油で充分に加熱したものを耳に入れると、難聴や耳鳴りの確実な治療薬となる。3さじの汁液を白ワインであたため、ワインを足してのむと、安産をもたらし、妊婦は分娩後ほどなく歩けるようになる。女性が顔を洗うと、肌をきれいにしてつやを出すすばらしい効用もある。

内服　冷たく、固める性質があり、熱い胃を冷まして痛みをやわらげる。ワインで煮たハーブは胃の不調を改善させるすぐれた効果があり、茎を折ると出る乳液をのむと、息切れや喘鳴に有効である。結石や砂を尿路から排出し、口臭を改善する。葉と茎の煎じ汁は乳母の母乳を増やし、子供の肌の血色をよくする。

SOUTHERN WOOD
サザンウッド

 おおむね7月か8月に花が咲く。

✳ 属性と効能 ✳

 水星が支配する。

 発作前に背骨に油を塗ると、おこりを抑える。焼いたマルメロと合わせ、少量のパンくずとともに煮たものをつけると、目の炎症を治す。バーリーの粉とともに煮たものは、にきび、顔やその他の部位の丘疹を治す。すりつぶした葉をつけると、体に刺さったとげや異物を抜きだす。その灰は、炎症のない古い潰瘍を乾かして治し、痛みをとる。陰部のできものにも有効である。灰を古いオリーブ油と混ぜると、抜け毛を抑えてはげを治し、頭髪やひげがまた生えてくるようにする。葉でつくった軟膏は梅毒に対して使われるものの中でも有効で、頭についたシラミを殺す。ドイツでは傷薬として重用されており、〝傷の草〟と呼ばれる。コモンワームウッドよりも胃に対する副作用が強い。

 種をすりつぶして湯で熱してのめば、腱のけいれん・坐骨神経痛・乏尿を改善し、月経を促す。同じものをワインでのめば解毒剤となり致死的な毒に対抗し、ヘビや他の有害な生物を追い払う。葉を焼いたときのにおいでも同じ効果がある。種や乾燥させた葉は子供の寄生虫を駆除するために使われる。葉の蒸留水は結石の症状を改善し、脾臓と子宮の疾患にも効果がある。

SPIGNEL, SPIKENARD
スピグネル、スパイクナード

特徴
根は土中深くに広がり、先端が毛羽だった頭から多数の枝根やひげ根を伸ばす。外皮は黒茶色で内側は白く、よい香りで味は香ばしい。そこから髪の毛のように細く、ディルよりも小さなにおいのよい葉を両側にたっぷりとつけた長い茎が多数伸びる。その葉のあいだから節と葉が少しだけついた円筒形の硬い茎が伸び、先端に繖形花序をつけて真っ白な花を咲かせる。花弁の縁は、とりわけ満開になる前には赤や青の色がつくこともある。花後にはフェンネルよりも大きな茶色く丸い種ができる。種は2つに分かれ、繖形花序の花種の典型として、背は外皮で覆われている。

分布
ランカシャー州、ヨークシャーなど北部で自生し、庭でも栽培される。

✳ 属性と効能 ✳

 金星が支配する。

内服
根は排尿と月経を促すが、のみすぎると頭痛をもたらす。根をワインか湯で煮たものをのむと、痛みを伴う排尿障害・尿閉・膨満感・胃のできものと痛み・子宮の痛み・関節痛を改善する。根の粉をハチミツと混ぜて舐剤にすると、しつこい痰を切り、肺にたまる体液を消す。根は有毒な生物にかまれたり刺されたりしたときにとても効果がある。

SPLEENWORT, CETERACH, HEART'S TONGUE
スプリーンワート、セトラック、ハーツタン

特徴　なめらかなスプリーンワートは、黒く細いからみあった根から多数の長い根葉を出す。葉は両側から中肋近くまで深く円形に切れこむ。ポリポディほどには硬くなく、それぞれが常に向きあってつくわけではない。切れこみはなめらかで、表は明るい緑色、裏側は暗黄色でざらついている。幼葉は最初はたたまれて内側に丸まっている。

分布　ブリストル周辺や西部各地の石壁の上、湿った日陰に多く見られる。フラムリンガム・キャッスル、バークシャー州のビーコンズフィールド教会、ケント州のストラウドなどでも見られ、冬のあいだも緑を保つ。

✳ 属性と効能 ✳

　土星が支配する。

内服　脾臓の疾患全般に広く使われる。痛みを伴う排尿障害を改善し、膀胱結石をとり、黄疸やしゃっくりに有効である。ただし、汁液は妊娠を妨げる。葉の裏につく粉を1ドラム、半ドラムの琥珀(こはく)の粉と混ぜ、パースレインかプランテンの汁液でのむと、淋病をすみやかに治す。葉と根を煮たものをのむと、とりわけ梅毒からくる憂鬱症を改善する。蒸留水は腎臓と膀胱の結石にとても効果がある。葉の灰からつくった灰汁をしばらくのみつづけると、憂鬱症を改善する（外用してもよい）。

STAR THISTLE
スターシスル

特徴

地面近くに多数の細い葉を広げる。葉は深く切れこんでいくつにも分かれ、柔らかく、わずかに毛が生えており、緑色である。そのあいだから多数のもろい茎が伸びる。茎から分かれる枝はそれぞれが垂れさがり、先端まで同じように切れこみのある葉が多数つくため、かなりの茂みになる。先端には鋭い黄色のとげがある（他の部分にとげはない）、小さな白っぽい緑色の頭ができる。その真ん中に多数の小さな赤紫色のおしべを持つ花が咲く。花後には小さな白く丸い種ができ、やはり同じように垂れさがる。根は長いが細くてごつごつし、毎年枯れ、落ちた種からまた芽を出す。

分布
ロンドン周辺、マイルエンド・グリーンなど多数の野原に自生する。

季節
花が咲く時期は早く、種は7月あるいは8月にできる。

※ 属性と効能 ※

 火星が支配する。

内服　種を粉にしてワインでのむと、感染症に有効である。毎朝空腹時にのみつづけると、部位を問わず瘻孔に効果がある。蒸留水は梅毒を治し、肝臓の閉塞を開き、化膿した体液をとって血液を浄化し、三日熱や四日熱を治す。

STRAWBERRY
ストロベリー

季節 通常は5月に花が咲き、果実はそのすぐあとに熟す。

✳ 属性と効能 ✳

♀ 金星が支配する。

外用 汁液を潰瘍に垂らすか、あるいは洗い流すと、病変を浄化して治癒へと導く。葉と根の煎じ汁にも同様の効果がある。葉と根からは、口内や陰部のできもの、潰瘍に対するローション・うがい薬をつくることもでき、ぐらつく歯を固定し、化膿して腫れた歯茎を引きしめる。またカタルや口・喉・歯・目への体液がたまる症状も改善する。汁液や蒸留水は目に垂らすか洗うかすれば、充血や炎症に対する特効薬となる。丘疹その他の顔や手などの皮膚から熱く刺激的な粘液が流れでている箇所にかければきわめて効果があり、顔の赤らみやしみなどの皮膚の異常を治し、きれいでなめらかな肌にする。

　薬のつくり方の例を示す。適量のストロベリーを摘み、蒸留器か、ガラス瓶に入れてきっちりと蓋をし、用

途に合わせて馬糞の中に保存する。できあがった薬は目の炎症を抑え、表面を覆う膜をとる。

果実は熟す前には冷たく乾いた性質だが、熟したあとは冷たく湿った性質を持つ。果実はきわめて有用で、肝臓・血液・脾臓・熱く興奮した胃を冷やし、弱った心をなだめ、喉の渇きを癒やす。他の炎症にも有効である。ただし胃を刺激して発作を誘発する危険があるため、発熱の際には服用を避ける。葉と根をワインと水で煮たものは肝臓と血液を冷やす性質があり、腎臓と膀胱の炎症を鎮めて排尿を促し、熱と刺激をやわらげる。さらに出血や月経を止め、脾臓の腫れを改善する。果汁を丁寧に蒸留すると、心不全と頻脈に対するすぐれた治療薬になる。強心薬としても有用であり、黄疸も改善する。

SUCCORY, CHICORY
サッコリー、チコリ

特徴 　栽培種のチコリの葉はエンダイブよりも細長く、縁の切れこみも深い。根は長年枯れずに育ちつづける。エンダイブに似た青い花を咲かせ、種はなめらかか、あるいはエンダイブと区別がつけにくい。

　野生種のチコリは多数の長い葉を地面に這わせる。縁は両側とも中肋まで深く切れこみ、あいだに硬くて木質で円筒形の茎が伸びる。茎は多数の枝に分かれ、下部よりも小さくて切れこみの少ない葉を先端までつける。枝先に咲く花も種も栽培種と似ている（ただし、栽培種の花は冷やす性質を持ち、直射日光に耐えられず、日陰を好むために暑い日には枯れてしまう）。根は白いが、栽培種よりも硬くてごつごつしている。植物全体がきわめて苦い。

分布 　イングランドの荒れた未耕地や不毛な土地などに数多く育つ。それ以外は庭で栽培されるのみである。

✳ 属性と効能 ✳

 木星が支配する。

 蒸留水か汁液、あるいはすりつぶした葉をできれば少量の酢と混ぜて塗ると、腫れ・炎症・丹毒・丘疹・にきび・感染性のできものに有効である。蒸留水は炎症を起こして充血した、ただれ目や、母乳過多で痛みを伴う乳房にとても有用である。

野生種のチコリは栽培種より苦く、胃と肝臓を強化する働きがさらに強い。

内服 エンダイブよりも乾いた性質が強く、冷たい性質が弱い。開く作用が強い。葉か根を1つかみワインか水で煮て、適量を空腹時にのむと、胆汁質あるいは粘液質の体液を排出し、肝臓・胆嚢・脾臓の閉塞を開き、黄疸、腎臓と尿の熱を改善する。むくみ、ギリシャではカヘキシアと呼ばれる長患いや、栄養失調などによる不調にも効果がある。ワインでつくった煎じ汁をのむと、長引くおこりにとても有効で、発作前に種の粉1ドラムをワインでのむと、その予防になる。葉と花（最盛期に摘めば）の蒸留水にも似た作用があり、胃の熱・感染性・長くつづくおこり・心不全・どうき・子供の発熱と頭痛・血液と肝臓にとりわけ有効である。

STONE-CROP, PRICK-MADAM, SMALL-HOUSELEEK
ストーンクロップ、プリックマダム、スモールハウスリーク

特徴 肉厚で平ら、丸くて先がとがった白っぽい緑色の葉を多数つけた枝をあちこちに這わせる。花はゆるやかに密生する。根は小さく、地中に広がる。

分布 石壁や土壁、家や小屋のタイルを這い、ごみがたまった場所や砂利が多い土壌で育つ。

季節 6月と7月に花が咲き、葉は冬のあいだもずっと緑色を保つ。

✳ 属性と効能 ✳

 月が支配する。

外用 すりつぶして患部につけると、るいれき・いぼ・しこり・痔を改善する。

内服 冷やして固める性質で、とりわけ目に体液が流れこむのを防ぐ。部位を問わず出血を止め、潰瘍やただれのあるできものを改善する。黄胆汁の熱をとって、胆汁質の体液がもたらす疾患を防ぐ。毒を排出する作用が強く、感染症の発熱を抑え、三日熱にはきわめて有効である。これらの疾患には煎じ汁をのんでもよい。とても安全なハーブなので、使い方を誤る心配はない。

ENGLISH TOBACCO
イングリッシュ・タバコ

特徴

　円筒形の太い茎は60センチほどの高さになる。インドのタバコほど大きくなく丸みを帯びて、縁に切れこみのない平らな緑色の葉を密生させる。茎からは複数の枝を伸ばし、先端についた莢からインド種よりやや小ぶりの花を多数咲かせる。花は緑がかった黄色で、輪郭はやはり丸みを帯び、莢の縁より花弁が出ることはほとんどない。花後にできる種はインドのタバコほど明るくないが、より大きく、同じように大きな頭におさめられる。根は小ぶりで、ごつごつしていない。冬の厳しい霜により枯れるものの、落ちた種からまた新しい芽を出す。

　ブラジルの各地からもたらされた。イングランドでは他の種類よりも多く見られる。他の種類とは異なり、種が熟すのが速い。

　6月から8月の終わり、ときにそれ以降まで花が咲き、種はそのあいだに熟す。

✴ 属性と効能 ✴

 火星が支配する。

外用 　種は歯痛を抑え、葉を焼いた灰は歯肉をきれいにし、歯を白くする。すりつぶした葉を患部にあてると、るいれきを10日以内に効果的に改善する。葉を有毒な生物にかまれた場所につければ、その毒を中和する。

　乾燥させたものではなくすりつぶした葉を14日間あたたかい馬糞の中に置き、そのあとに袋に入れてワイン貯蔵室で保存してからつくった蒸留水は、けいれん・痛み・痛風・坐骨神経痛にとりわけ有効であり、かゆみ・かさぶた・潰瘍・その他の膿の出るできもの全般を治す。汁液もそれらの症状に有効で、子供の頭についたシラミも殺す。新鮮な葉をすりつぶしてつけると、新しい傷やけがを癒やす。汁液を古いできものにつけると、きれいにして治癒へと導く。葉からつくった軟膏は、膿瘍・硬い腫瘍・打ち身による腫れを改善する。

内服 　胃・胸・肺などの粘液を消す。汁液からつくったシロップか、葉の蒸留水に好みにより砂糖を加えてのむか、パイプで煙を少しだけ吸うと、胃や腹部の寄生虫を追いだし、頭痛・めまい・腸の締めつけるような痛みをやわらげる。腎結石に悩まされている者に対しては、排尿を促して痛みをやわらげ、結石や砂を排出する。子宮の痛みをもたらすガスや体液も排出する。

　蒸留水は砂糖と混ぜておこりの発作が起こる前に使う。3、4回つづけてのむと完全に防ぐことができる。

THE TAMARISK TREE
タマリスク

 季節 5月の終わり頃から6月に花が咲き、種は9月の初めに熟し、風にのって飛ばされる。

✳ 属性と効能 ✳

 土星が支配する。

 外用 　根・葉・若枝・樹皮をワインで煮たものを塗ると、脾臓の硬化・歯痛・耳の痛み・目の充血と粘液に対して効果がある。煎じ汁にハチミツを足すと、壊疽や潰瘍の出血を止め、シラミやその卵を洗い流す。
　エジプトではユソウボクの代わりにこの樹皮を梅毒の治療に使う。かったい・かさぶた・潰瘍などにも使われる。灰はやけどによる水疱をすみやかに治す。脾臓の硬化からくるむくみを改善し、樹皮でできたカップからのむとかんしゃくを抑える。憂鬱症や、それにより生じる黒黄疸にも効果がある。

 内服 　根・葉・若枝・樹皮をワインで煮たものをのむと、痔の出血・吐血・月経過多・黄疸・さしこみ・エジプトコブラを除く毒ヘビのかみ傷に有効である。

GARDEN TANSY
ガーデンタンジー、タンジー

 季節 6月と7月に花が咲く。

✳ 属性と効能 ✳

 金星(ヴィーナス)は、このハーブで妊婦を喜ばせようと心を砕いている。このハーブ以上に女性に対して役立つものはない。

 外用 葉をすりつぶしてへそにあてると、流産を防ぐ。そのような効能を持つハーブは他に知らない。すりつぶしてくり返しにおいをかぐか、下腹部につけると、胃腸のガスを排出し、月経を促し、子宮の膨満感を解消する。早産の予防にもとても効果がある。また特に男性の尿路結石にも使われる。油で煮たものをつけると、けいれんにより萎縮し、あるいは冷えて痛む腱に効果がある。

 内服 ビールで煮た煎じ汁をのむと流産を防ぎ、子宮の問題を正常にしてくれる。子供を望む女性にはこのハーブをすすめるとよい。夫たちが望む最高の友となるはずである。粘液質の体液や体に対して最も影響を与える、冬の冷たさと湿気を消し去る。それが春にタンジーを食べる第1の理由である。タンジーの煎じ汁か汁液をワインでのむと、尿閉によるあらゆる症状を治し、痛みを伴う排尿障害や、尿路の不調を改善する。

ハーブと卵でつくった(春の名物である)プディングやケーキは、胃を悩ます悪い体液を分解して排泄する。種や汁液を子供にのませると、寄生虫を駆除する。

WILD TANSY, SILVER WEED
ワイルドタンジー、シルバーウィード

あらゆる場所で育つ。

6月と7月に花が咲く。

✳ 属性と効能 ✳

金星（ヴィーナス）は、女性のためのハーブ、2つともにタンジーと名付けた。栽培種は妊娠を助け、野生種には美しさを保つ効果がある。妊娠と美という望みがともにかなえば、あとは夫を愛するよう心がけてほしいものだ。

　新鮮な葉を靴の中に入れて皮膚に直接あてると、下痢やおりもの、月経・吐血・喀血などあらゆる出血を止める。
　同じものをハチミツとミョウバンと合わせ酢で煮てうがいに使うと、歯痛をやわらげ、ぐらぐらする歯を固定し、腫れた歯茎を改善し、垂れさがった口蓋を正しい位置に戻す。口内や陰部の潰瘍をきれいにし、足などの古い化膿したできものを治す。内臓の傷にとても効果があり、新しい傷口を閉じる。すりつぶして足の裏か手首につけると、重症でなければおこりの発作を劇的に抑える。蒸留水で洗えば、皮膚の変色・水疱・日焼け・にきび・そばかすなどをきれいにする。目に直接さすか、布にしみこませてあてると、目の炎症を鎮める。

　葉の粉を蒸留水でのむと、おりものを減らす。サンゴか象牙の粉を足してのむといっそう効果的である。塩水で煮たものは、子供のヘルニアを治す。水で煮たものをのむと、腸を締めつける痛みをやわらげ、坐骨神経痛と関節痛に有効である。

THISTLE
シスル

イングランドでは多数の種類が見られるが、それぞれ違いは、自生している場所によって簡単に見分けることができる。

 野原、牧草地、麦畑などに自生する。またさまざまな場所のヒース、草地、荒れ地にも見られる。

 7月と8月に花が咲き、種はそのすぐあとに熟す。

✳ 属性と効能 ✳

 火星が支配し、とげがたっぷりとある。

 毛が抜けて薄くなった場所に汁液をつけると、すみやかに発毛を促す。

 排尿を促し、尿の悪臭を消す。また脇の下や全身のいやなにおいもとる。ワインで煮たものをのむと、口臭を改善し、胃を強くする。

THE MELANCHOLY THISTLE
メランコリーシスル

特徴 1本の細く毛が生えている緑色の茎が伸び、縁に切れこみのある緑色の葉を4枚か5枚つける。葉のまわりにはほとんどとげがなく、茎の先に通常は1つだけ頭ができる。ときにいちばん上の葉腋からもう1つうろこ状でとげがあり、真ん中に多数の赤い毛房を伸ばす。毛房は新鮮なうちに摘みとると、色を長いあいだ保ち、茎について長いあいだ枯れずに残る。種はかなり大きさに育ち、下向きに垂れさがる。根は上部の頭から多数の黒いひげ根を伸ばし、冬のあいだも枯れない。

これとは別にもう1つ、よく似ているが、上部の葉は緑色がさらに濃く、下部はさらに毛が多く生える種類がある。茎は60センチほどの高さになり、うろこ状の頭を1つだけつける。根と種は変わらない。

分布 南北を通して、イングランド各地の湿った草原で自生する。

季節 7月から8月にかけて花が咲き、種はそのすぐあとに熟す。

✴ 属性と効能 ✴

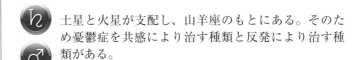 土星と火星が支配し、山羊座のもとにある。そのため憂鬱症を共感により治す種類と反発により治す種類がある。

 効能は少ないが、決して軽んじてはならない。ワインでつくったシスルの煎じ汁をのむと、憂鬱な気分を追い払い、陽気にさせる。過剰な憂鬱質は心配・恐怖・悲しみ・絶望・嫉妬などの邪悪な感情を引き起こす。根にも同様の作用があり、あらゆる憂鬱症をとり除く。

OUR LADY'S THISTLE
アワレディスシスル、ミルクシスル

特　徴

とても大きく広い葉を多数地面に広げる。葉は切れこみがあって、しわが寄り、縁に毛が生える。光沢のある白緑色で、全面に多数の乳白色の葉脈が走り、鋭く硬いとげが多数飛びだしている。そのあいだから何本か、がっしりした円筒形のとげのある茎が伸びる。先端まで同様の葉に覆われ、分かれた枝の先にはそれぞれに鋭いとげに守られた、大きなシスルに似た頭が出る。その真ん中から明るい紫色の毛房が伸びる。やがてその中に、柔らかな白い冠毛に包まれた種ができて、地面に落ちるとそこから多数のひげ根がからみあって伸びていく。植物全体が苦い味である。

 分布　水路脇の土手によく見られる。

 季節　6月から8月にかけて花が咲き、種ができる。

✳ 属性と効能 ✳

 木星が支配する。

 種と蒸留水を布や海綿につけて患部にあてると、肝臓の不調を整え、心臓の興奮と失神を抑える。血液を浄化する作用も強い。

 カルドゥウス・ベネディクトゥスと同じように四日熱のおこりに効果があり、感染症を予防し、治療する。肝臓と脾臓の閉塞を開き、黄疸を改善する。排尿を促し、結石を砕いて排出し、むくみにも効果がある。脇腹の痛み、その他さまざまな内臓の痛みにも有効である。種と蒸留水も同様の強い作用を持つ。

　柔らかい部分（喉に刺さらないようにとげはとっておく）を春に煮れば、季節の変化に合わせて血液を変え、安全にしてくれる。

THE WOOLLEN, COTTON THISTLE
ウーリン、コットンシスル

 特徴

多数の葉を地面に這わせる。葉には切れこみがあり、縁はくしゃくしゃで表は緑色だが長い繊毛や産毛に覆われ、とりわけ鋭く危険なとげがある。頭の真ん中からたくさんの赤紫の（まれに白色）毛房が伸びる。白色の下向きになった頭の中にはつづいて大きくて丸い、前項のシスルと似ているが色が薄い種ができる。根は大きくて太く、たっぷりと広がるが、通常は種の時期を過ぎると枯れる。

分布

水路脇の土手、麦畑、街道など各地に自生し、庭でも見られる。

✱ 属性と効能 ✱

 火星が支配する。

 内服

葉と根をのむと、首が引きつって、まわらなくなった際に効果がある。根と葉はけいれんやひきつけなどでこわばった体をほぐす。くる病のように、神経や全身の構造を固めて子供の成長を妨げる疾患に対して効果がある。

THE FULLER'S THISTLE, TEASLE
フーラーズシスル、ティーズル

布職人に使われる。

特徴　野生種のフーラーズシスルはコットンシスルととてもよく似ているが、とげは小さくて柔らかくまっすぐで、曲がっておらず、花はきれいな青色か淡紅色である。栽培種では白っぽくなる。

　栽培種は布職人が使うために、庭や野原で栽培される。それ以外に水路や小川近くのさまざまな場所で見られる。

　7月に花が咲き、8月の終わりに種が熟す。

✳ 属性と効能 ✳

　金星が支配する。

　根をすりつぶしてワインで煮つめ、真鍮(しんちゅう)の容器に保存したのち、軟膏にして臀部につけると、切れ痔・潰瘍・瘻孔・いぼ・膿疱を治す。葉の汁液を耳に入れれば、中にいる虫を殺す。葉の蒸留水を目にさすと、充血とかすみをとる。女性には美しさを保つためによく使われ、ほてりや炎症、その他の熱や変色をとり去る。

TREACLE MUSTARD
トゥリークルマスタード

特徴 硬く円筒形の茎は30センチほどの高さになる。茎は数本の枝に分かれ、柔らかな緑色の細長い葉を多数つける。葉は波打つが切れこみはなく、先端が広く丸くなっている。枝の先端に白い花が穂状花序で折り重なるように咲く。花後には丸い袋ができるが、その中ほどはくぼんで2つに分かれており、それぞれに1つずつ黒茶色の種がおさめられている。種は鋭い味で、とりわけ野原に自生する野生種はガーリックのにおいが強い。栽培種はそれほどにおわない。根は小さくて細く、毎年枯れる。

頭文字からするとアルファベット順にMの章でとりあげるべきかとも思うが、ここでミスリデイトマスタードをつけ加えさせてもらいたい。

MITHRIDATE MUSTARD
ミスリデイトマスタード

特徴 トゥリークルマスタードよりも高く育ち、より多くの枝を高く伸ばす。葉は小さくて細く、縁はときに不規則に切れこみが入る。花は小さくて白く、長い枝に咲く。花後にはとても小さくて丸い袋ができ、中はやはり同じように2つに分かれて、さらに小さな茶色い種がおさめられる。味はいっそう刺激がある。根は種のできる時期が過ぎると枯れるが、芽が出たあと最初の冬は越す。

分布 イングランドのさまざまな場所に自生している。ハットフィールドから1キロほど郊外の川べり、あるいはハットフィールドの生け垣、サリー近郊のペッカムの街角で見られる。

季節 5月から8月にかけて花が咲き、種ができる。

✳ 属性と効能 ✳

 火星が支配する。

外用 浣腸として使うと、坐骨神経痛を改善する。種も同様の効果がある。

内服 口と腸からの排出作用を持つ。月経を促す作用がきわめて強いため、分娩を妨げる。内服すれば、内臓の膿瘍を治す。解毒・耐毒作用にすぐれ、有害な生物の毒・植物の毒・腐敗したものなどの解毒剤となる。またマスタードと同様の使い方ができるが、その効能は総じて弱い。

THE BLACK THORN, SLOE-BUSH
ブラックソーン、スローブッシュ

　各地の生け垣や野原の境界などに自生する。

　4月、ときに3月に花が咲く。果実は他のプラムが熟したのち、秋の霜で熟してから食用に供される。

✳ 効　能 ✳

　葉をローションにしてうがいをすると、口や喉のできものやしこりを改善する。目などへの粘液の流入を止める。また額やこめかみを浸すと熱や炎症を抑え、頭痛をやわらげる。花の純粋な蒸留水や濃縮した汁液・熟していない果実の蒸留水も同様の効能に富む。

　ハーブのすべての部分に冷やして乾かし、固める作用がある。根の表皮の煎じ汁、あるいは生のものでも乾燥させたものでも果実の煎じ汁をのめば、鼻や口などの出血・下痢・下血・月経過多を止め、下痢による脇腹、腸の痛みをやわらげる。砂糖漬けもとても役に立ち、これらの用途でよく使われる。花の蒸留水を1晩袋に入れて保存し、浴室の熱で蒸したものを痛みが最も強くなったときにのむと、胃弱、脇腹と腸の不調と痛みをやわらげる最も確実な治療薬になる。

THOROUGH WAX, THOROUGH LEAF
ソローワックス、ソローリーフ

 　円筒形の茎を60センチ以上直立させる。下部の葉は青みがかった色で上部の葉よりも小さく細い。密生するが、茎をとり囲みはしない。だが葉が高く伸びると茎をさらに囲むようになり、ついには完全に追い越して先端に向けていくつにも分かれる。そこでは葉はまた小さくなり、単独でついて対生はしない。花は小さくて黄色、枝の先に房をつくって咲き、花後に黒い種が集まって突きだす。根は小さくて長くごつごつし、種が熟したあとに枯れ、落ちた種からまたたくさんの芽を出す。

 　イングランドの多くの麦畑や草原で見られる。

 　7月に花が咲き、種は8月に熟す。

✳ 属性と効能 ✳ 　　 　土星が支配する。

外用と内服 　体の内外を問わず、あらゆる傷に有効で、古い潰瘍やできものにも同様の効果がある。水とワインでつくった葉の煎じ汁をのむか、患部をそれで洗うとよい。新鮮な葉を単独か他のハーブと合わせてすりつぶすか、油か豚脂で煮て軟膏にすれば、1年中使えるようになる。葉の煎じ汁や乾燥した葉の粉を内服するか、あるいは同じものかすりつぶした葉を外用として使うと、特にまだ幼い子供のヘルニアにすぐれた効果がある。少量の粉とミツロウを混ぜて、子供のでべそにつけるとひっこめてくれる。

THYME
タイム

✳ 属性と効能 ✳

 金星が支配する。喜ばせようと心を砕いている。このハーブ以上に身ごもった女性に対してふさわしいものはない。

 軟膏は熱を持ったできものやいぼをとり去り、坐骨神経痛や目のかすみを改善し、脾臓の痛みと硬化を抑える。痛風にすぐれた効果がある。下腹部や腰の痛みをやわらげる。

 肺を強くするすぐれたハーブである。子供の百日咳に対してこれ以上にすぐれた薬はない。痰を体から排出し、息切れを劇的に治す。腹部の寄生虫を駆除し、月経を促し、安全ですみやかな分娩や後産を促進する。まったく害はないので、安心して使うことができる。胃を守りガスを排出する。

WILD THYME, MOTHER OF THYME
ワイルドタイム、マザーオブタイム

 分布 イングランドの荒れ地や不毛な土地に広く自生する。

✳ 属性と効能 ✳

 金星と水瓶座が支配するため、主として頭に使われる。

 外用 ハーブの酢をバラ酢と同じようにしてつくり、頭に塗ると、痛みをすみやかに止める。興奮と消耗という正反対の容態のどちらにもすぐれた効果がある。

内服 排尿と月経を促し、腹部を締めつける痛み・けいれん・肝臓の炎症をやわらげる。喀血・吐血・咳・吐き気を改善する。頭・胃・腎臓・子宮を落ち着かせて強め、ガスを排出し、結石を砕く。

TORMENTIL, SEPTFOIL
トーメンティル、セプトフォイル

特徴　赤く細く弱い枝を、地面に広がる根から伸ばす。枝は直立せずに垂れさがり、多数の短い葉を根茎が枝を何箇所かでとり囲むようにして、他の種類よりも密生させる。地面に向かって伸びる茎には長い葉柄があり、それぞれに他の種類と似ているが長く、縁の切れこみが少ない、ときに5葉、ほとんどが7葉の葉がつく。土壌の豊かさによって6葉、8葉になる場合もある。枝の先端には他の種類と似ているが小ぶりの5弁の黄色い花が多数咲く。根はビストートよりも小さいが太く、外皮はいっそう黒く、内側は赤みが薄く、少し曲がっていて、黒いひげ根を伸ばす。

分布　森や日陰の場所だけでなく、開けた草原、さまざまな場所の野原の境界、エセックス州のブルーム畑の多くに自生している。

季節　夏を通して花が咲く。

✻ 属性と効能 ✻

太陽が支配する。

硬膏に酢を足して腰につけると、流産を防ぐ以外に破水も防ぐ。ヘルニア・外傷・打ち身にとても効果がある（内服でもよい）。根をペリトリーオブスペイン・ミョウバンと混ぜて虫歯でできた穴に詰めると、痛みをやわらげ、それをもたらす体液の流れも止める。内臓の障害だけでなく外傷・皮膚のできもの・けがにも高い効果を示す成分を含むため、口内や陰部などの化膿したできものや潰瘍に対するローション・注射薬として使うことができる（内服してもよい）。根の汁液か粉を軟膏や硬膏にして傷やできものにつけるととても効果がある。すりつぶした葉と根の汁液を喉か顎につけると、るいれきを治し、坐骨神経痛の痛みをやわらげる。それを少量の酢と合わせて使うと、頭などの化膿したできもの・かさぶた・塩や体液が原因によるかゆみ・発疹などに対して特効薬となる。同じものか、さらに葉と根の蒸留水を加えて臀部を洗い流すと、痔にも効果がある。少量の酸化亜鉛（トゥティア）か白琥珀を蒸留水に加えて使うと、頭から目に流れこんで充血・痛み・目やに・かゆみなどをもたらす体液を乾かして消す。

 鼻・口・腹部の出血を止める効能がとても強い。解毒・耐毒作用の成分が含まれているため、葉と根の汁液あるいは煎じ汁をベネチア産の糖蜜と合わせてのませ、そのあと寝かせて汗をかかせると、さまざまな毒・病原菌・発熱・水痘・はしかなどの感染症を治す。根の煎じ汁は腐敗を止める力がとても強く、梅毒の治療効果はユソウボクやキナノキにも劣らない。根は腹部・胃・脾臓の体液・血液の流れを改善し、汁液は肝臓と肺の閉塞を開き、黄疸を改善する。粉か煎じ汁をのむと、体の中の保持力が弱っているために引き起こされる流産を確実に防ぐ（浴室でその上に座ってもよい）。粉をプランテンの汁液でのむと、子供の寄生虫に効果がある。

TURNSOLE, HELIOTROPIUM
ターンソール、ヘリオトゥロピウム

特徴

大型のターンソールは1本の茎を30センチ以上直立させ、その根元近くから白色の小さな枝を多数伸ばす。茎と枝の節には白く毛が生えている小さく広い葉をつける。茎と枝の先端には、小さな穂状花序の上に重なるように4弁あるいは5弁の小さな白い花を咲かせる。花序は曲げた指のように内側に曲がって垂れさがり、花が開くにつれて開いていく。花後にはたいてい4個ずつまとまった、角張った種ができる。根は小さくて細く、毎年枯れる。種が毎年落ちて、翌年の春にはまた芽を出す。

分布

庭で育ち、花と種にはなじみがあるが、イングランドではなくイタリア・スペイン・フランスが原産で、それらの国では豊富に見られる。

✳ 属性と効能 ✳

 太陽が支配するすぐれたハーブである。

外用

すりつぶした葉を痛風で痛む箇所や、脱臼して修復し痛みが激しい患部につけると、痛みを大いにやわらげる。種と葉の汁液を少量の塩と混ぜ、顔やまぶたなどのいぼ・こぶ・しこりにくり返しつけると、それらをとり去ることができる。

内服

葉をたっぷり1つかみ熱湯で煮たものをのむと、黄胆汁と粘液を排出する。クミンを足して煮ると、腎臓・尿管・膀胱の結石をとり、排尿と月経を促し、安産をもたらす。

MEADOW TREFOIL, HONEYSUCKLES
メドウトゥレフォイル、ハニーサックルズ

白と赤の花が咲く。

 分布 イングランドのあらゆる場所に自生する。

✳ 属性と効能 ✳

 水星が支配する。

外用 葉と花を煮て浣腸として使うと、痛風の激痛をやわらげる。葉でつくった湿布は炎症をやわらげる。汁液は田舎では目薬として使われており、視力を低下させる皮膜をとり去り、熱や充血も鎮める。

クサリヘビにかまれたときは、煎じ汁で患部を洗い、さらに葉をあてる（汁液をのんでもよい）。葉を豚脂で煮てつくった軟膏は、有毒な生物にかまれた際に効果がある。葉をすりつぶしてタイルに挟んで熱したものを患部にあてると、尿閉を改善して尿を出せるようにする。傷にも有効であり、また精液を減らす。種と花を湯で煮たのちに油を加えてつくった湿布は、硬いできものと膿瘍を改善する。

内服 葉・花・種・根の煎じ汁をしばらくのみつづけると、おりものを減らす。

HEART TREFOIL
ハートゥレフォイル

　一般的なシャジクソウの他に、2種類特別なものがある。そのうちの1つで、名前の由来は単に葉の形が心臓に似ているからだけではなく、それぞれが心臓を完璧にする成分を含んでおり、色までも似ているからでもある。

分布 ロングフォードとボウのあいだ、サザークの先の街道やその近辺で自生する。

✳ 属性と効能 ✳

 太陽が支配する。

内服 心臓を強めるすばらしい作用を持つ。活力を高め、失神を防ぎ、毒や感染症から体を守り、心臓を脾臓の有害な蒸気から守る働きがある。

PEARL TREFOIL
パールトゥレフォイル

　シャジクソウと異なり、この種類だけは葉に真珠のような白い斑がある。

✳ 属性と効能 ✳

 月が支配する。

外用 象徴的な斑が示すように、目にできる真珠色の皮膜をとり去る。

TUSTAN, PARK LEAF
タスタン、パークリーフ

特徴　光沢のある茶色い円筒形の茎を波打たせ、ときに90センチの高さまで2本ずつ伸ばす。根元近くからも枝分かれして多数の節をつけ、それぞれにかなり大きな葉を対生させる。葉は表が濃青緑色、裏が黄緑色で、秋には赤く染まる。茎の先端には大きな黄色い花が咲く。茎につく頭は最初は緑色でやがて赤くなり、熟すと黒紫色になり、小さな茶色い種をおさめる。赤くねっとりした樹脂のような液を出し、鋭い味がする。葉と花の味ははるかに弱く、澄んだクラレットのような赤色の汁は言われているほどには出ない。根は茶色で大きくて硬くごつごつとし、地中深くに伸びる。

分布　多くの森や木立、公園や茂みなど木が生い茂る場所、ハムステッド・ウッド、エセックス州のラトリー、ケント州の荒れ地、その他さまざまな場所の生け垣の脇などで自生する。

季節　セント・ジョンズ・ワートやセントピーターズワートよりもあとに花が咲く。

✸ 属性と効能 ✸

 土星が支配する。金星に対抗する性質を持つハーブの中で最も優れている。

外用　新鮮な葉をすりつぶすか、乾燥させた粉を患部につけると、けがの出血全般を止める。傷やできものを治す特効薬で、ローション・香膏・油・軟膏などで常に使われる（のみ薬を内服してもよい）。

内服　セントピーターズワートと同じように胆汁質の体液を排出し、坐骨神経痛や痛風を改善し、やけどを治す。

GARDEN VALERIAN
ガーデンバレリアン、バレリアン

特　徴　太く短い灰色の根を大部分は地上に這わせ、小さなかけらのような根を四方に伸ばし、それぞれから緑色の長いひげ根を地中に伸ばす。根頭から多数の緑色の葉を出す。葉は最初は広くて長く、切れこみも鋸歯もない。やがて立ちあがるとしだいに両側から切れこみが入り、一部は中肋まで裂ける。葉は翼状で、さらに切れこみの深い葉が茎に沿って密生し、上部ほど小さくなる。茎は1メートル以上まで伸び、ときに先端が枝に分かれ、それぞれに小さな白い花が咲く。花はときに縁が薄紫色に染まり、ほのかににおう。花後には小さな白茶色の種ができ、すぐに風にのって飛ばされる。根は葉や花よりもにおいが強く、薬としての用途も広い。

 分布　一般に庭で栽培される。

 季節　6月と7月に花が咲き、霜の季節に枯れる。

✷ 属性と効能 ✷

 水星が支配する。

 新鮮な葉を根と一緒にすりつぶして頭につけると頭痛をやわらげ、粘液と漿液を止める。白ワインで煮て目に垂らすと、目のかすみを消し皮膜をとる。腫瘍・外傷にもすぐれた効果があり、体に刺さったとげを抜く。

 あたためる性質があり、乾燥させてのむと排尿を促し、痛みを伴う排尿困難を改善する。煎じ汁も同様の効果があり、脇腹の痛みをとり、月経を促し、解毒剤となる。根の粉を酒に混ぜるかその煎じ汁をのむと、あらゆる部分の閉塞や圧迫を改善し、胸や脇腹の痛みを消す。根をリコリス・干しブドウ・アニスの種と煮たものは、息切れや咳にきわめて有効で、気管を広げ、痰を吐きださせる。ワインで煮たものは、有毒な生物にかまれたり刺されたりしたときに使われる。煎じ汁をのむか、根のにおいをかぐと、感染症に特別な効果がある。また、腹にたまったガスを排出する。

VERVAIN
バーベイン

 特　徴　地面近くに長く広い葉をつける。葉は縁に深く切れこみが入り、あるいはそれぞれ深い鋸歯があり、表側は黒緑色で裏側は灰色である。茎は角張って枝分かれし、60センチほどの高さになる。先端に目をやれば、長い穂状花序が積み重なるようにつき、ときには2つか3つがまとまっている。花は小さくて袋状、青と白のまだらで、花後には小さくて長い頭に丸い小粒の種がおさめられる。根は細くて長い。

 分布　生け垣や道の脇、その他荒れ地など、イングランドのさまざまな場所に広く自生する。

季節　7月に花が咲き、種はそのすぐあとに熟す。

✳ 属性と効能 ✳

 金星が支配し、子宮を強くする。

ハチミツを加えて使えば、足などの古い潰瘍や瘻孔を治す。口腔の潰瘍にも効く。豚脂と合わせて使うと、陰部のできものや痛み、痔を改善し、バラ油と酢と合わせて額とこめかみにつけると、長くつづく頭痛をやわらげ、錯乱を抑える。すりつぶした葉か汁液を酢と混ぜたものは、肌を劇的にきれいにし、水疱・そばかす・瘻孔などの皮膚の炎症や病変を治す。葉の蒸留水を目にさすと、視力を衰えさせる皮膜や曇りをとり、視神経を強化する。蒸留水は上記したさまざまな疾患、古い潰瘍から新しい傷まで、すべてに対して効果がある。乾燥させた根の表皮を細い紐につけて首からかけ、みぞおちにあてると結核や壊血病を治す。

プランテンが熱による症状を抑えるように、バーベインは冷えによる症状を治すすぐれた作用を持つ。熱く乾いた性質を持ち、閉塞を開き、浄化して治癒する。黄疸・むくみ・痛風を改善する。腹部の寄生虫を駆除して排出し、顔や体の血色をよくし、胃・肝臓・脾臓の疾患を治して強化する。咳・喘鳴・息切れ・尿路の異常全般を改善し、結石と砂を体外に排出する。ヘビなど有毒な生物にかまれたとき、あるいは感染症、三日熱と四日熱に有効である。体の内外の傷を固めて治し、出血を止める。

VINE
ヴァイン、グレープ

太陽が支配する最も雄々しい木である。それが、ワインがあらゆる野菜や果物の中で最も人を活気づけることができる理由である。

✳ 属性と効能 ✳　 太陽が支配する。

 外用　イングランドのヴァインの葉（薬を手に入れるためにカナリア諸島まで足を運ばせるつもりはない）を煮ると、口のただれにとても効果のあるローションができる。バーリーの粉と煮てつくった湿布は、傷の炎症を抑える。枝を焼いた灰で毎朝歯を磨くと、炭のように黒かったものが雪のように白くなる。

 内服　春に切ったヴァインの果汁（田舎の人々は〝涙〟と呼んでいる）を砂糖と煮てつくったシロップをのむと、妊婦で亢進する性欲を抑える。白ワインでつくった葉の煎じ汁にも同様の効果がある。ヴァインのしずくを一度に2さじか3さじのむと、膀胱の結石を砕く。

VIOLETS
ヴァイオレット、スイートバイオレット

 季節　花は7月の終わりまで咲くが、盛りは3月から4月の初めである。

✳ 属性と効能 ✳

 金星が支配するすぐれた心地よいハーブで、穏やかな性質であり、害はまったくない。

 白いヴァイオレットの花は、できものの膿を出して治す。新鮮な葉を他のハーブとともに硬膏か湿布にすると、炎症やできものに有効で、熱が引き起こす痛みをやわらげる。卵黄と焼いて患部につけると、痔にも効く。

 新鮮で緑色のあいだは冷たく湿った性質で、目・子宮・臀部などの炎症と異常、熱を持ったできものを冷やす。ワインでつくった葉と花の煎じ汁をのむとよい（湿布のようにして患部につけてもよい）。同様にして使うか、バラ油と合わせて使うと、寝不足による頭痛や熱による痛みも同じようにやわらげる。乾燥させた葉か花（葉のほうが強力）1ドラムをワインなどでのむと、胆汁質の体液を排出し、熱をさげる。紫色の花弁を乾燥させた粉を水でのむと、初期の扁桃炎、子供のてんかんを改善する。白いヴァイオレットの新鮮な葉か花、あるいは乾燥させた花は、熱い体液の刺激をやわらげ、胸膜炎など肺の疾患全般を改善し、声のかすれ・尿の熱と刺激・背中や腎臓や膀胱の痛みを抑える。さらに肝臓・黄疸・おこり全般にも有効で、熱を冷まして渇きを癒やす。

ただし最も効果があり役立つのはヴァイオレットのシロップで、何か適当な酒と混ぜてのむとよい。そのシロップにレモンの汁液かシロップを少量加えるか、礬油（訳注：硫酸のこと）を数滴足すと赤ワイン色になり、熱を冷まして渇きを癒やす効果がさらに強まり、酸味のあるおいしい味になる。ハチミツを加えると冷やして浄化する作用がいっそう増し、砂糖を足すと逆にその作用は減る。乾燥させたヴァイオレットの花は液体でも粉でも、冷やす性質を持つ強心薬になる。

VIPER'S BUGLOSS
バイパーズ・ビューグロス

特徴 ざらついた長い葉を地面に這わせ、あいだから硬い円筒形の茎が複数伸びる。茎はとげや毛が多くあってごつごつし、そこに同じようにざらついた毛かとげのついた濃緑色の細い葉がつく。中肋はほぼ全長が白い。花は茎の先端に咲き、多数のとがった花弁を持つ。ターンソールのように垂れさがるか傾くかし、大部分は一方向に開き、長い筒状で、縁が少しめくれる。つぼみのうちは赤みが強いが、満開になると鮮やかな紫色になり、しぼんで枯れると再び赤みを帯びる。一部は薄紫色で、真ん中に長いおしべが伸び、先端は細くなってときに分かれる。花が落ちたあと種が黒く熟し、クサリヘビのように角張ってとがった形になる。根は大きくて黒く、毛が生え、種の時期まで育ち、冬には枯れる。

白い花を咲かせる点だけが異なる、別の種類も存在する。

分布 あらゆる場所に自生する。白い花を咲かせる種類は、サセックスのルイスの城壁で見られる。

季節 夏に花が咲き、種はそのすぐあとに熟す。

✳ 属性と効能 ✳

 太陽が支配する。今日では使われなくなっているのが残念きわまりない。

内服　クサリヘビなどの毒ヘビや有毒な生物にかまれた際の特効薬である。他にも有毒なハーブなど、さまざまな毒に効果がある。事前に葉か根を食べておけば、いかなる毒ヘビにかまれても大丈夫である。根と種は心臓の負担を減らし、悲嘆や原因のない憂鬱な気分を追い払う。血液を整え、おこりの発作を抑える。種をワインでのむと、母乳の出がよくなり、下腹部・背中・腎臓の痛みをやわらげる。花が咲いているとき、あるいは最盛期に摘んだ葉の蒸留水は、内服でも外用でも上記のすべての効能を備える。シロップは心臓を落ち着かせ、悲嘆と憂鬱を消す。

WALL FLOWERS, WINTER GILLI-FLOWERS
ウォールフラワーズ、ウィンタージリフラワーズ

特徴　一重咲きのウォールフラワーズは外国では自生し、小さく細長い暗緑色の葉を小ぶりの円筒形の白くごつごつした茎にばらばらと多数つける。茎の先には単一の黄色い花が重なるように咲く。花は4弁で、とても甘いにおいがする。花後には赤い種が入った長い莢ができる。根は白く、硬くて細い。

分布　さまざまな地域の教会の壁、多数の家の古い壁、その他の石壁に自生する。栽培種は庭でのみ見られる。

季節　一重咲きの種類は秋の終わりに何度も花をつける。寒さが厳しくない年には冬にも花が残る。とりわけ2月、3月、4月から、春の暑さに枯れるまで咲きつづける。一方、八重咲きの種類はそれとは異なり1年を通しては花をつけないが、とても早い時期から遅い時期まで花期に幅がある。

✳ 属性と効能 ✳

 月が支配する。

 炎症やできものを抑え、弱った箇所や脱臼した関節を回復させ、強める。目のうるみや膜をきれいにとり、口内や他の箇所の潰瘍をきれいにする。

 黄色い花を咲かせる種類は他よりも効能が強く、薬として多く使われる。血液をきれいにし、肝臓と腎臓の閉塞を開き、月経を促し、胎児が死んでしまったときは流産をもたらす。子宮と脾臓の硬化と痛みも改善する。痛風など関節や腱の痛み全般の特効薬ともなる。花の砂糖漬けは、卒中やまひの治療薬として使われる。

THE WALNUT TREE
ウォルナット

 季節 葉が出るより前に花が咲き、果実は9月に熟す。

✳ 属性と効能 ✳

 太陽が支配する。

 外用 仁を油とワインを混ぜて塗れば抜け毛を止めて髪を美しくする。仁をつぶし、ルーとワインと合わせてつけると、扁桃膿瘍を治す。ハチミツと混ぜてすりつぶして耳につけると、痛みと炎症を抑える。仮果のかけらを虫歯の穴に押しこむと、痛みをやわらげる。

　仮果の蒸留水を感染性のできものにつければ、病原菌を殺す。新しい傷や古い潰瘍の熱を冷まし、病変を癒やす。仮果が熟したあとの蒸留水を少量の酢を混ぜてのむと、血管を広げて患部を改善する。蒸留水でうがいをすれば扁桃膿瘍を大幅に改善し、耳につければ難聴・耳鳴り・その他の痛みを減らす。5月の終わりに摘んだ新鮮な若葉の蒸留水を浸した布や海綿を患部に毎朝あてれば、潰瘍やできもののすぐれた治療薬となる。

内服 未熟して外皮がつく前の果実が最もすぐれた効能を示す。樹皮は固めて乾かす性質が強く、葉も同じ性質を持つ。ただし葉は時間がたつと、あたためて乾かす性質を持つようになり、消化されにくくなる。若葉の方が味は甘く消化されやすい。甘いワインでのむと腸の位置をさげるが、古い葉は胃の負担になる。また熱い体では黄胆汁を増やして頭痛をもたらし、咳を悪化させてしまう。ただし冷えた胃には害が少なく、消化管の寄生虫を駆除する。オニオン・塩・ハチミツと合わせてのめば、狂犬にかまれた際や動物の毒、感染性の毒などに有効である。

ポントス王ミトラダテスが王座を追われた際、カイアス・ポンペイウスはその宝の中から王自身の手により毒や感染症に対する薬が記された文書を発見した。それによれば、乾燥させたウォルナットを2個・フィグを2個・ルーの葉を20枚・2、3粒の塩・ジュニパーの実20個とともにすりつぶし、毎朝空腹時にのむと毒と感染症の危険から守ってくれるという。

緑の仮果の汁液をハチミツと煮ると、口内のできもの、喉と胃の熱と炎症を抑えるすぐれたうがい薬になる。仁は時間がたつと油分が増して食用に適さなくなるが、腱の傷・壊疽・癰を治す治療薬として使われる。仁を焼くと収縮作用が強まり、赤ワインでのめば下痢と月経を止める。仮果（訳注：子房以外が発達した果実）も同じ効果がある。

尾状花序を落ちる前に摘んで乾燥させた粉1ドラムを白ワインでのめば、子宮のできものを劇的に改善する。仁から搾った油を1、2オンスのむと、アーモンド油のようにのめばさしこみを改善し、体にたまったガスを排出する。仮果を砂糖に漬ければ、胃弱や体液がたまる症状に対して効果がある。仮果の蒸留水を一度に1、2オンスのめば、おこりの熱を冷ます。

WOLD, WELD, DYER'S WEED
ウォールド、ウェルド、ダイヤーズウィード

　細長い葉を多数地面に広げて茂みをつくる。葉の色は青緑色、ウォードに似ているが小ぶりで、わずかにしわが寄り、先端は丸みを帯びている。初年は枯れず、翌年の春に円筒形の複数の茎が60～90センチほどの高さまで伸びる。茎にも下部よりひとまわり小さい葉がつき、細い枝に分かれてその先に長い穂状花序をつけ、小さな黄色い花を多数咲かせる。花後には先が4つに分かれた頭ができて、その中に小さくて黒い種がおさめられる。根は長く、白色で太く、冬を越す。花が咲いたのちしばらくすると、ハーブ全体が黄色に変わる。

 道の脇、湿地、乾燥した土地、野原の隅、脇道、ときには野原で自生する。サセックスとケント州では、グリーン・ウィードと呼ばれる。

 6月頃に花が咲く。

✱ 効　能 ✱

 　有毒な生物にかまれた際には、直接つけると有効である（内服してもよい）。葉をすりつぶして手足の切り傷やけがにつけるとよい。

 　根はしつこい痰を切り、粘液や薄性の体液を分解し、固い腫瘍をとり、閉塞を開く。感染症にも有効である。

WHEAT
ウィート

✳ 属性と効能 ✳

 金星が支配する。

 厚い鉄板か熱した銅板にウィートを挟んで圧搾してとった油は、あたたかいうちに使うと発疹や白癬全般を治す。この油を陥没性の潰瘍に注いでもよい。手足のひびを治し、荒れた肌をなめらかにする。

ウィートのパンを薄く切ったものを赤いバラ水に浸し、激しい炎症を起こして充血した目にあてると症状を抑える。熱いパンを3日間連続で1時間ずつあてつづけると、るいれきと呼ばれる首のできものを完璧に治す。コムギ粉をヘンベインの汁液と混ぜてつけると、関節にたまった体液が除去できる。同じものを酢で煮たものは、腱の萎縮を改善する。酢と混ぜて一緒に煮たものは、顔のそばかす・しみ・にきびをすべて治す。コムギ粉を卵黄・ハチミツ・テレビン油と混ぜると、感染性のできもの・潰瘍の膿をとってきれいにし、治癒へと導く。最初に膿をとったのちに、ウィートのふすまを濃い酢に漬けて布でくるみ、ふけ・水疱・かさぶた・かったいに直

接あてると、病変をとり去ることができる。ウィートかバーリーのふすまの煎じ汁で、ヘルニアで破れた箇所を洗い流すと効果がある。ふすまを上質の酢で煮て、腫れた胸につけると、症状を改善し炎症を抑える。クサリヘビや他の有毒な生物にかまれたときに使っても効果がある。ウィートの葉を塩と合わせてつけると、皮膚のしこり・いぼ・硬いこぶをとる。

熟していないウィートを食べると胃を痛め、寄生虫をとりこむことになる。ウィートを鉄のフライパンで焼いて食べると、寒さに凍える者にとって手頃な治療となる。熟していないウィートをかみつぶして、狂犬にかまれた箇所につけると傷が治る。ホスチア（訳注：聖餐用の無発酵パン）を水に入れてのむと下痢や下血を止め、子供のヘルニアに有効である（外用してもよい）。濃厚なゼリーになるまで水で煮つめてのむと、喀血を止める。ミントとバターと合わせて煮たものは、声がれを改善する。

WILLOW TREE
ウィロー

✳ 属性と効能 ✳

 月が支配する。

 花が咲いているあいだに樹皮を切り、容器をあてて集めた水は目の充血やかすみに有効で、眼球を覆う膜をとり、そこに流れこむ粘液を止める。また、顔や皮膚のしみや変色をきれいにする。樹皮を焼いた灰を酢と混ぜて患部にあてれば、いぼ・うおのめなどのできものをとり去る。ワインでつくった葉か樹皮の煎じ汁で洗えば、ふけをきれいにとる。冷やす性質があるので、熱病にかかった者の寝室にはこの枝を置けばよい。

 葉も樹皮も種も、煎じ汁をワインでのむと傷口や口や鼻の出血・吐血・その他のあらゆる出血を止め、吐き気と刺激を抑える。頭から肺に流れこんで肺病をもたらす、薄く熱く刺激的な塩性の体液を抑える。葉をコショウと合わせてすりつぶし、ワインでのむと、ガスによるさしこみを改善する。すりつぶした葉をワインで煮て長期間のみつづけると、激しい性欲を完全に抑える。種にも同じ効能がある。

花には体液を乾かすすぐれた効能があり、刺激や消耗など副作用のない薬になる。白ワインで煮て適量のむとよいが、酔いすぎないよう気をつけるべきである。樹皮も同じ使い方で同様の効果が得られる。花はいつも咲いているわけではないが、樹皮は常に手に入るので便利である。

花が咲いているあいだに樹皮を切って集めた樹液は尿閉を改善する。

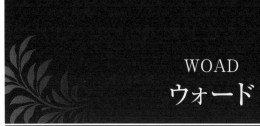

WOAD
ウォード

特徴 長くて幅広の大きな葉を多数つける。葉は大型のプランテンと似ているが、もっと大きくて厚く、青緑色である。元気な茎はたくさんの葉をつけ、90〜120センチほどの高さになる。茎の上部ほど葉は小さくなる。茎は先端で枝に分かれ、その先にとてもきれいで小さな黄色の花が咲き、花後には他の野の花と同じように長く平らな莢ができる。色は黒く、舌に似た形でおじぎをするように垂れさがる。莢の中におさめられた種は（少しかむと）空色になる。根は白くて長い。

分布 効能を求めて野原に種がまかれ、成長したのち、年に3回刈りとられる。

季節 6月に花が咲くが、種が熟すのはそれからかなりあとになる。

✴︎ 属性と効能 ✴︎

 土星が支配する。

外用 冷たく乾き、固める作用がとても強いので、内服には適さない。軟膏は出血を止める。硬膏を脾臓がある左の脇腹あたりにつけると、その硬化と痛みを改善する。軟膏はじくじくした潰瘍にとりわけ有効で、浸食性の体液を除去する。炎症を冷まし、丹毒をやわらげ、体のあらゆる部分の血液の流れをよくする。

その他 ミツバチを殺す作用がある。もしこのハーブのせいでミツバチが病気になったときには、尿をそばに置くとよいが、その中で溺れてしまわないようにコルク片を中に入れておくのが望ましい。

WOODBINE, HONEY-SUCKLES
ウッドゥバイン、ハニーサックルズ

 6月に花が咲き、果実は8月に熟す。

✳ 属性と効能 ✳

 水星が支配する。そのため肺に有用と考えられる。木星が引き起こす病気に対して使うと効果があるだろう。
理性の最悪の敵である〝伝統〟から、この植物の葉か花はうがい薬として使われてきた。その悪習があまりに長くつづきすぎたせいで、誰の頭にもそれが常識となってしみつき、どうしても消すことができない。そもそもうがい薬には冷やして乾かす性質を持つものが使われるべきだが、ウッドゥバインは浄化して消化する作用を持つのだから、炎症に使われるべきである。葉を1枚とって口に入れてかめば、すぐに口や喉の病を治すどころか、逆にただれさせることに気づくだろう。

 軟膏として使えば、皮膚の水疱・そばかす・日焼け・その他の変色をきれいにするため、メイドたちに大人気となろう。葉よりも花のほうが効果が大きい。

 花の砂糖漬けは紳士淑女の家に保存されることが望ましい。これ以上に喘息に効果的な治療薬はない。さらに、脾臓の不調を整え、排尿を促し、安産をもたらし、けいれんやまひなど、冷たさや閉塞による生じる症状すべてを改善する。

SEA WORMWOOD
シーワームウッド

　その効能と同じ数だけの（おそらくそれより多いだろう）名前がある。セリフィアン、サントメオン、ベルキオン、ナルビネンス、ハントニコン、ミスニュール、などだ。ローマカトリック教徒はこのハーブを〝聖なるコモンワームウッド〟と呼んだ。彼らがこのハーブを神聖視するのは、自らの心の内なる信仰心を失ったためであろう。この種は、世の母親が子供の虫下しにのませる。イングランドに自生するコモンワームウッドに似た植物の中で、シーワームウッドは最も作用が弱いのに、医師たちはこれをすすめ、薬剤師は薬局でこれを売っている。

　コモンワームウッドの種はシーワームウッドよりもはるかに効能に富み、子供や大人の寄生虫を体外に排出する。シーワームウッドは最も作用が弱いため、虚弱な者には適しているかもしれない（その作用の弱さは保証する）が、体の強い者にはコモンワームウッドをのませるべきである。また、コモンワームウッドは海辺に自生しているから、その近隣で暮らしている者はぜひ使うべきである。神はこのハーブを海の近くに暮らす者にふさわしい薬として、その地に植えたのだろう。

　肝臓が甘いものを好むことは誰もが知っているはずだ。だとしたら、肝臓は苦いものを嫌うはずである。そして肝臓が弱っているときに、わざわざそれが嫌っている苦みがきついものを押しつけるのは賢明ではない。肝臓が弱れば、血液を充分につくれなくなってしまう。肉体は血液によって修復されるので、ハーブの力を借りて血液をつくることができるようにするしかない。そのためにコモンワームウッドに似た植物の中でも最も効力が弱いものを選ぶのは、最善ではなく次善の策でしかないことを承知しておくべきである。

特徴 地面に伸びる1本の根から、毛が生えている円筒形の硬い茎が多数伸びる。高さは少なくとも90センチ以上、120センチにはなる。葉は縦長で幅は狭く、白色でソウシスルによく似ているが、それよりも大ぶりである。海のすぐそばに自生するため、味は苦いというよりも塩辛い。上を向いた葉とともに小さな黄色い花を、節ごとに咲かせる。根は地中深くに伸び、ごつごつとしている。

分布 イングランドでは海辺に自生する。

ROMAN WORMWOOD
ローマンワームウッド

どうしてイングランドに自生しているのに、このような名前がつけられたのだろう。おそらく口臭を消すその効能に理由があるのだろう。ローマ人は聖なる権威のもとであまたの劣悪な家に住みつづけてきたため、常に口臭に悩まされているのだ。

特徴 茎は細く、コモンワームウッドよりも少なくとも30センチ以上短い。葉にはきれいな切れこみが入るが、ひとまわり小さい。葉も茎も白っぽく、花は薄黄色である。コモンワームウッドとそっくりだが、全体に小ぶりである。味もそれほど苦くない。香りは刺激的である。

分布 山の頂上に自生している（上昇志向があるようだ）。ただ通常はロンドンの薬局で扱うために、庭で栽培されている。

季節 どれも8月前後に花が咲く。

COMMON WORMWOOD
コモンワームウッド

✳ 属性と効能 ✳

前述のワームウッド3種とも火星が支配する。好戦的な場所を好むハーブは好戦的である。コモンワームウッドはたとえば火事場や鉄工場のまわりでたっぷり摘むことができるので、好戦的なハーブと言える。胆汁が引き起こす障害を共感により治す。また金星が引き起こす病気を反感により改善する。惑星のあいだで互いに最も反感が強いのは火星と金星である。熱と冷、乾と湿と性質も、またハウスも正反対である。男性的と女性的、開放的と内向的、勇猛と柔和、光を愛するものと嫌うもの。金星は喉を司り、火星は喉の病気を反感によって治す。目は太陽と月が司り、火星のハーブであるワームウッドはその病気を治す。火星は肌のかゆみやかさぶたをもたらすが、ワームウッドによって肌の美しさを取り戻すことができる。また火星は乙女座にあると疝痛（せんつう）を引き起こすが、ワームウッドはその応急の治療薬ともなる。

月が支配するネズミ・ハチ・サソリなど攻撃的な生物にかまれるか刺されるかしたとき、すみやかな治癒をもたらす。丘疹や、外傷・殴打によるあざも治す。かさぶたやかゆみをとり去り、かつての美しさをとり戻させる。

あたためて乾かす性質があり、血液と同程度の熱さを持ち、黄胆汁が体に与える不調を治す。胆汁質の体をきれいにし、排尿を促し、消化器の不調や腹部のできものを改善し、食欲を増進させ、さしこみの応急の治療薬となる。黄疸の治療にこれ以上にすぐれたハーブはない。月経を促す作用もある。また扁桃膿瘍を治し、二度とかからないようにする。

コモンワームウッドとローズマリーとブラック・ソーンの花を同じ量だけ集め、ラインワインで煮て、沸騰させたのちその半量のサフランを加えれば、健康を保つ薬となる。鈍い頭と視力の低下も改善する。

土星が支配するキノコには効能も害もあるが、毒キノコを食べたときは、コモンワームウッドが解毒剤となる。

 コモンワームウッドを少量のインクと混ぜれば、そのペンで書き記した紙にネズミは近づかない。コモンワームウッドを布に挟めば、ライオンがネズミを、あるいはワシがハエをもてあそぶのをやめるように、蛾も布に意味もなく穴をあけるのをやめるだろう。

YARROW, CALLED NOSE-BLEED, MILFOIL, THOUSAND-LEAL
ヤロウ

特徴 きれいな切れこみがあり、いくつもの小葉に分かれる長い葉を多数地面に広げる。花は白いが、色にむらがあり、葉のあいだから伸びる複数の緑色の茎の上にこぶのように固まって咲く。

分布 どの草原でも見られる。

季節 花が咲くのは遅く、8月の終わり近くになる。

＊ 属性と効能 ＊

 金星が支配する。

外用 軟膏はとりわけ炎症を起こしている傷に有効である。軟膏は新しい傷だけでなく、潰瘍や瘻孔に効果がある。煎じ汁で洗えば抜け毛が止まる。

葉をかむと歯痛がやわらぐ。これらの効能からわかるように、このハーブには乾かして固める作用がある。アキレスは、ケイローン（訳注：ケンタウロスの賢者）から学んだこのハーブの効用を子孫に伝えた最初の人物であるとされる。

内服 白ワインで煮た煎じ汁をのむと、月経や下血を止める。煎じ汁は胃の保持力を強める。男性の淋病を治し、女性のおりものを減らし、尿をつくるのを助ける。けいれんにも有効である。

ハーブの収集、保存方法とシロップなどの作り方

CULPEPER'S
COMPLETE HERBAL

第1部
ハーブの収集・乾燥・保存の方法

—第1章—
葉

1. 葉は緑色で汁液に富んだもののみを慎重に選ぶ。枯れかけているものが混ざると、他のものまで腐敗してしまう。こうして摘んだ葉は、薬局で買う葉の10倍の価値があるだろう。
2. ハーブがどんな場所を好んで成長するか見きわめ、そこで摘みとる。日陰で育っているウッドベトニーは、日なたで育っているものよりもはるかによい。ウッドベトニーは日陰を好むためである。また水辺を好んで成長するハーブは、たとえ乾いた場所で手軽に見つけることができたとしても、水辺で集めるべきである。
3. 種がついたハーブの葉は、花がつく前のハーブの葉よりも効能が劣る（葉をほとんど使わない例外がごくわずかある）。ハーブの先端、花、葉の順に摘むのがよい。
4. 日なたで乾燥させること。医師たちが言うように日陰で干してはならない。医師たちは、太陽がハーブの効能を損なうので、干し草と同じ理屈で日陰で乾かすべきだと言いたいようだ。だが、農夫たちは経験からそれはでたらめだと声をあげるだろう。
5. 占星術の考え方を記しておきたい。ハーブを司る惑星がアンギュラーの場合がより強くよりよい。たとえば土星のハーブであれば、土星がアセンダントにあるときがよく、火星のハーブならば火星が中天にあるときがよい。それぞれの惑星はそのハウスを好むためである。また、月がそれらに対してよいアスペクトにあるようにし、敵対するハウスにいないようにする。もし月がそのような位置にくる

のを待てないときは、同じトリプリシティの惑星に適合している状況を選ぶとよい。その状況も待てない場合には、同じ性質の恒星とともにあるようにする。
6．きちんと乾燥させてから、縫いあわせた茶色い紙袋に入れ、適度な強さで押しつける。火の近くの、湿気のない場所に保管する。
7．乾燥させた葉の保存期間は不明である。乾いた土地で育ったハーブと湿った土地で育ったハーブ、水分の少ないハーブと水分の多いハーブ、完全に乾燥させたハーブと乾燥が不充分なハーブでは、どれも前者のほうがより長く保存できる。色やにおい、あるいはその両方が失われることで、腐ったときにはそれとわかる。ハーブを司る惑星の時間のうちに、すべての葉を集めることである。

―第2章―
花

1．花は植物の美そのものだが、医学においても大いに役立つ。最盛期に摘みとるのがよい。
2．1日のうちでは、太陽の光が降り注いでいるあいだに摘みとれば、乾燥しているはずだ。花を摘みとる時間は、その花を司る惑星の時間に合わせる。湿っていたり、露にぬれていたりすると、保存できない。
3．前章で記したように、日なたで完全に乾燥させて、紙袋に入れて火の近くで保存する。
4．色やにおいが保たれている限り、品質に問題はない。いずれかが失われたときは効能もなくなっている。

―第3章―
種

1．種は自らに似たものを生みだす生命機能を与えられた植物の一部である。潜在的に植物全体を含んでいる。

2．その植物が好んで育つ場所で集める。
3．充分に熟したものを集める。天体の調和を忘れてはならない。ふさわしい時期に収穫したハーブの効能は、そうではないものと比べて2倍強いことが経験からわかっている。「太陽のもと、すべてに定められた時間がある」
4．集めたら、保存する前に少しだけ太陽にあてて乾燥させる。
5．火の近くでそれらを保存する際、葉や花ほど注意する必要はない。種は生命力に満ちており、悪くなりにくいからである。
6．種はかなりの年数保存できる。しかし最初の1年が最も状態がよい。それには充分な根拠がある。最初の1年の間にまいた種の成長が最も早いことから、最盛期であることがわかる。それに、種を毎年新しいものに入れ替えることはたやすい。

― 第4章 ―
根

1．根は腐ったり虫に食われてないもので、味・色・においが適切なものを選ぶ。柔らかすぎても、固すぎてもよくない。
2．人が夜に寝て、朝になったら起きるように、樹液は秋になると根までさがり、春に再びあがってくるという説があるが、事実無根である。落葉に伴って根までさがった樹液が冬のあいだそこにとどまるなら、根は冬にのみ成長するはずである。しかし実際は、冬ではなく夏のあいだだけ成長する。春にリンゴの種を植えれば、夏に根が勢いよく伸び、冬から次の春まではさほど成長しないことも明らかだ。そのあいだ、根にたまった樹液は何をしているというのだろう。現実には夏至を過ぎると、樹液は根と枝の双方の中で徐々に固まりはじめる。冬至を過ぎると、凝固した樹液は今度は徐々に溶けはじめる。
3．根を摘むのは乾燥している季節がよい。腐敗をもたらす湿気が少なくなるためである。

4．根が柔らかい場合には、日にあてて乾燥させるか、もしくは暖炉の隅にひもでつるすのが最もよい。それが難しいときは、とにかく乾燥させるとよい。
5．大きい根は小さい根よりも長く保存できる。ただし、多くは1年間までである。
6．根が柔らかいときには、常に火の近くで保存しておく。冬に根や草や花が湿ってきたのを見つけたときには（よくあることなので、月に一度は状態を確かめるべきである）、ごく弱火にあてて乾かす。常に火の近くに置いておけば、手間が省ける。
7．パースリー・フェンネル・プランテンなど、どこにでもあるハーブの根を乾燥させるのは無駄である。必要なときにその都度摘めばよい。

―第5章―
皮

1．医師が薬として使う皮には、果実の皮・根の皮・枝の皮がある。
2．オレンジ・レモンなどの果実の皮をとる際には、果実が完全に熟しているものを選ぶ。
3．オークのような大きな木の樹皮は春に集めるのがよい。はがしやすく、乾燥させるのも簡単である。ただし最善の方法は、必要なときにその都度集めることである。
4．根の皮をとるのは、簡単にできる。例えばパースリー・フェンネルなど髄を持つハーブの根を集め、半分に裂いて髄をとりだし、残ったものが（正確には違うが）皮と呼ばれ、使える唯一の部分である。

―第6章―
汁液

1．汁液はハーブが若く柔らかいときに、葉・茎・柔らかい先端部分・花を圧搾してとる。

2．ハーブがしっかり乾燥していれば（そうでなければ、汁液にはなんの価値もない）、石のすり鉢に入れてすりこぎで入念にすりつぶし、布袋に入れて強く圧搾し、とれた汁液から不純物を除去する。
3．不純物を除去するには、鍋に汁液を入れて火にかける。浮きかすが出たら、とり除く。浮きかすがまったく出なくなり、汁が澄むまでつづける。
4．澄んだ汁液を通年で保存する方法は2種類ある。
（1）冷たい汁液をガラス瓶に入れ、油を指2本分の幅まで注ぎ入れる。油は上部に浮かんで汁液に蓋をし、汁液が腐敗するのを防ぐ。汁液を使う際には、粥用の浅いボウルに注ぐ。油が一緒に少し出てきてしまったら、さじですくって捨てればよい。使わなかった汁液は再びガラス瓶に戻すと、すぐに油の下に沈む。
（2）果実の汁液は通常この方法で保存される。汁液の不純物を除去するために、火にかけて沸騰させ、冷ましたときにハチミツと同じ濃さになるよう煮つめる。

第2部
化合物のつくり方と保存の方法

ここまでは自然に存在する薬について述べてきた。これらのハーブを専門家たちは〝シンプルズ〟と呼んでいる。しかし、〝シンプル〟という言葉は、ときとして不適切に使われがちである。実のところこの世には、純物質である元素以外にはシンプルなものなどない。他のすべては複数の元素の混合物である。ここからは化合物について扱う。

―第1章―
蒸留水

1．ハーブ・花・果実・根から水を蒸留する。
2．蒸留酒ではなく、冷たい蒸留水を扱う。
3．ハーブや花が最も力強いときに蒸留するべきである。
4．世間では、知識不足から白目の蒸留器が使われている。蒸留水は人工的な薬の中で最も効果が弱く、他の薬と混ぜないと作用しない。作用の程度はさまざまで、砂で蒸留したものが最も効果が強い。
5．蒸留水をつくったらガラス瓶に入れ、小さな穴をたくさんあけた紙で覆う。これは、酢母(さくぼ)と呼ばれる、腐敗の原因となる澱をもたらす不純物や熱い蒸気が消えるようにするためである。
6．最後にコルクや紙で蒸留水の蓋をすると、それらが水に触れたときにかびが発生する恐れがある。魚の浮き袋で蓋をするのがいちばんよい。

白目の蒸留器でつくった蒸留水は1年くらいは持つだろう。砂で蒸留したものはその2倍の効能があるので、保存期間も2倍になる。

第2章
シロップ

1. シロップとは液状の薬である。さらに味をよくして、しっかり保存するためにハチミツか砂糖を加え、もとのハチミツほどの濃さになるまで煮つめる。
2. シロップのつくり方には3種類ある。

（1）浸出によりつくるシロップ

　通常バラ・ヴァイオレット・ピーチのように、加熱すると色や力が落ちてしまう花にはこの方法を使う。きれいな花1ポンドごとに、3ポンドもしくは3パイントの沸騰させた湧水を使う。最初に花を白目の鍋に入れて覆いをし、そこへ水を注ぐ。そのあと蓋を閉じ、12時間火のそばにおいてあたためつづけたのちに漉す。ダマスクローズ・ピーチの花など排出作用のあるシロップをつくる最良の方法は、同じ溶液に何度も新しい花を加えて漉すこの浸出をくり返して効果を強くすることである。白目の鍋か、釉薬（ゆうやく）がかかった陶製の鍋に浸出液を入れ、1パイントあたり2ポンドの砂糖を加えれば、砂糖は沸騰させなくても火にかけるだけで溶ける。その浮きかすをとり除けば、シロップができあがる。

（2）煎じ汁からつくるシロップ

　通常は複数の種類のハーブを混ぜあわせるが、1種類のハーブをシロップにしてもよい。シロップにしたいハーブの葉・根・花を摘み、少しすりつぶす。次に、手頃な量の湧水でそれを煮る。水の分量が多いほど、効能は弱くなる。1つかみのハーブか根を水1パイントに入れ、水が半量に減るまで沸騰させる。それから液が冷めるまで置き、さらに毛織りの布で、時間をかけて自然にしみでるようにして漉す。煎じ汁1パイントに1ポンドの砂糖を加え、火にかけて時折さじで少しずつかきまぜる。煮ているあいだは常に浮きかすをとり除き、充分に煮こんで熱くな

っているものを毛織りの布で丁寧に漉す。これでシロップの完成である。

（3）汁液からつくるシロップ
　通常は汁液に富むハーブでつくる。そうしたハーブはシロップとして使うのが最善である。石のすり鉢に入れたハーブを木製のすりこぎですりぶつし、汁液を搾りだして、汁液のつくり方で記したようにして不純物を除去する。汁液をその4分の1が蒸発するまで煮つめ、1パイントに対して1ポンドの砂糖を加え、さらに沸騰させたあと、毛織り布で漉す。

3．パースリーやフェンネルなど固い根でシロップをつくる場合には、すりつぶしたあと、しばらく水につけてから加熱するとよい。
4．シロップをガラス瓶か石の容器に保存する際、コルクや魚の浮き袋で蓋をしてはならない。容器の口を紙で覆うだけでよい。
5．シロップは1年は効能が保たれる。ただし、浸出する方法でつくったものはなるべく早く使うのがよい。

─第3章─
ジュレップ

1．ジュレップは最初にアラビアで発明されたと思われる。その理由は、ジュレップという言葉がアラビア語だからである。
2．この言葉は〝おいしい飲み物〟という意味で、病気のときも、健康なときも、喉の渇きを癒やすための金がないときにも広く使われる。
3．今日では一般に以下の用途で使われる
（1）浄化のために体を整える。
（2）閉塞と毛穴を開く。
（3）粘り気のある体液を分解する。
（4）熱による不調を落ち着かせる。
4．ジュレップは蒸留水1パイントに、同じ効果を持つ2オンスのシロ

ップを加えて混ぜ、好みに合わせてのむ。すっぱいものが好きなら、1パイントあたり礬油(ばんゆ)10滴を加えてよく混ぜればおいしい味になるだろう。
5．ジュレップはすべてすぐ使うためにつくられる。したがって、保存期間に関する議論は無意味である。

―第4章―
煎じ汁

1．煎じ汁と、煎じ汁からつくったシロップの違いはただ1つ、シロップは保存できるが、煎じ汁はすぐに使わなければならない。煎じ汁は寒い季節でも1週間以上保存できず、暑い季節にはその半分の日数も持たない。
2．煎じ汁は葉・根・花・種・果実・樹皮などからつくられる。つくり方はシロップと同じである。
3．ワインでつくった煎じ汁のほうが、水でつくったものより長持ちする。尿道を浄化するか閉塞を開くために煎じ汁を使う場合、最良の方法は水ではなく白ワインでつくることで、浸透性にすぐれる。
4．煎じ汁は胃・腸・腎臓・尿道・膀胱などの、体の通り道の疾患に最もよく使われる。煎じ汁が他の形態の薬よりそれらの場所に速く到達するためである。
5．砂糖で煎じ薬を甘くしても問題はない。目的にふさわしいシロップで甘みをつけるほうがより望ましい。
6．煎じ汁にハーブを入れて煮る場合は、最初に根から入れる。そのあとは順に、樹皮・葉・種・花・スパイスとなる。
7．フィグ・クインスの種・アマニなど、煮ると煎じ汁が少なくなるものについては、それらをすりつぶしたあと、亜麻布で縛って煮ることである。
8．煎じ汁はガラス瓶に入れたあと、蓋をする。保存場所が涼しいほど、発酵せずに保存期間が延びる。

通常の投与量は、年齢・体力・季節・薬の強さ・疾患の質に応じて、1回につき2、3、4、5オンスである。

─第5章─
油

1. オリーブ油はサラダ油という名で一般に知られている。広くサラダを食べる際に使われるためだろう。熟したオリーブから圧搾した油は中庸で、1つの性質に偏らない。
2. 油は単一のハーブからつくられるものと、いくつかのハーブを混合したものからつくられるものがある。
3. 単一のハーブの油は、スイートアーモンド・ビターアーモンド・アマニ・ナタネなどの果実や種を圧搾してつくる。
4. 混合油は、オリーブ油とハーブ・花・根などを混ぜてつくられる。
5. 油をつくるときは、ハーブなどをすりつぶしたあと、陶製の鍋に入れ、その2、3つかみ分に対して油を1パイント注ぐ。紙で蓋をし、日差しが強い時期に日なたに2週間くらい置く。そのあと火で充分に加熱して、ハーブなどを強く圧搾する。搾りだした油に、同じ手順でまたすりつぶしたハーブをさらに加え、同様にして日なたに置く。この工程をくり返すほど、油は強力になる。充分な強さになったと思えたら、ハーブと油を水分がなくなるまで煮つめる。泡が出て、ハーブがからからになるまでが目安である。それを熱いうちに漉して、ガラス瓶か石の容器に保存して使う。
6. 油の一般的な使用法は四肢の痛み・皮膚の荒れ・かゆみなどの治療であり、軟膏と硬膏の材料ともなる。
7. 傷や潰瘍に使用する場合、2オンスの油に、半オンスのテレビン油を混ぜて短時間加熱すればよい。油自体は傷を刺激してしまうが、テレビン油がそれをやわらげてくれるためである。

―第6章―
舐　剤

　成分については、好みや状況に合わせて変えてもよい。

1．舐剤をつくるには、葉・根・花・種など、すべて乾燥させたものを常備しておくことが必須である。必要なときにそれらをつぶして、すぐに粉にできなければならない。
2．乾燥させた材料は、つぶさずにそのままの状態にしておくほうがよい。つぶすと空気に触れる部分が増え、効力が失われる。
3．必要なときに材料が充分に乾燥していない場合は、弱火で乾かすとよい。
4．つぶした粉は目の細かいふるいにかけ、大きなかけらが舐剤に混じらないようにする。
5．1オンスの粉に対し、3オンスの不純物を取り除いたハチミツを加える。好みに応じて割合を変えてもよい。
6．すり鉢の中でよく混ぜる。混ぜれば混ぜるほどよい。
7．ハチミツの不純物を除去するには、鍋に入れて火にかけ、浮きかすが出たらとり除く。
8．強心薬の舐剤の投与量は1回につき半ドラムから2ドラムまで、排出用の舐剤は半オンスから1オンスまでである。
9．容器に入れて保存する。
10．服用時間は、朝の空腹時・朝食の1時間後・就寝前・夕食の3、4時間後のいずれかである。

―第7章―
砂糖漬け（ジャム）

1．ジャムをつくる方法には2種類ある。ハーブや花からつくる方法と、果実からつくる方法である。

2．スカルビーグラス・コモンワームウッド・ガーデンルーなど、ハーブや花のジャムをつくるときは、葉と柔らかい先端部分だけを集める。それらをつぶして量り、1ポンドに対して3ポンドの砂糖を加える。できるだけ細かくつぶすほうがよい。

3．バーベリーやブラック・ソーンなどの果実のジャムをつくるときは、果実を熱し、目の粗い果肉専用の漉し器で果肉をつぶしてとる。つぶすときはさじの裏側を使うとよい。とった果肉に同量の砂糖を加え、白目の鍋に入れて炭火にかける。砂糖が溶けるまでよくかきまぜれば、ジャムができあがる。

4．保存には陶製の容器を使う。

5．1回の服用量は通常は少量とし、朝と夜にとる。排出作用がないジャムであれば、好きな時間でよい。

6．バラのジャムのように何年も保存できるものもある。しかしボリジ・アンチューサ・カウスリップなどのジャムは1年ほどしか持たない。

7．できたてのジャムの効能を保つには注意を払わなければならない。ボリジ・アンチューサ・コモンワームウッドのジャムは、1日1回はよくかきまぜて確かめる。

8．表面に固い層ができ、虫に食べられたかのように小さな穴があいたときは、ジャムがだめになったことを意味する。

― 第8章 ―
砂糖漬け（プリザーブ）

保存にはさまざまな種類があり、つくり方がそれぞれ違う。

1．花を保存することはめったになく、カウスリップの花くらいしかない。平たいガラス瓶に細かい砂糖を敷く。その上に花を置き、その上に砂糖を振りかける。さらに次の花を置き、また砂糖を振りかけることを、容器がいっぱいになるまでくり返す。最後に容器の口に

紙で蓋をすれば、短時間ですばらしくおいしい砂糖漬けができる。
　　花を保存する別の方法もある。ケイパーやブルームの芽のように酢漬けや塩漬けにする方法である。
2．クインスなどの果実には、2つの保存方法がある。
（1）水に入れてよく煮て、前章に記したように果肉専用の漉し器で果肉をつぶしてとる。さらに同量の砂糖を加え、煮るのに使った水をさらに煮つめてシロップにする。1パイントの液体あたり1ポンドの砂糖を入れることになる。このシロップ1ポンドに対して果肉を4オンス加え、適度な粘度になるまで弱火で熱する。木皿に1滴落とせば、粘度は簡単にわかる。冷めたときに指にべたつかないのが最適な状態である。
（2）最初に皮をはがす。次に半分に切って芯をとりだし、柔らかくなるまで水で煮る。牛肉の煮方を知っていれば、いつ柔らかくなるか簡単にわかるだろう。それから水を沸騰させ、同量の砂糖を加えてシロップになるまで煮つめる。シロップを容器に入れ、そこに煮た果実を切らずにそのまま入れて、使うときまで保存しておく。
3．根を保存するときは、最初にきれいになるまで外皮を削り、髄がある場合はそれもとる。シーホーリーのように髄がない根もある。果実と同じ方法で柔らかくなるまで水で煮て、煮るのに使った水に砂糖を加えてシロップにする。根を丸ごとそのシロップに入れて保存する。
4．樹皮は使えるものはほとんどない。オレンジ・レモン・シトロン・固い殻に覆われずに成長したウォルナットの外皮くらいである。殻自体も、壊血病のための砂糖漬けをつくることができる。
　　これらの保存法は一律ではなく、苦いものと熱いもので異なる。苦味は湯につけ、何度も水をとり換えると消えるが、苦みが失われたらその効能も失われてしまう。そこで一般的な方法を1つ紹介したい。根や果実と同じ方法で柔らかくなるまで煮て、煮るために使

った水と砂糖でシロップをつくり、そのシロップで樹皮を保存する。
5．ガラス瓶あるいは釉薬がかかった容器で保存する。
6．食べるのを我慢さえすれば、花は1年は持つ。根や皮はさらに長く持つ。
7．この手順はそもそも調理法として考えられたもので、それがのちに薬として使われるようになった。胃に負担のかかる他の薬とは違い、吐き気のある疾患にかかった体に優しい薬ができ、また長期間、腐敗することなく保存できるからである。

― 第9章 ―
ロホック

1．アラビア人はロホック、ギリシャ人はエクレグマ、古代ローマ人はリンクトゥスと呼ぶ。平易な言葉に置き換えるなら、〝なめるもの〟となる。
2．シロップより濃く、舐剤ほど濃くない。
3．服用の方法は、リコリスの枝に少しつけたものをのんびりとなめる。
4．ロホックをつくるには、胸部用のハーブの煎じ汁を漉し、その2倍の重さのハチミツもしくは砂糖を加えて煮つめる。痰に悩まされているなら、砂糖よりハチミツがよく、酢を少々加えてもかまわない。それ以外の場合は、ハチミツより砂糖がよい。
5．容器に入れて1年以上保存できる。
6．気管の荒れ・肺の炎症や潰瘍・呼吸困難・喘息・咳に優れた効果がある。

― 第10章 ―
軟　膏

1．軟膏にしたいハーブの葉・花・根をすりつぶす。その2つかみ分に、乾いた豚脂か、皮膚からとったきれいな脂を1ポンド加える。それ

を石のすり鉢に入れて木製のすりこぎでつぶし、石の容器に入れて紙で蓋をし、日なたなどのあたたかい場所に、3～5日ほど置いて溶かす。その後とりだして少しだけ煮て熱いうちに漉し、強く圧搾する。できた油に、すりつぶしたハーブをさらにたくさん加えてしばらく置き、また煮る。軟膏の効果を強めるには、この手順を3、4回くり返すとよい。ハーブの汁気が多ければ多いほど、軟膏はすぐに強力になる。最後に煮るときには、ハーブの汁液がなくなってからからになるまで煮つめ、そのあと強く圧搾して漉す。軟膏1ポンドに対してテレビン油とミツロウを2オンス加える。これは豚脂が植物油と同様に、傷に刺激を与えてしまうからである。
2．軟膏は容器に入れて保存できる。1年以上、ときに2年以上持つ。

― 第11章 ―
硬 膏

1．ギリシャ人はさまざまなハーブから硬膏をつくったが、そのほとんどに金属が入っていた。金属を粉にする際には、脂肪物質と混ぜ、熱いうちに絶えず上下に撹拌して、金属だけが沈殿しないようにした。かきまぜつづけて固まると円筒形にし、使う必要があるときには、再び火にかければ溶けるようにした。
2．アラビア人は油と脂で硬膏をつくったため、そこまで長く煮る必要はなかった。
3．ギリシャ人のつくった硬膏には、金属・石・多くの種類の土・糞便・汁液・種・根・ハーブ・生物の排泄物・ロウ・ロジン、粘性ゴムなどが含まれていた。

― 第12章 ―
湿 布

1．湿布は古代ローマ人がカタプラスマタと呼んでいたため、わが国の学識者たちはカタプラズムなどという難解な言葉で呼ぶようになっ

た。化膿し、ただれた病変に対するすぐれた薬の1つである。
2. 個々の疾患と患者に適した葉と根を選んでつくられる。葉や根を小さく刻み、ゼリー状になるまで水で煮る。ウィートかルピナスの粉を少々加え、さらに油か甘いスエット（**訳注**：牛や羊などの腎臓の硬い脂肪）を少し加えればなおよく、しばらく煮たあと布の上に広げ、患部にあてる。
3. 痛みをやわらげ、膿をとり、炎症を冷やし、硬結をとり、脾臓を落ち着かせ、体液を流し、できものを治す。
4. 注意すべき点がある。湿布を使う前に、できれば体をきれいに洗うことである。湿布は体のすべての部分から体液を排出させる性質があるためである。

— 第13章 —
トローチ

1. 古代ローマ人はプラセントゥラあるいは〝小さなケーキ〟と呼び、ギリシャ人はプロキコイス、ククリスコイ、アルティスコイと呼んだ。通常は小さな円盤状である。四角くすることもできる。
2. 粉を空気に触れにくくして純度を長く保つために考えだされた。
3. そのうえ、旅行のときなどにポケットに入れて運ぶことも簡単である。胃が冷えているか、もしくは寒い時期に旅をしなければならない状況は多いが、そういったときにとても便利である。人は死ぬまで、胃を冷やしてはならない。コモンワームウッドかカヤツリグサのトローチを紙に包み、ポケットに入れて持ち歩けば、薬壺を抱えて歩くよりはるかによいだろう。
4. トローチをつくるには、寝る前に2ドラムのトラガカントゴムの粉をとる。それを薬壺に入れ、トローチの目的にふさわしい蒸留水を8分の1パイント加える。翌朝になれば、医師が粘漿剤と呼ぶゼリーができているはずである。これをもとに粉からペーストをつくり、そのペーストをトローチと呼ばれる形にする。

5．日陰で乾燥させ、容器に保存する。

― 第14章 ―
丸　薬

1．〝小さなボール〟という意味のピルローと呼ばれる。ギリシャ人はカタポティアと呼ぶ。
2．この剤形は単に味覚を欺くために発明されたものにすぎないという意見がある。つまり丸ごとのみこめば苦さを感じにくい、少なくとも耐えられるようになるというわけだ。たしかにほとんどの丸薬は非常に苦い。
3．私はこの意見に真っ向から反対する。このように固い剤形にするのは、消化するのに時間を長くかけるために他ならない。最初に発明された丸薬は頭部を浄化するもので、体の通り道に生じる疾患は患部に速く到達する煎じ汁が最も効果的である。

　そこでもし疾患が頭など体の通り道から離れた部分にある場合、最もよい方法は丸薬を使用することである。なぜなら丸薬は消化に時間がかかり、そのために病態に対抗する体液を呼び寄せることができるためである。
4．丸薬をつくる方法は非常に簡単である。すり鉢とすりこぎと、ささやかな勤勉さがあれば、どんな粉であってもシロップかゼリーを加えることで丸薬にできる。

― 第15章 ―
複数の疾患に対する処方の仕方

　これこそ本書の根幹部分であるので、いっそう真摯に取り組まなければならない。それゆえ、ここでは以下の両者に向けて語りかけることとする。
① 　一般の人々に。
② 　占星術を学ぶ者、あるいは医術を占星術的に学ぶ者に。

まずは一般の人々に——

複数の疾患が重なる場合は難しい。ときとして、体の２つの部分が正反対の体液の影響を受けることがある。あるいは、肝臓が黄胆汁と水の影響を受け、むくみと黄疸の両方を起こすことがある。これは致命的である。

脳が冷えすぎ、湿りすぎる一方で、肝臓が熱を持ち、乾きすぎている場合は以下のようにする。

1. 頭の外側からあたたかさを保つ。
2. 熱いハーブのにおいに慣れる。
3. 夜にベッドに入るとき、頭を熱くする丸薬をのむ。
4. 朝には肝臓を冷やす煎じ汁をのむ。すみやかに胃を通り抜け、肝臓で作用する。

第二に、占星術を学ぶ者に——

（医術を学ぶ資格がある唯一の者であると私は思う。占星術の知識を欠いた医術など、オイルのないランプのようなものだ。）

彼らには心から敬意を抱いており、さしあたり私のできる限りのアドバイスを授けよう。

1. アセンダントのロードの性質を持つハーブで、身体を強化する。その際には、アセンダントが幸運でも不運でもよい。
2. 第六ハウスのロードに対して反感を持つ薬を選ぶ。
3. 下降するサインの性質を持つ薬を選ぶ。
4. もし第十ハウスのロードが強いときは、その薬を使う。
5. うまくいかないときは、ライト・オブ・タイムの薬を利用する。
6. 病に冒されている身体の部位は、常に共感的な治療により強化する。
7. 心臓については、動かしつづけることである。太陽は命の基盤であり、それゆえにこれら普遍的な治療法、携帯できる金（オーラム・ポータビル）、賢者の石は、心臓を強化することによってすべての病気を治す。

付　録

・英国の医療と家庭の調剤解説書
　（English Physician一部抜粋）
・ハーブの気質と度数
・季節・元素・気質・人生の段階
・各惑星に対応する身体部分と性質及び四体液
・12星座と対応する身体部分
・原書ハーブ名と別名対応表
・単位換算表

CULPEPER'S
COMPLETE HERBAL

英国の医療と家庭の調剤解説書

人間の身体の能力に関する占星術的・身体的講義 ：本質と支援

　人間の能力には生殖と生存のための本質的なものと、吸引・消化・保持・排出のための支援的なものがある。
　生存能力は生命的能力・自然的能力・動物的能力である。
　自然的能力により、血液・体液・黄胆汁・黒胆汁をつくる。
　動物的能力は知性と感覚である。
　知性とは想像力・判断力・記憶力である。
　感覚には一般感覚と特殊感覚がある。
　特殊感覚とは視覚・聴覚・嗅覚・味覚・触覚である。
　この議論の意図は、人の健全さと活力、心と理解力を維持することにある。脳を強化し、体を健康に保ち、人が自然と共同の造物者・協力者となることを教え、疾患に抵抗し排除することにある。
　体と心双方の基本的な機能はしかるべき秩序に保たれており、体を健康に、心を活発に保つ。

1．本質的能力

（1）生殖能力

　自らの生存のためだけでなく、自分に似た子供をもうけ、種を保存するための自然な関心である。
　主として金星が支配し、金星の力や、そこに属するハーブや鉱物などにより高まる。
　逆に火星の力により減らされ、排出され、土星の力によって完全に消える。

生殖能力を強めるためには金星の、浄化するためには火星の、消すためには土星の時間と薬剤に注意を払うのがよい。

（2）生存能力

1）生命的能力

生命精気は心臓に宿り、そこから動脈によって体に広がる。生命は太陽が支配する。心臓が小宇宙にあるように、太陽は大宇宙にある。太陽が命・光・創造への活力を与えるように、心臓は体に命・光・創造への活力を与える。両者の機能は似ているため、太陽がコル・コエリと呼ばれるように、心臓はソル・コルポリスと呼ばれる。

この能力に反目するのが土星と火星である。

2）自然的能力

自然的能力は肝臓に宿り、木星が支配する。その役目は体に滋養を与えることで、静脈により体に広がる。

ここから4つの特別な体液である血液・粘液・黄胆汁・黒胆汁が生じる。

①血液

完璧に消化された食事からなり、消化機能を強化する。あたためて湿らせる性質を持ち、木星が支配する。第3の調合によって肉に、余剰は精子に変えられ、貯蔵場所は静脈で、それによって体中にいきわたる。

②粘液

消化不良の食事からなる。体をすべりやすくして、排出機能を強化する。脳に似た性質を持ち、それを強化するが、想像力は損なう。黄胆汁を整え、心臓を冷やし湿らせて維持し、継続的な運動から生じる高熱の影響から全身を守る。貯蔵場所は肺で、金星が支配する。月が支配するという説もあり、冷やして湿らせる性質からすると両方が支配するのか

もしれない。

③**黄胆汁**

　消化されすぎた食事からなる、血液の泡である。すべての体液を浄化し、体をあたため、血液が判断力を養うように想像力を養う。血液が消化機能を強化するように黄胆汁は吸引機能を強化し、人間を活動させ、勇気をもたらす。貯蔵場所は胆嚢で、火星が支配する。

④**黒胆汁**

　血液の沈澱物で、保持力と記憶力を高め、まじめで実直で落ち着いた、学問に向いた人をつくり、好色な血による放埒な戯れや気まぐれを封じて冷静にさせる。貯蔵場所は脾臓で、土星が支配する。

　体液の中では血液が主たるもので、残りはすべて血液の余剰である。それでもそれらは必要な余剰で、いずれを欠いても人は生きていくことができない。

　すなわち、黄胆汁は火の余剰、粘液は水の余剰、黒胆汁は土の余剰である。

3）動物的能力

　動物的能力は脳に宿り、私の意見では水星が知性の部分を支配し、月が感覚の部分を支配する。生まれついて月が水星よりも強いとすれば、多くの場合、感覚が知性をうわまわる。けれども水星が強く、月が弱ければ、知性が感覚をうわまわるだろう。

①**知性**

　動物的機能の第1の部分は知性である。知性は頭の中の軟膜の内側に宿り、水星が支配し、想像力・判断力・記憶力に分けられる。

　a）**想像力**

　頭の前部に宿る。あたためて乾かす性質で、活動的であり、水星が支

配する。心臓からの蒸気を受けとり、それを思考につくり替える。決して眠らず、人が目覚めているあいだも寝ているあいだも、いつも働いている。

　判断力が目覚めているときのみ、それが想像力を制御する。想像力は判断力が眠っているあいだはでたらめに動き、そこに送りこまれた蒸気の性質に応じていかなる思念をもつくりだす。

　それゆえ、ある人自身の体質を知るための最も確実なルールは、判断力に束縛されていない状態、すなわちその者の夢をもとに考えることである。夢の中では、想像力は本来の姿を現す。また想像力は水星に支配されるため、出生時の水星の星位の強弱によって、その者の持つ力も決まる。

　ｂ）判断力

　脳の真ん中に宿り、他のすべての機能を支配する。小さな世界の裁判官であり、よいことを受け入れ、悪いことを拒む。人の行動を決定づけるがゆえに、判断力が弱く、本当によいことと一見よさそうに見えることを正しく見きわめられなければ、失敗に直結する。判断力は人が眠るときにはいつも眠る。あたためて湿らせる性質を持ち、木星が支配する。

　ｃ）記憶力

　脳の隠れた後部に宿る。この小さな世界の偉大な記録装置である。すでになされた過去のことと、これからなされる未来のことをいずれも記録する役目を持つ。記憶力は人が眠るときに眠り、眠らないこともある。記憶力が目覚めていて人が寝ているときには、記憶力は想像力が生みだすものを覚えていて、それが夢である。

　冷やして乾かす性質で、土星が支配し、憂鬱質である。したがって、概して憂鬱質の者が最も記憶力がよく、すべてをよく覚えている。

　これらの思考は通常、体内で優勢な体液の性質に応じて形成される。もし体液が病的な場合には、思考も常に病的になる。

② **感覚**

動物的機能の第2の部分は感覚である。感覚は一般感覚と特殊感覚の2つに分けられる。

a）**一般感覚**

概念的な用語で、あらゆる特殊感覚に能力を与え、頭の中の軟膜の内側でそれらをつないで結びつける。水星が支配し（おそらく男がこれほどに気まぐれなのはそのためだろう）、その役割は感覚のあいだの調和を保つことである。

b）**特殊感覚**

視覚・聴覚・嗅覚・味覚・触覚である。これらの感覚は脳で一般感覚により1つに結びつくが、それぞれ定められた場所に適切に宿る。

・**視覚**

目、とりわけ透明な体液の中に宿る。冷やして湿らせる性質を持ち、太陽と月が支配する。

・**聴覚**

耳に宿り、冷やして乾かす性質を持ち、憂鬱質で、土星が支配する。

・**嗅覚**

鼻に宿り、あたためて乾かす性質で、胆汁質である。犬のように胆汁質の生物はとても嗅覚が鋭い。火星が支配する。

・**味覚**

口に宿り、どの食べ物が胃にふさわしく、どれがふさわしくないかを見きわめる。あたためて湿らせる性質を持ち、木星が支配する。

・**触覚**

特定の器官には宿らず、全身に広がる。あたためる・冷やす・乾かす・湿らせるというすべての性質を備え、触れることができるものすべての指標となる。金星が支配するという者もいるが、まず間違いなく水星が支配する。

2．支援的能力

（1）吸引能力
　熱く、乾いている性質を持つ。消化すべきものを引き寄せる。太陽が支配するとされているが、火星の影響もあると考えてよいのではないか。火星は悪影響を与えるので、この能力に対する支配を持つべきではないというのが根拠のようだが、もしそうであればそもそも火星は人の体にいかなる支配も持つべきではないことになる。
　吸引能力は、月が火のサイン、すなわち牡羊座・射手座にあるときに強化されなければならない。ただし獅子座のサインはとても激しいので、月がそこにあるときにはいかなる薬も投与してはならない。

（2）消化能力
　熱く、湿っている性質を持つ。

（3）保持能力
　完璧に消化されるまで、物質を保持する。

（4）排出能力
　消化したあとに余ったものを排出する。木星が支配する。そのため木星のハーブにより強化され、その際には、月が双子座・水瓶座・天秤座の前半にいるようにする。

　生命精気・自然精気・動物精気とはどのようなものか、人の体内でどのような働きをするのかについて説明しよう。
　動物機能の活動や作用は、感覚と運動に分けられる。
　感覚は外部と内部に分けられる。
　外部感覚は視覚・聴覚・嗅覚・味覚・触覚である。
　内部感覚は想像力・判断力・記憶力である。
　それらすべては脳の中にある。
　生命精気は心臓から生まれ、人に喜び・希望・信頼・慈愛・勇気などと、その反対の感情、すなわち悲しみ・絶望・不信・憎悪・嫉妬などを

もたらす。
　自然精気は全身に滋養を与える（生命精気がそれを速め、動物精気が感覚と運動を与える）。その役割は食べ物を血液に、血液を肉に変え、体をつくりだし、育むことにある。

　薬をシロップ・舐剤・トローチ・丸薬などさまざまな剤形にするのは、人々の嗜好の違いに合わせる意味もある。薬をより好ましい、あるいは少なくとも負担ではなくなるようにするためである。調合して好きな形につくることができるが、以下のいくつかの規則を守ることが望ましい。
1．あらゆる疾患はその正反対のものによって治るが、体のあらゆる部分はそれと似たものによって維持されることを考慮する。たとえば熱が疾患の原因なら、それにふさわしい冷やす薬を投与する。ガスが原因なら、その疾患に適した薬をどれくらいの量だけ使えばガスが排出されるかを見きわめて、それを使う。
2．体のある部位にだけ効果がある薬を他の部位に使わないようにする。たとえば脳が熱くなりすぎたときに、心臓や肝臓を冷やす薬を使えば問題を起こしてしまう。
3．疾患のためにのむハーブの蒸留水は、もし液体の薬がいちばん好みであれば、同じハーブのシロップをつくるため、あるいは舐剤をのめるようにするための適切な材料ともなる。蒸留水がないときは、煎じ汁で代用できる。
4．胃腸から離れたところにある部位の疾患については、その原因をすぐにとり去るのは無理であり、徐々になくしていくことを考えるべきである。丸薬のような薬は体内で固形を保ち、消化に時間がかかるため、そういった疾患に最もふさわしい。
5．体が弱っているときには、強い薬は使わないようにする。強すぎる薬を使うよりは、弱すぎる薬を半量使うほうがましである。
6．疾患がある部位の自然な性質を考慮し、それを維持するようにつとめる。そうしないと、たとえば心臓は熱く、脳は冷たいという自然

さが消えてしまう。
7．開く性質を持つ薬、たとえば排尿や月経を促し、結石を砕く作用があるものはすべて、白ワインでのむのが最もよい。白ワイン自体に開く性質があり、尿路を浄化するためである。
8．体液の流出や下痢を止めるためにのむ薬はすべて、食事の１時間ほど前に服用する。それにより、食事が胃に入る前に消化力と保持力を強化する。ただし食べたものを嘔吐させる影響もあるので、食後すぐに、あるいは食事の最後に吐き気を止める薬をのみ、胃の入口を閉じるのがよい。それが、一般に食後にチーズを食べる理由である。チーズの酸味と固める性質が胃の入口を閉じ、げっぷや吐き気を止める。
9．排出薬は注意深くのまなければならない。
　（１）害をもたらしているのがどの体液かを判断し、その体液を排出する薬を使う。そうでなければ、疾患ではなく自然な力を弱めてしまう。
　（２）排出したい体液が薄い場合は、穏やかな性質の薬を選ぶ。濃くて粘性のときは、開く性質の薬を選ぶ。排出させる前夜に服用する。
　（３）濃い体液を排出するときは、固める性質の薬はできるだけ避ける。
　（４）体が収縮しているときには、排出に気をつける。最初に浣腸で体を開いてから服用するのが最善である。
　（５）開く作用の薬をのむときには、軽い夕食をとってから３、４時間後の夜間に服用するのが安全である。翌朝ミルク酒を１杯のめば、心配なく活動できる。このときには、鎮静薬・緩下薬・カッシアなどの穏やかな作用の舐剤、あるいはコロシントなどが含まれていない丸薬も使える。

けれども強力な排出に際しては、体をそれに備えさせる必要がある。

目覚めたあとにのむか、のんだあと薬の効き目が終わるまで、少なくとも夜までは寝てはならない。服用2時間後にあたたかいミルク酒かスープをのみ、6時間後には少量の羊肉を食べ、部屋の中を歩きまわる。部屋は火で充分にあたため、排出が終わるまで、あるいは翌日まではその部屋を出ないようにする。

　汗をかかせる作用の薬をのむときは、ベッドに入り、上掛けで体をあたため、汗をかいているあいだはできるだけ熱くしたミルク酒をのむ。発熱で汗をかいているときには、ソレルとランタナをミルク酒で煮たものをのみ、体力が許す限り1時間以上汗をかき（部屋の中はとても暑くしておく）、頭以外は動かさないようにする。頭は（汗をかくために帽子をかぶったまま）とても熱いナプキンでくるみ、蒸気が戻るのを防ぐ。

《根》

ベアーズブリーチ　Bears-breech, Brankursine
　適度にあたためて乾かす性質で、関節の痛みやしびれを改善し、固める作用があり、傷や骨折に有効である。根の粉を1ドラム、朝の空腹時に同じ根と水からつくった煎じ汁でのむと、ヘルニアややけどに効果がある。

ガーリック　Garlick
　4度の熱と乾。血液を汚すが、あらゆる毒や、クサリヘビ・ヒキガエル・毒グモなど冷たく毒を持つ生き物などに対抗する。排尿を促し、ガスを排出する。

プリベット　Privet
　葉の項を参照。

マーシュマロウ　Marshmallows
　適度にあたためる性質と、消化し、軟化する作用があり、痛みをやわらげ、下血・結石・腎砂を改善する。すりつぶしたものを入れて煮たミルクをのむと、腹部を締めつける痛みと下血に対する治療薬となる。疾患に熱を伴う場合は、葉と根をひとつかみずつ煮るとよい。

アンジェリカ　Angelica
　3度の熱と乾。毎朝空腹時に半ドラムのめば、心臓を強化し、感染症と毒に有効である。

アルカネット　Alkanet
　冷やして乾かす性質で、固める作用があり、古い潰瘍に有効である。

セロリ　Smallage
　皮の項を参照。

バースワート　Birthwort
　3度の熱と乾。長い種類はワインでのむと、分娩と後産を促し、不注意な産婆がとり残したものすべてを排出させる。丸い種類はワインでのむと、（前者とは異なり）肺の詰まり・脾臓の硬化・ヘルニア・けいれんを改善する。どちらも毒に対抗する。

ソウブレッド　Sowbread
　3度の熱と乾。排出作用が最も激烈で、危険である。かまれた箇所に外用すると、毒のある生き物の毒にすぐれた効果があり、難産の女性に使えばすみやかな分娩をもたらす。葉の項を参照。

コモンリード、シュガーリード　Common Reeds, Sugar Reeds
　アシの根を患部につけると、とげを抜き、くじいた箇所を治す。根の灰を酢と混ぜたものは、頭のふけをとり、抜け毛を防ぐ。2度の熱と乾。サトウキビの効能については読んだことがない。

カックーポイント　Cuckow-points, Wake Robin
　3度の熱と乾。内服しても効果はなく、逆に悪影響を与えるだけである。外用すると、ふけ・顔のそばかすをとり、皮膚をきれいにし、痛風の痛みをやわらげる。

スワローワート　Swallow-wort
　あたためて乾かす性質で、内服すると毒や腹部を締めつける痛みや、狂犬にかまれた際に効果がある。

アサラバッカ　Asarabacca
葉よりも効果が穏やかで、安全な排出作用を持つ。嘔吐・排便・排尿により排出する。おこり・むくみ・肝臓か脾臓の詰まり・萎黄病に有効である。

アスパラガス　Asparagus
性質は穏やかで、開く作用があり、これを入れて煮た白ワインをのむと排尿を促し、腎臓と膀胱を浄化する。

アスフォデル（雌性）　Female Asphodel, Kings Spear
この根の薬としての用途はまったく知らない。神がなんの役にも立てないものをつくるとは信じられないので、たぶん何か薬効があるはずである。

アスフォデル（雄性）　Male Asphodel
２度の熱と乾であり、内服すると嘔吐・排尿・月経を促す。軟膏として外用すると髪の発育を促し、潰瘍を浄化し、顔の水疱とそばかすをとる。

バードック　The Burdock
適度にあたためて乾かす性質がある。吐血や膿を改善する。すりつぶしたものを塩と混ぜて傷につけると、狂犬にかまれた際に効果がある。内服すると、ガスを排出し、歯痛をやわらげ、背中を強化し、腎臓の化膿とおりものを改善する。

白と赤のバレリアン　Valerian, white and red
アラビア人は、１度から２度のあいだの熱と湿で、心臓を落ち着かせ、性欲をかきたてると考えている。ギリシア人は、２度の乾で、下痢を止め、排尿を促すと考えている。

デイジー　Daisies
　葉の項を参照。

黒と白と赤のビーツ　Beets, black, white, and red
　黒いビーツについては何も記すことがない。黒鳥と同じくらいまれだと思う。赤いビーツの根を煮て酢で保存したものは、上等で冷たくておいしく、浄化と消化作用があるソースになる。葉の項を参照。

ビストート　Bistort
　3度の冷と乾。固める作用がある。一度に半ドラムを服用すると、感染症と毒に抵抗し、ヘルニアと傷を改善し、下痢と吐き気、月経不順を解消する。すりつぶして白ワインで煮たものでうがいをすると、口の炎症とただれを改善し、ぐらつく歯を固定する。

ボリジ　Borage
　1度の熱と湿。心臓を活気づけ、沈んだ心を支える。

白と黒のブリオニィ　Briony, white and black
　どちらもあたためて乾かす性質がある。3度という説と、1度という説がある。痰と漿液を排出するが、胃をひどく傷つける。むくみには非常に有効である。白い種類が最も使われ、子宮の発作に効く。どちらも外用すると顔のそばかす・日焼け・水疱をとり、潰瘍を浄化する。強烈な排出作用があるが、そのままにしてなんの害もない。

ビューグロス　Bugloss
　ボリジと同じ効能で、根はめったに使われない。

香りの強いアシ　Aromatical Reed
　排尿を促し、肺を強化し、擦り傷を治し、毒に対抗する。粉を一度に

半ドラムを服用する。発熱しているときには、ヴァイオレットのシロップを混ぜるとよい。

ケイパー　Capper Roots
2度の熱と乾。切断して浄化する作用がある。月経を促し、悪性の潰瘍を改善し、歯痛をやわらげ、腫れを引かせ、くる病を改善する。ケイパーの油の項も参照。

アベンス、ハーブ・ボネット　Avens, Herb Bonet
乾いていてやや熱く、浄化作用がある。衣類を虫食いから守る。葉の項を参照。

コールワート　Colewort
根の効能については何もわからない。葉と花にのみ効能がある。

大型のセントーリー　Centaury, the greater
吐血・腱の萎縮・息切れ・咳・けいれん・ひきつけを改善する。粉を半ドラム、ムスカデルか同じ根の煎じ汁でのむ。イングランドに自生するのは小型のセントーリーであり、大型のセントーリーはきわめてまれである。

オニオン　Onions
4度の熱と乾。乾燥をもたらし、胆汁質の人に対してはきわめて有害で、まったく栄養にはならない。食べ物としてはよくないが、粘液質の人にとってはすぐれた薬である。開く作用を持ち、冷えが閉塞の原因である場合には排尿と月経を促す。すりつぶして外用すると、狂犬にかまれた際に有効で、焼いたものをつけるとできものや膿瘍を治す。生ではやけどの熱をとるが、一般的に食べると頭痛を引き起こし、視力を低下させ、感覚を鈍らせ、体内にガスをためる。

白と黒のカメレオン　Chameleon, white and black

　チャボシスルを白いカメレオンと呼ぶ。2度の熱、3度の乾。発汗を促し、寄生虫を殺し、感染症と毒に抵抗する。感染症の発熱に投与すると効果があり、かめば歯痛をやわらげ、肝臓と脾臓の詰まりを開き、排尿と月経を促す。熱があることから、一度に少量のみを与えるようにする。黒いカメレオンについては、あらゆる医師が有害な性質を持っており、内服には適さないと考えている。軟膏として外用すると、かさぶた・水疱・発疹など、浄化が必要なすべての病変に有益である。

大型と小型のセランダイン　Celandine, the greater and lesser

　大型のものは一般的にセランダインと呼ばれる。あたためて乾かす性質と、浄化して洗浄する作用がある。黄疸に適応があり、白ワインで煮た煎じ汁をのめば、肝臓の閉塞を開く。かめば歯痛をやわらげる。

　小型のものはレッサー・セランダインと呼ばれる。1度の熱。根の汁液をハチミツと混ぜた液に患部を浸せば痔を改善する。根を持ち運ぶだけでも効果がある。軟膏にして使うと、るいれきを改善する。

キナノキ　China

　薄めて乾かす性質にすぐれ、発汗を促し、腐敗に抵抗する。肝臓を強化し、むくみと悪性の潰瘍・かったい・かゆみ・性病を改善し、空腹から生じる疾患に効果がある。そのため、やせるための飲み物として広く使われている。

サッコリー　Succory

　2度の冷と乾であり、白ワインで煮た煎じ汁をのむと、肝臓と静脈を強化し、肝臓と脾臓の閉塞と詰まりを開く。

メドウサフラン　Meadow Saffron

　根は胃に有害と考えられているため、私は使わないようにしている。

コンソリダ　Consolida, major
　大型のコンソリダはコンフリーと呼ばれる。冷やす性質だが、とても穏やかで粘り気がある。ばらばらに切った肉をこれと一緒に煮れば、またつなぎあわせられる。体の内外の傷すべて、吐血・ヘルニア・背中の痛みにすぐれた効果があり、腎臓を強化し、月経を止め、痔を改善する。使い方は、水から煮た煎じ汁をのむ。小型のコンソリダはセルフヒール、ラテン語でプルネラと呼ばれる。葉の項を参照。

コスタス　Costus, both sorts
　海を越えてきたもので、あたためて乾かす性質を持ち、油で煮るとガスを排出する。患部に注ぐと、痛風を改善する。

野生種のキューカンバー　Wild Cucumber roots
　痰を排出するが作用が激烈なので、田舎の人々にはむやみに使わないようにすることを推奨したい。

アーティチョーク　Artichokes
　尿により排出する作用を持つ。それにより、不快な体臭が薄れる。

ハウンズタン　Hound's Tongue
　冷やして乾かす性質がある。焼いて肛門につけると痔を改善し、やけどにも有効である。

ターメリック　Turmeric
　3度の熱。閉塞を開く。夜ベッドに入る前に半ドラムをリンゴの果肉に入れて内服すると、黄疸や、肝臓・脾臓の不調に有効である。それにサフランを少量加えると、効果が増大する。

キャロット　Carrots
　適度にあたためて湿らせる性質があり、栄養はごくわずかで、ガスをためやすい。

コーラルワート　Toothwort, Toothed Violets, Coralwort
　乾燥させる性質と、固めて強化する作用がある。脇腹や腸の痛みをやわらげる。煎じ汁で洗うと、新しい傷や潰瘍に効果がある。

ディタニー　Dittany
　3度の熱と乾。分娩を速め、月経を促す。葉の項を参照。

ドロニカム　Doronicum
　トリカブトの一種と考えられる。3度の熱と乾。心臓を強化し、すぐれた強心薬で、感染症の予防薬でもある。めまいを改善し、毒のある生き物にかまれた際や、アヘンののみすぎ、無気力に有効であり、液汁は目の熱い粘液を減らす。根の粉は一度に1スクループルのめば充分である。

ドラゴン　Dracontii, Dracunculi
　さまざまな著者たちが、さまざまなハーブにこの名前をあてている。ドラゴンを指すことが最も多い。浄化作用が強く、肉芽や死んだ組織をとり去る。においをかぐだけで妊婦には有害である。軟膏として外用するとふけ・水疱・日焼けを治す。内服はよほど医学に精通していない限りはすすめられない。

ドワーフエルダー　Dwarf-Elder, Walwort, Danewort
　3度の熱と乾。むくみに対する最もすぐれた排出薬である。白ワインで一度に1ドラム、あるいは（患者に体力があるときは）2ドラムを服用する。

バイパーズビューグロス　Viper's Bugloss, Wild Bugloss
　冷やして乾かす性質で、ワインで煮たものをのんでも、あるいはすりつぶしてその部位にあてても、毒を持つ生き物にかまれた際に効果がある。ワインで煮てのむと、乳母の母乳の出をよくする。

クリスマスローズ、ブラックヘレボア　Hellebore, white and black
　クリスマスローズの根をつぶして鼻から吸うと、くしゃみを誘う。食べ物に混ぜて与えるとネズミを殺す。
　ブラック・ヘレボアはクリスマスローズと同じく、3度の熱と乾。クリスマスローズほど激烈でも危険でもない。

エレキャンペーン　Elecampane
　3度の熱と乾。胃の健康を保ち、毒に抵抗し、しつこい咳や息切れを改善し、ヘルニアを治し、性欲をかきたてる。軟膏はかさぶたやかゆみに効果がある。

栽培種のエンダイブ　Endive, Garden Endive
　根はとりわけ冷やす性質があるが、野生種ほど乾かす性質と浄化作用が強くない。熱を持った胃や肝臓を冷やし、熱で変質した血液を正常にするため、発熱に有効である。また腎臓を冷やすために、結石を防ぐ。閉塞を開き、排尿を促す。根をすりつぶして白ワインで煮たものは、とても安全である。

シーホーリー　Sea-Holly, Eringo
　適度にあたためる性質で、すりつぶして患部につけると乾かして浄化する作用がある。るいれきと呼ばれる首のできものを改善し、結石を砕き、精子を増やし、性欲をかきたて、月経を促す。

ファーン　Fern
　雄性と雌性に大きく分かれる。どちらもあたためて乾かす性質を持ち、子供のくる病、脾臓の疾患に有効だが、妊婦には危険である。

セリ　Dropwort
　3度の熱と乾。開いて浄化し、固める作用がある。排尿を促し、膀胱の痛みをやわらげ、てんかんを予防する。

フェンネル　Fennel
　あたためて乾かす性質がある。3度という者もいる。開く作用がある。排尿と月経を促し、肝臓を強化し、むくみに有効である。

ガランガル　Galanga, the greater and lesser
　大型と小型がある。3度の熱と乾。小型のほうがあたためる性質が強い。胃を強化する作用にすぐれ、冷えやガスによる痛みをとる。香りは脳を強化して弱気を治し、子宮のガスをとり、腎臓をあたため、性欲をかきたてる。一度に半ドラムを服用する。

ゲンチアナ　Gentian
　フェルワート、ボールドマネーとも呼ばれる。あたためる性質と、浄化して洗い流す作用があり、すぐれた解毒剤である。閉塞を開き、毒のある生き物や狂犬にかまれたときに有効で、消化を助け、体液を浄化する。ヘルニアに有用である。

リコリス　Liquorice
　イングランドに自生する最高のものである。あたためて湿らせる性質で、気管の荒れ・声がれ・腎臓と膀胱の疾患、膀胱の潰瘍を改善し、胃に体液をつくり、息苦しさを改善し、あらゆる塩性の体液に対して効果がある。根を乾かしたあと、つぶして粉にしたものを目につけると、眼

病の特効薬となる。

グラス　Grass
　ロンドンではカウチグラス・スキッチグラスと呼ばれる。サセックスではドッググラスと呼ばれる。排尿を強力に促し、腎砂による腎臓の障害・腹部の締めつける痛み・排尿困難を改善する。そうした疾患に悩んでいる者は、すりつぶした根を煮た白ワインを朝のむとよい。また患部につけると、新しい傷をすばやく治癒へと導く。

フラワーデュルース　Flower-de-luce
　フィレンツェ由来で、イングランドで育つ。3度の熱と乾。毒に対抗し、息切れを改善し、月経を促す。すりつぶした生の根をつけると、打撲による青あざと黒あざを消す。

マスターワート　Masterwort
　3度の熱と乾。おこりの苦痛をやわらげ、むくみを改善し、発汗を促し、患部につけると癰や感染性のできものをつぶす。内服すると、傷にとても有効である。

ウォード　Woad
　根に大きな薬効はない。葉の項を参照。

フーラーズ・スル、ティーズル　The Fuller's Thistle, Teasle
　根をワインで濃厚になるまで煮つめたものは、油脂によって裂肛を改善し、いぼや膿疱をとる。2度の乾。あらゆる著者たちが、冷やして乾かす性質としているが、同感である。石灰をそのまま砕いて粉にし、ブラックソープと混ぜたものを塗ると、いぼをとり去る。

レタス　Lettuce
根に薬効はない。

ベイ　The Bay Tree
根の外皮をワインでのむと排尿を促し、結石を砕き、肝臓と脾臓の閉塞を開く。妊婦には禁忌である。

ソレル　Sorrel, according to Galen
ソレルは黄疸に効果がある。ギシギシには浄化作用があり、かさぶたとかゆみをとる。

ラビッジ　Lovage
あたためて乾かす性質で、ガスがもたらすあらゆる疾患に効果がある。

ホワイトリリー　white Lillies
ややあたためて乾かす性質で、やけどを改善し、子宮を柔らかくし、月経を促す。ワインで煮てのむと、腐敗熱・感染症・膿をもたらすあらゆる疾患に効果がある。外用すると、頭の潰瘍を改善し、顔色をよくする。

マロウ　Mallows
冷やす性質と消化作用があり、毒に対抗し、腐食や腸などの激痛を改善する。また膀胱の潰瘍にも効く。マーシュマロウの項も参照。

マンドレーク　Mandrakes
根は4度という恐ろしいほどの冷。きわめて危険である。

メコアカー　Meehoacah
シナモンで中和される。穏やかだが乾かす作用があり、主として頭と関節から粘液を排出し、頭の治らない疾患に有効で、穏やかであること

から発熱している状態でも投与できる。咳や腎臓の痛みにも、性病にも有効である。体が強ければ、一度に1ドラムを服用する。

マルベリー　The Mulberry-Tree
　根の表皮は苦く、あたためて乾かす性質があり、肝臓と脾臓の詰まりを開き、腸から排出し、寄生虫を殺し、酢で煮ると歯痛を改善する。

スパイクナード（インド産とケルト産）　Spikenard, Indian, Cheltic
　ケルトのスパイクナードはすぐれた排尿効果がある。どちらもあたためて乾かす性質がある。インド産のスピグネルも排尿を促し、下痢を止め、胃の膨満感を改善し、感染症に抵抗し、胃のさしこみを改善する。また、頭を悩ませる体液を乾かす。ケルト産のスピグネルも同じ役目を果たすが、効果は弱い。

ウォーターリリー　Water Lillies
　冷やして乾かす性質があり、性欲を止める。

カモック、レストハロウ　Cammock, Rest Harrow
　レストハロウとも呼ばれるのは、長く丈夫な根が馬鍬（まぐわ）（Harrow）で土をかきならすのを妨げる（Rest）からである。3度の熱と乾。結石を砕く（外皮の作用）。根そのものはてんかん・ヘルニアを改善する。一度に半ドラムを服用する。

パースニップ　Garden and Wild Parsnips
　穏やかな作用で、あたためる性質がある。栽培種のパースニップは性欲をかきたて、栄養価が高い。野生種はより薬効が強く、切断し、浄化し、開く作用がある。毒を持つ生き物にかまれた際に抵抗し、脇腹の痛みとさしこみをやわらげ、ガスによるさしこみのすぐれた治療薬である。

シンクフォイル　Cinquefoil
　一般にファイブリーブドあるいはファイブフィンガード・グラスと呼ばれる。乾かす性質がとても強いが、あたためる性質は適度である。あらゆる体液の流れに対してすぐれた効果があり、体のいかなる部分の出血も止める。肝臓と肺の疾患を改善し、口の中の潰瘍を治す。酢で煮たものは帯状疱疹に有効で、激しいただれやできものを改善する。適当な酒で一度に半ドラムをのむのが安全である。

バターバー　The Butter-Bur
　根は２度の熱と乾。感染性の発熱にきわめて効果があり、月経を促し、毒を排出し、寄生虫を殺す。

フォッグズフェンネル　Hog's-fennel, Hore-strange, Sulphur-wort
　子供のでべそやヘルニアにつけるととても効果がある。口に含むと、子宮の発作に即効性がある。内服すると分娩を速め、後産を促す。

メイル・フィメイルピオニィ（雄性と雌性）　Peony, male and female
　わずかにあたためる性質があり、乾かす性質はより強い。根は後産や月経を促し、腹部・腎臓・膀胱の痛みをやわらげ、てんかんや子供のけいれんを改善する。内服しても、首にかけてもよい。服用量は一度に半ドラムで、子供はさらに減量する。

バレリアン　Valerian, Setwal, greater and lesser
　適度にあたためる性質がある。大型の種類は排尿と月経を促し、痛みを伴う排尿障害を改善し、頭の体液をとどめて刺すような痛みをとる。小型の種類は毒に対抗し、ガスや冷えによる陰嚢の腫れをやわらげる。汗をかいたあと、あるいは出産後の冷えやガスによるさしこみを改善する。外用すると、刺さったとげを抜きとり、けがや潰瘍をどちらも治す。

ファーンオブザオーク　Fern of the Oak, Polypodium

黒胆汁を優しく排出するすぐれた作用がある。過剰な体液を乾かし、手・脚・膝・関節の腫れ、脇腹の痛みと引きつり、脾臓の疾患、くる病を治す。少量のアニスの種、フェンネルの種、あるいは少量のジンジャーで中和すれば、胃を傷つけない。最良の服用法は、よくすりつぶして白ワインで半量になるまで煮つめることである。入れる分量は疾患の強さによって調節するが、とても安全に作用する。

ソロモンシール　Solomon's Seal

つぶして煮てのむと、骨折全般をすばやく治すすばらしい効能がある。またつぶしたものを患部につけると、傷全般を癒やし、打撲による青あざや黒あざをたちまち消す。

リーキ　Leeks

4度の熱と乾。せいぜいが半端な滋養しかなく、目を損ね、体を熱くし、眠りを妨げ、胃に負担を与える。それでも利点もあり、その汁液を耳に垂らすと耳鳴りをとり、少量の酢と混ぜて鼻から吸いこむと出血を止める。生よりも煮たほうが効果が高いが、どちらも膀胱の潰瘍にはきわめて有害である。これはオニオンとガーリックも同様である。

ペリトリーオブスペイン　Pellitory of Spain

4度の熱と乾。口の中に入れてかむと歯痛の粘液をとり去る。すりつぶして油で煮たものを塗ると、発汗を促す。内服すると、まひやその他の脳や神経に対する、冷えからくる症状を改善する。

リフォンティック、ルバーブ　Rephontic, Rhubarb of Pontus

胃と肝臓から黄胆汁を穏やかに排出し、詰まりを開き、むくみに効く。少しでも煮ると効能が失われてしまうため、浸出により供するのが最もよい。頑健な体に対しては、薄く切って白ワインに1晩漬け、朝になっ

たら濾した白ワインを一度に2ドラムのむとよい。排出作用は穏やかだが固める作用は残るので、火で少し乾かしてからつぶして粉にしたものは、通常下痢の際に投与される。

ラディッシュ　Rhaddishes, garden and wild
　栽培種は排尿を促し、結石を砕き、尿により排出する作用が強力だが、とても悪い血を生みだし、胃を傷つけて消化不良をもたらす。あたためて乾かす性質がある。溝などで育つ野生種のホースラディッシュは、栽培種よりもさらにあたためて乾かす性質があり、効果も強い。

ローズ　Rose Root
　つぶして頭につけると、痛みをやわらげる。冷やす性質である。

モンクス・ルバーブ、バスタードルバーブ
Monk's Rhubarb, Bastard Rhubarb
　排出し、血液を浄化し、肝臓の閉塞を開く。

マダー　Madder
　乾かして固める性質と、開く性質を備えている。黄疸を改善し、肝臓と胆嚢の閉塞を開く。落下による傷にはとても効果があり、下痢・痔・月経を止める。

ブッチャーズ・ブルーム　Butchers-broom, Bruscus, Knee-holly
　わずかにあたためて乾かす性質を持ち、排尿を促し、結石を砕き、尿閉を改善する。

サルサパリラ　Sarsa-Parukka, Bind-weed
　あたためて乾かす性質で、頭痛、関節の痛みに効果がある。発汗を促し、乾燥させる飲み物としてなじみがある。

サティリオン　Satyrion, each sort

あたためて湿らせる性質で、性欲をかきたて、精子を増やす。各枝には２本の根があり、いずれも海綿状だが片方はより硬くて効能に富んでいるので、そちらだけが使用される。他方は正反対の作用を持ち、性欲を減退させる。

ホワイトサキシフレイジ　white Saxifrage

サセックス州ではレディ・スモックスと呼ばれる。根は結石を砕く作用が強く、ガスを排出し、排尿を促し、腎臓を浄化する。

スカビアス　Scabious

根を煮るか、つぶして粉にしてのむと、重症のかさぶたやかゆみを改善し、梅毒・硬いできもの・内臓の傷に効果がある。乾かす性質があり、浄化して癒やす作用がある。

ウォーター・ジャーマンダー　Water-Germander, Scordium

葉の項を参照。

フィグワート　Figwort

葉の項を参照。

バイパーズグラス　Viper's grass

根は心臓を活気づけ、生命精気を強め、毒に抵抗し、心臓の興奮と震え・失神・悲しみ・憂鬱を改善し、肝臓と脾臓の詰まりを開き、月経を促し、女性の子宮の発作を落ち着かせ、めまいを改善する。

セセリ、ハートワート　Seseli, Hartwort

根は排尿を促し、てんかんを改善する。

シレット　Scirrets
　あたためて湿らす性質で、栄養に富み、ガスをもたらす。そのために性欲をかきたて、食欲を増進させ、排尿を促す。

ソウシスル　Sow Thistles
　葉の項を参照。

レディスシスル　Lady's thistles
　乾かして固める性質があり、下痢や出血を止め、冷たいできものをとり、歯痛をやわらげる。

スティンキンググラッドウィン　Stinking Gladwin
　3度の熱と乾。外用すると、るいれきを改善し、硬いできものを柔らかくし、折れた骨を抜きだす。内服するとけいれん・ヘルニア・傷や肺の障害を改善する。

ガーデンタンジー　Tansie
　根を食べると、痛風の特効薬となる。

トーメンティル　Tormentil
　3度の乾。適度にあたためる性質を持つ。感染症に有効で、発汗を促し、吐き気を抑え、心臓を活気づけ、毒を排出する。

トゥレフォイル　Trefoil
　葉の項を参照。

ウォーターキャルトロップ　Water-Caltrops
　根は水面の下あまりに深くにありすぎて、私には手が届かない。

ガーリックの外来種　A foreign kind of Garlick
　不意に目が見えなくなった牛の首にかけると視力をとり戻すと言われる。またこれを持っていると、邪悪な精気から守ってくれる。

メドウスイート　Meadsweet
　冷やして乾かす性質があり、下痢や月経時の不正出血を止める。一度に１ドラムを服用する。

ネトル　Nettles
　葉の項を参照。

ゼドアリー　Zedoary, Setwall
　２度の熱と乾。ガスを排出し、毒に抵抗し、下痢と月経を止め、吐き気を抑え、さしこみを改善し、寄生虫を殺す。一度に半ドラムを服用する。

ジンジャー　Ginger
　２度の熱と乾。消化を助け、胃をあたため、目の曇りをとり、老人に有益である。関節をあたためるゆえに痛風に効果があり、ガスを排出する。

《皮》

セロリの根　the roots of Smallage
　パースリーやフェンネルなども含めてすべて、使われるのは根であり、正確には皮と呼ぶのは適切ではない。皮としたのは、使うときには根の真ん中の硬い髄を除いて、まわりの部分を使うためである。野生種のセロリはパースリーよりもあたためて乾かす性質があり、薬効が強い。詰まりを開き、排尿を促し、消化を助け、ガスを排出し、冷えた胃

をあたためる。

ヘーゼルナッツ　Hazel-Nuts
　樹皮は排尿を促し、結石を砕く。堅果の莢と殻を乾燥させて粉にしてのむと、月経の不正出血を止める。

オレンジ　Oranges
　レモン、シトロンなどいずれも性質は異なる。果実の赤く見える外側の皮は、あたためて乾かす性質、白いものは冷やして湿らせる性質、汁液はさらに冷やして湿らせる性質、種はあたためて乾かす性質がある。外側の皮はあたためる性質があるため、冷えた胃をいっそうあたため、ガスを排出する作用がより強いが、心臓を強化する作用はそれほど強くない。

バーベリー　Barberries
　樹皮を漬けたワインは黄胆汁を排出し、黄疸のすぐれた治療薬となる。

カッシア　Cassia Lignea
　シナモンよりも油分が多いが、効能はほぼ同じである。シナモンの項を参照。

チェスナット　Chestnuts
　樹皮は乾かして固める作用があり、下痢を止める。

シナモン　Cinnamon
　シナモンとカッシアは２度の熱と乾。胃を強化し、消化を助け、呼吸を楽にし、毒に抵抗し、排尿と月経を促し、分娩を速め、咳や肺へ体液がたまるのを防ぎ、むくみや排尿困難を改善する。軟膏は赤いにきびや、その他の顔の吹き出物をとる。粉にしたばかりのシナモン１ドラムを白

ワインでのむ以上に陣痛時に適した治療薬はない。

シトロン　Pomme Citrons
　果実の皮は心臓を強化し、毒に抵抗し、口臭を消し、消化を助け、冷えた胃を整える。

ドワーフエルダーの根　the roots of Dwarf-Elder, Walwort
　葉の項を参照。

ビーンズ　Beans
　マメの莢（コッド、サセックス州ではポッドと呼ばれる）をすりつぶしたものとその灰は、関節・古い傷・痛風・坐骨神経痛の痛みの特効薬となる。

フェンネル　Fennel roots
　根の項を参照。皮の項の最初にある、セロリの根についての考察を思いだしてほしい。

アッシュ　the bark of Ash-tree roots
　外皮はくる病を改善し、適度にあたためて乾かす性質があり、吐き気を抑える。焼いた灰を軟膏にすると、かったいや他の皮膚の異常を改善し、脾臓の痛みをやわらげる。くる病には白ワインにつけた外皮をあててもよく、数日たっても改善が見られないときにはそれをスプーン1杯子供にのませてもよい。

ザクロ　Pomegranates
　果実の皮は冷やして強引に固める性質があり、下痢や月経を止め、消化を助け、弱った胃を強化し、歯を固定し、弱った歯茎を改善する。一度に1ドラムを服用するとよい。ザクロの花にも同じ効能がある。

生のウォルナット　green Walnuts

ウォルナットが殻に包まれるより前にとるのが最適だと思われる。そして手に入れた仁などは（そのような時期のものを仁と呼ぶのが適切であるかどうかは別問題だが）、胃にきわめて優しく、毒に抵抗し、感染症の予防薬として並ぶものがないほどすぐれた効能を持つ。肺病に悩まされている者には大いに推奨できる。

レモン　Lemons

果実の皮はシトロンの性質を持つが、それほど効果が強くはない。けれども、シトロンを手に入れられない気の毒な田舎の人々はこちらを使うとよい。

ミロバラン　Myrobalans

果実の項を参照。

メース　Mace

3度の熱。胃と心臓をきわめて強化し、調合を助ける。

パースリーの根　Parsley root

閉塞を開き、排尿と月経を促し、冷えた胃をあたため、ガスを排出し、結石を砕く。

マツカサ　Pine shucks, Husks

種を含む球果。樹皮とともに、下痢を止め、肺の状態を改善する効能がある。

オーク　Oak-tree

樹皮と殻斗は乾かして冷やす性質があり、固める作用がある。下痢と月経、腎臓の化膿を止める。通常の排出の前に使う際には注意が必要で

ある。

コルク　Cork
　瓶の蓋をする以外にも効能がある。乾かして固める作用があり、とりわけ焼いて灰にしたものは血を固め、下痢を改善する。

エルム　Elm
　適度にあたためる性質と浄化作用があり、水で煮て患部を浸すと傷・やけど・骨折などに効く。

《木とその小片》

アロエ　Wood of Aloes
　適度にあたためて乾かす性質があり、すぐれた強心薬である。豊かな香りで、胃を強化する。

ローズウッド　Rose-wood
　適度にあたためて乾かす性質である。ゆるみを止め、排尿を促し、潰瘍を浄化する。

ブラジルボク　Brasil
　私が知っている唯一の使い道は、布や革を染め、赤インクの原料となることだけである。

ツゲ　Box
　薬効はいっさいない。

サイプレス　Cypress
この木を衣類のあいだに挟むと、蛾から守る。葉の項を参照。

エボニー　Ebony
ワインで煮ても、焼いて灰にしても、視野の曇りをとる。

ジュニパー　Juniper
この木の煙はヘビを遠ざける。その灰からつくった灰汁は、かゆみやかさぶたを治す。

バルサム　Wood of the Balsam tree
2度の熱と乾。その効能について記した文献を読んだことがない。

《葉》

サザンウッド（雄性と雌性）　Southern-wood, male and female
3度の熱と乾。毒に抵抗し、寄生虫を殺す。硬膏で外用すると冷たいできものをとり、毒を持つ生き物にかまれた際に効果があり、髪を伸ばす。一度に粉を半ドラム以上のんではならない。

ワームウッド　Wormwood
いくつかの種類があるが、すべて2度か3度の熱と乾。一般的なワームウッドがいちばんあたためる性質が強いと考えられている。すべて胃弱を改善し、黄胆汁を浄化し、寄生虫を殺し、詰まりを解消し、暴飲暴食を癒やす。目の曇りをとり、毒に抵抗し、血液を浄化し、衣類を蛾から守る。

アルカネット　Alkanet
葉には乾かして固める性質があるが、別項で記した根の効能には劣る。

ソレル　Sorrel
適度に冷やして乾かす性質で、固める作用がある。濃い体液を切り、脳・肝臓・胃を冷やす。発熱時に血液を冷やして、食欲を増進させる。

ベアーズブリーチ　Bears-breech, Brankursine
穏やかで、やや湿らせる性質がある。根の項を参照。

メイドゥンヘアー　Maiden hair, white and black
穏やかだが、乾かす性質がある。白い種類はウォールルーである。どちらも閉塞を開き、乳房と肺の大量の粘性の体液を浄化し、排尿を促し、ヘルニアや息切れを改善する。

ゴールデンメイドゥンヘアー　Golden Maiden-hair
性質と効能はメイドゥンヘアーと同じである。脾臓の状態を改善する。焼いて灰からつくった灰汁は抜け毛を予防する。

アグリモニー　Agrimony
1度の熱と乾。固める作用があり、肝臓の障害を治し、尿ではなく血液の除去を助け、内臓の傷を改善し、閉塞を開く。外用では古いできものや潰瘍などを治す。内服では黄疸と脾臓を改善する。これか次項のハーブ1ドラムを白ワインで内服するか、葉を白ワインで煮て煎じ汁をのむ。

チェストツリー　Chaste-tree
3度の熱と乾。ガスを排出し、精子を減らし、1枚服用するだけで貞操を導く。直接あてることで陰嚢の腫れを引かせ、頭痛と無気力を改善

する。

ウッドソレル　Wood Sorrel
他のカタバミと同じ性質があり、より強心作用が強い。血液を冷やし、口の中の潰瘍や、肺・傷・潰瘍への熱い体液がたまるのを改善する。

バーベインマロウ　Vervain Mallow
下痢を改善する。

ガーリック　Garlick
4度の熱と乾。胃を傷つける。視力を低下させ、きれいな肌を損ない、毒に抵抗し、歯痛をやわらげ、狂犬や毒のある生き物にかまれた際に有効である。潰瘍やかったいを改善し、排尿を促し、開く作用がとても強いのでむくみに効く。

マーシュマロウ　Marshmallows
適度にあたためる性質があり、他のマロウよりも乾かす性質が強い。消化を助け、痛みを抑え、結石や脇腹の痛みをやわらげる。根にも効能があり、その項目に記したのと同じように使うとよい。また根と併用するとさらに効果が高い。

チックウィード　Chickweed
冷やして湿らせる性質で、固める作用はない。できものを治し、腱を落ち着かせるゆえに萎縮した腱に効果がある。膿瘍、硬いできものを治し、手足の疥癬を改善する。

レディズマントル　Ladie's Mantle
2度（あるいは3度とも）の熱と乾。外用すると傷を治し、女性の乳房が垂れるのを防ぐ。内服すると傷やヘルニアを改善し、吐き気を抑え、

冷えと湿りにより流産しがちな女性に対してとても有効である。

プリベット　Privet
　固める作用があり、口の中の潰瘍を改善し、やけどに効果があり、神経と腱を守る。口の潰瘍には白ワインで煮た液でうがいをし、やけどには豚脂で煮た液をつける。

マージョラム　Marjoram
　2度の熱と乾。3度という説もある。脳の冷たい疾患に対するすぐれた治療薬で、内服すると深い悲嘆をなだめ、腹部の痛みをやわらげ、排尿を促す。一度に粉を1ドラムのむ。油か軟膏として外用すると、萎縮した腱をやわらげる。脱臼や、冷えから生じる痛みやできもの全般にも効果がある。

アンジェリカ　Angelica
　3度の熱と乾。開いて消化し、薄め、心臓を強化し、下痢と食欲不振を改善する。毒と感染症に対抗し、月経と後産を促す。一度に粉を1ドラムのむとよい。

ピンパーネル（雄性と雌性）　Pimpernel, male and female
　あたためて乾かす性質である。乾燥させる作用がとても強いので、体に刺さったとげや異物を引きだし、視力を改善し、潰瘍を浄化し、肝臓と腎臓の障害を改善する。

ディル　Dill
　2度の熱と乾。吐き気を抑え、しゃっくりを止め、できものを治す。排尿を促し、子宮の発作の症状を改善し、体液を消化する。

セロリ　Smallage
　広く使われている。すべてのオランダミツバ属がアピウムという名前で呼ばれるが、これはその一種である。パースリーよりもあたためて乾かす性質が強く、より効果が強い。肝臓と脾臓の詰まりをとり、血液を浄化し、月経を促し、冷えた胃が食事を消化するのを助け、黄疸に効果がある。セロリもヤエムグラも朝のスープによく使われる。

グースグラス、クリーバーズ　Goose-grass, Cleavers
　わずかにあたためて乾かす性質で、浄化作用がある。毒のある生き物にかまれた際に効果があり、太りすぎを抑え、黄疸を改善し、下血を止め、新しい傷を治す。

ウッドルーフ　Wood-roof
　心臓を活気づけ、陽気な気分にさせ、憂鬱を改善し、肝臓の詰まりをとる。

コロンバイン　Columbines
　喉の腫れを引かせる。乾かして固める性質がある。

シルバーウィード、ワイルドタンジー　Silver-weed, Wild Tansy
　ほぼ3度の冷と乾。下痢と月経を止め、潰瘍、結石、内臓の傷に効果がある。腹部の締めつける痛みをやわらげ、ぐらつく歯を安定させる。外用するとそばかす・水疱・日焼けをとる。炎症を消し、手首に結ぶとおこりの激しい発作を止める。

ソウブレッド　Sow-bread
　3度の熱と乾。危険な排出作用がある。軟膏で外用するとそばかす・日焼け・天然痘の跡をとる。妊婦には危険である。

バースワート　Birth-wort, long and round
　根の項を参照。

マグワート　Mugwort
　2度の熱と乾。固める作用がある。女性に適切なハーブである。月経をもたらし、分娩と後産を促し、子宮の痛みをやわらげる。一度に1ドラムを服用する。

アスパラガス　Asparagus
　根の項を参照。

アサラバッカ　Asarabacca
　あたためて乾かす性質がある。吐き気をもたらし、排尿を促し、むくみに有効である。メースかシナモンで中和される。

アレック　Orach, Arrach
　1度の冷で2度の湿。腹部をゆるめる。子宮の発作やその他の異常に推奨できる治療薬であり、ラテン語ではブルバリヤと呼ばれる。

マウスイヤー　Mouse-ear
　あたためて乾かす性質があり、固める作用を持つ。体表や内臓の傷、ヘルニアを治す。液汁に浸した刃物は、刃先をまわさずとも鉄を簡単に切る。脾臓の腫れや、咳と肺病も改善する。

ハウスリーク　Houseleek, Sengreen
　3度の冷。帯状疱疹やその他の潜行性の潰瘍・炎症・丹毒・錯乱に有効である。その汁液に体を浸すか、葉の表皮を患部につけると、爪先のうおのめを冷やしてとる。下痢を止め、やけどを改善する。

バードック　The Burdock

　冷やして乾かす性質で、腱の萎縮に効果がある。膀胱の痛みをやわらげ、排尿を促す。女性の頭頂につけると子宮を引きあげ、足の裏にあてると引きさげるので、賢明なる男性が使えば、子宮の収縮・下降・位置異常に対するすぐれた治療となる。

黒と白と赤のビーツ　Beets, white, black, red

　黒いビーツについては何も知らない。白いビーツは赤いビーツよりも冷やして湿らせる性質がある。どちらも腹部をゆるめるが、栄養はほとんどない。白いビーツは便通を促し、より浄化作用が強く、肝臓と脾臓の詰まりをとり、めまいを改善する。赤いビーツは下痢を止め、月経の不正出血を改善し、黄疸に有効である。

アベンス　Avens

　あたためて乾かす性質があり、胃のさしこみや脇腹のさしこみをやわらげ、あらゆる部位の血液の凝固を解消する。

ウッドベトニー　Common or Wood Betony

　２度の熱と乾。てんかんや冷たさからくる頭痛全般を改善し、乳房と肺を浄化する。肝臓と脾臓の詰まりをとり、くる病を治す。食欲を増進させ、苦いげっぷを止め、排尿を促し、結石を砕き、腎臓と膀胱の痛みをやわらげる。けいれんとひきつけを改善し、毒に抵抗し、痛風を改善し、血液・錯乱・頭痛をとり、寄生虫を殺し、傷を回復させ、出産後の女性を浄化する。一度に１ドラムを白ワインか、悩まされている疾患に応じて適切な酒でのむとよい。

ポールズ・ベトニー　Paul's Betony, Male Lleullin

　きわめて穏やかで、頭から目に体液が流れこんでたまるのを防ぎ、傷に有効で、潰瘍を改善する。

クローブジリフラワー　Clove Gilliflowers
　花の項を参照。

デイジー　Daisies
　２度の冷と湿。熱により生じる痛みやできもの全般をやわらげる。浣腸として使うと腹部をゆるめる。陰嚢の発熱と炎症に有効で、傷やあざを治す。肺や血液の傷や炎症にすぐれた効果がある。

ボリジ　Borage
　あたためて湿らす性質で、心臓を落ち着かせ、精気を活発にし、悲しみや憂鬱を吹き飛ばす。固める作用も緩下作用が強い。卒倒やめまいを改善し、よい血液をつくり、消耗・錯乱・疾患による不調を改善する。

グッドヘンリー　Good Henry, all good
　あたためて乾かす性質があり、浄化と洗浄作用がある。内服すると腹部をゆるめる。外用すると古いできものや潰瘍を浄化する。

オークオブエルサレム　Oak of Jerusalem
　２度の熱と乾。息切れを改善し、大量の濃い粘液を切る。布地のあいだに置けば蛾から守り、甘い香りをつける。

白と黒のブライオニィ　Briony, white and black
　どちらも３度の熱と乾。激しい排出作用があるが、むくみ・めまい・てんかんなどにはすぐれた薬効がある。強力で厄介な排出薬であり、未熟な者に扱わせてはならない。軟膏として外用すれば、顔のそばかす・しわ・水疱・傷・しみなどをとる。

シェパーズパース　Shepherd's Purse
　冷やして乾かす性質なのは明らかである。固める作用があり、血液、

月経を止める。また炎症を冷やす。

ビューグロス　Bugloss
効能はボリジと同じである。

ビューグル　Bugle, Middle Comfrey
適度にあたためるが、乾かす性質は強く、凝固した血液を溶かすため、転落や内臓の傷にすぐれた効果がある。傷めた内臓を癒やし、くる病や他の肝臓の詰まりを改善する。外用すると、傷・潰瘍・壊疽・瘻孔を治す効果にすぐれ、骨折や脱臼も改善する。内服の際には一度に粉を1ドラムのむか、その煎じ汁を白ワインでのむ。豚脂を混ぜて軟膏にすれば、新しい傷に効果がある。

ツゲ　Box tree
あたためて乾かす性質で、固める作用があり、狂犬にかまれた際に有用である。内服するか、煮たものを外用する。馬のボッツ症を治す効能もある。

マウンテン、カラミント　Mountain and Water Calamint
3度の熱と乾。排尿と月経を促し、分娩を速めて後産を促し、けいれん・ひきつけ・呼吸困難を改善し、寄生虫を殺し、むくみを改善する。外用すると、首や脇の凝りを楽にする。一度に半ドラムが適量である。

ポットマリーゴールド　Marigolds
2度の熱。湿らせる性質があり、腹部をゆるめる作用がある。汁液を口に含むと歯痛をやわらげ、少量の酢と混ぜた液をつければ炎症や熱を持った腫れをとり去る。

ハニーサックルズ　Honey-suckles

あたためる性質があり、口の中や喉の炎症にはいっさい効果がない。葉を1枚口に含んでかむと、喉の腫れを治すどころかただれさせることが実感できるだろう。排尿を促し、すばやい分娩を導くが、不妊をもたらし、妊娠を妨げる。外用すると潰瘍を乾燥させ、顔の水疱・日焼け・そばかすを浄化する。

グラウンドセル　Groundsell

冷やして湿らせる性質がある。腹部のさしこみや締めつける痛みをやわらげ、乏尿を改善し、腎臓を浄化し、黄胆汁や刺激的な体液を排出する。通常はスグリの実とともに水で煮て食べる。健康的で害のない排出薬である。外用すると、女性の乳房の腫れと炎症をやわらげ、関節・神経・腱の炎症を抑える。

アワレディスシスル　Our Lady's Thistles

サントリソウよりもはるかに穏やかな性質で、肝臓の閉塞を開き、黄疸とむくみを改善し、排尿を促し、結石を砕く。

ブレストシスル　Blessed Thistle

2度の熱と乾。浄化して開く作用がある。めまいや難聴を改善し、記憶力を強め、腹部を締めつける痛みをやわらげる。寄生虫を殺し、発汗を促し、毒を排出し、肝臓の炎症を抑え、感染症と性病にとても有効である。外用すると、感染性のできものをつぶし、熱を持った腫れを抑え、狂犬や毒のある生き物にかまれた際に有効で、潰瘍を治す。シスルのミルク酒さえつくることができれば、その使い方を知っているはずだ。

アベンス、ハーブ・ボネット　Avens, Herb Bonet

あたためて乾かす性質である。さしこみ・胃のただれ・脇腹のさしこみ・肝臓の詰まり・擦り傷を改善する。

ネップ、キャットミント　Nep, Catmints
　効能はトウバナと同じ。

ホーステイル　Horse-tail
　固めて乾かす作用があり、傷を治し、萎縮した腱に対するすぐれた治療薬となる。鼻出血・けがによる出血を確実に止める。月経や下痢を止め、腎臓と膀胱の潰瘍・咳・肺の潰瘍・呼吸困難を改善する。

コールワート、キャベツ　Cole-wort, Cabbages, garden and wild
　乾かして固める作用があり、視力のかすみをとる。脾臓の状態を改善し、酔いを防ぎ、酒の悪影響をとる。月経を促す。

セントーリー　Centaury, the greater and less
　大型のセントーリーは傷の治療に驚くべき効果がある。根の項を参照。小型のセントーリーは黄疸をすばやく改善し、肝臓・胆嚢・脾臓の詰まりをとる。黄胆汁を排出し、痛風を改善し、視野をはっきりさせ、胃をきれいにし、むくみと萎黄病を改善する。有用なのは先端と花だけで、粉にしたものか、あるいは半つかみ分をミルク酒で煮たものを一度に1ドラムのむとよい。

ノットグラス　Knotgrass
　2度の冷。喀血などの血液の流出を抑え、月経や下血・吐血・痔・腎臓の化膿・背中と関節の障害・陰部の炎症・乏尿などを改善する。ブタが食事を食べなくなったときにもすぐれた効果がある。唯一の使い方は煮ることで、ハーブの最盛期である7月の終わりから8月の初めにかけて摘みとり、乾燥させれば、1年中保存できる。

チャービル　Common and Great Chervil
　適度にあたためて乾かす性質である。排尿を促し、性欲をかきたて、

心臓を落ち着かせる。高齢者に有用である。胸膜炎と脇腹の痛みを改善する。

ブルックライム　Brooklime
あたためて乾かす性質があるが、クレソンほどではない。馬の皮膚病を治す。クレソンの項を参照。

スプリーンワート　Spleenwort
適度にあたためる性質を持つ。脾臓を消耗させて、すり減らす。これを食べさせたブタを殺してみると、脾臓がまったくなかったという。黒胆汁質の人々にすぐれた効果があり、痛みを伴う排尿障害を改善し、膀胱の結石を砕く。煎じ汁をのむとよい。ただし熱を加えると効能が減ってしまうので、ごく弱火であたため、そのあと冷やすときはきちんと蓋をしてから濾すのがよい。これは、同じような性質を持つ薬草すべてにあてはまる基本原則である。

カモミール　Garden and Wild Camomile
栽培種は1度の熱と乾。膀胱の結石に対しては、あらゆるハーブの中で最もすぐれた薬となる。白ワインで煮た煎じ汁をのむか、汁液を注射器で膀胱に直接注入する。ガスを排出し、げっぷを止め、月経を強力に促す。汁液を入れて入浴すると、脇腹の痛みや、腹部の締めつけるような痛みやさしこみをやわらげる。

ジャーマンダー　Germander
3度の熱と乾。濃い体液を切り、肝臓と脾臓の詰まりをとる。咳や息切れ、痛みを伴う排尿障害と尿閉を改善し、月経を促す。一度に半ドラムのめば充分である。

セランダイン　Celandine, both sorts

　小型のレッサー・セランダインは〝痔の草〟と呼ばれる。あたためて乾かす性質があり、すりつぶして患部につければ痔を改善する。大型のセランダインもあたためて乾かす性質があり（3度と言われる）、いかようにも使える。汁液を油にしても軟膏にしても、視力を保ち、目にとってすぐれた保護剤となる。

アーティチョーク　Artichokes

　性欲をかきたて、尿により排出する。

サッコリー　Succory

　2度の冷と乾。浄化と開く作用がある。肝臓の熱を冷やし、黄疸や高熱に効果がある。陰部の擦過傷や熱を持った胃を改善し、外用すると目の熱い粘液を減らす。

ヘムロック　Hemlock

　4度の冷。毒がある。外用すると、持続勃起・帯状疱疹・丹毒・創部があらわになった潰瘍全般を改善する。

ペリウィンクル　Peri-winkle

　2度の熱。やや乾かして固める作用がある。下痢・喀血・月経を止める。

コンフリー　Comfrey

　葉に根ほどの効能があるとは思わない。

ゴールデンロッド　Golden Rod

　2度の熱と乾。腎臓を浄化し、排尿を促し、腎砂をとり去る。内服すると、けが人に対してすぐれた効能を発揮するハーブで、出血を止める。

コットンウィード　Cottonweed, Cudweed, Chaffweed, Petty Cotton
　カドウィード、チャフウィード、ペティ・コットンなど、多数の英語名がある。乾かして固める性質がある。灰汁で煮たものを頭につけると、シラミよけになる。布地に挟めば蛾から守り、虫を殺し、毒のある生き物にかまれた際に効果がある。タバコのパイプで吸うと、咳や激しい頭痛をやわらげる。

クロスワート　Crosswort
　乾かして固める作用があり、内服でも外用でも内臓の傷と外傷にきわめてすぐれた効果がある。

オーピン　Orpine
　とても有効である。酢と合わせて外用すると、皮膚をきれいにする。内服すると胃と腸の激しい痛み・肺の潰瘍・下血・扁桃膿瘍を改善する。とりわけ扁桃膿瘍に対しては、他のいかなるハーブにも劣らない効能がある。その冷やす性質から、一度に大量に摂取しないよう注意する。

サムファイア　Samphire
　あたためて乾かす性質があり、排尿困難、黄疸を改善し、月経を促す。消化を助け、肝臓と脾臓の詰まりをとる。

ブルーボトル　Blue bottle, great and small
　冷やす性質のあるすぐれたハーブで、擦り傷・けが・破れた静脈を治癒へと導く。汁液を目にさすと、炎症を改善する。

ハウンズタン　Hound's Tongue
　冷やして乾かす性質がある。肛門につけると痔を改善し、傷や潰瘍を癒やし、犬にかまれた際ややけどにすばやい効果がある。

サイプレス　Cypress-tree
　熱く固める作用があり、ヘルニアやポリープと呼ばれる鼻腔で育つ肉芽を改善する。

コットンラベンダー　Lavender Cotton
　毒に抵抗し、寄生虫を殺す。

ディタニー　Dictamny, Dittany of Creet
　あたためて乾かす性質があり、胎児が死んでしまった場合は子宮の外に出し、分娩を速め、後産を促す。そのにおいだけで有害な生き物を遠ざけ、毒に対しては強い抵抗力がある。傷・銃創・毒のついた武器によるけがに対してすぐれた治療薬となり、とげや折れた骨を引きだす。用量は半ドラムから1ドラムである。

ティーズル　Teasles, garden and wild
　葉をすりつぶしてこめかみにつけると、発熱を抑え、錯乱の際の興奮を静める。液汁を耳に垂らすと中の虫を殺し、目にさすと視界をはっきりさせ、顔に塗ると赤らみとにきびをとる。

ドワーフエルダー　Dwarf Elder, Walwort
　3度の熱と乾。湿布にすると硬いできものを治し、汁液を頭に塗ると髪を黒色に戻す。葉を患部につけると、炎症・やけど・狂犬にかまれた傷を改善する。牛のスエットと混ぜたものは、痛風に対して即効性がある。内服すると排出作用が強く、むくみと痛風に効く。

バイパーズビューグロス　Viper's Bugloss
　地域によって、バイパーズ・ハーブ、スネーク・ビューグロス、ウォール・ビューグロスなど異なる名前がついている。食べると毒のある生き物にかまれたときのすぐれた治療薬となる。しばらく食べつづける

と、ヘビ・ヒキガエル・クモなどの毒がなんらかの形で体内に入っても対抗できる体になる。心臓を落ち着かせ、悲しみと憂鬱を追い払う。金持ちは花を砂糖漬けに、葉をシロップにし、貧乏人は乾燥させて保存する。どちらも宝石のように大切に保存するだろう。

ラプチャーワート　Rupture-wort, Burst-wort

〝ヘルニア草〟、あるいは〝破裂草〟という名前のとおり、内服でも外用でも併用でも、ヘルニアや破裂した箇所に効果があることがわかるだろう。結石にも有効である。

エレキャンペーン　Elecampane, Provokes urine

排尿を促す。根の項を参照。

ドッダーオブタイム　Dodder of Thyme

アマに寄生して育つネナシカズラも含む。どの種類も、それが寄生する植物の効能を持つ。たとえばブルームに寄生する種類は排尿を強烈に促し、腹部をゆるめ、アマに寄生する種類よりも湿らせる性質が強い。タイムに寄生する種類は熱と乾が３度で、アマに寄生する種類よりも閉塞を開き、脾臓の不調を改善し、黒胆汁を排出し、精気を回復させ、くる病を改善する。アマに寄生する種類は幼い子供のおこりにすぐれた効果があり、弱った胃を強化し、黄胆汁を排出し、排尿を促し、腎臓と膀胱の詰まりをとる。ネトルに寄生する種類は、排尿を促す作用がきわめて強い。その使い方は、白ワインで煮るか、他の便利な煎じ汁にしてごく短時間煮ることである。

ロケット　Rocket

３度の熱と乾。単独でこれのみを食べると頭痛をもたらし、その熱で尿を増やす。

フェンネル　Fennel
　乳母の母乳を増やす。排尿を促し、結石を砕き、腎臓の痛みをやわらげる。詰まりをとってガスを排出し、月経を促す。白ワインで煮るとよい。

ストロベリー　Strawberry
　冷やして乾かす性質で、固める作用があり、炎症・傷・喉の熱を持った疾患に対するすぐれた治療薬である。下痢と月経を止め、胃の熱と肝臓の炎症を冷やす。最もよい方法は、オオムギ湯で煮ることである。

アッシュ　Ash Tree
　葉は適度にあたためて乾かす性質があり、クサリヘビなどのヘビにかまれた際の治療薬となる。ゆるみを止め、吐き気を抑え、くる病を改善し、肝臓と脾臓の詰まりをとる。

フミトリー　Fumitory
　冷やして乾かす性質がある。開いて尿により浄化し、かゆみやかさぶたを改善し、皮膚をきれいにする。肝臓と脾臓の詰まりをとり、くる病・憂鬱症・狂気・錯乱・四日熱を改善し、腹部をゆるめ、黒胆汁を穏やかに排出し、黄胆汁を焦がす。白ワインで煮てのむのが一般的である。浄化するあるいは開く性質のものはすべて、白ワインで煮ることが推奨される。

ゴーツルー　Goat's-rue
　穏やかな性質で、毒に抵抗し、寄生虫を殺し、てんかんを改善し、感染症を拒む。粉にして、一度に1ドラムのむとよい。

レディーズベッドストロー　Ladies bed-straw
　乾かす性質と固める作用があり、血を止める。これを煮た油を疲れた旅行者に塗るとよい。内服すると、性欲をかきたてる。

ブルーム　Brooms
　２度の熱と乾。胃を浄化し開き、腎臓と膀胱の結石を砕き、萎黄病を改善する。心臓と生命精気を弱める働きがあるため、どうきや失神に悩まされている者には使用を控える。花の項を参照。

クレインズビル　Cranes-bill
　多数の種類があり、その１つがマスカタと呼ばれるものである。冷やして乾かす性質があると考えられており、熱を持った腫れを治し、そのにおいにより熱を持った脳を冷やす。

ドウブズフット　Doves-foot
　ガスによるさしこみ、腹部の痛みをやわらげ、腎臓と膀胱の結石を砕き、ヘルニアや内臓の傷に効果がある。これらはこの種類すべてに共通する効能である。

ヘッジヒソップ　Hedge Hyssop
　尿と粘液を排出するが、作用はとても乱暴である。

リバーワート　Liverwort
　冷やして乾かす性質で、肝臓や他の炎症、黄疸に有効である。

アイビー、グランドアイビー　Tree and Ground-Ivy
　アイビーは潰瘍・やけど・脾臓の悪影響を改善する。汁液を鼻から吸いこむと頭を浄化し、暴飲暴食や頭痛、酒に酔った際の悪影響に有効である。グランドアイビーはあたためて乾かす性質があり、汁液は耳鳴り・瘻孔・痛風・肝臓の詰まりを改善する。腎臓を強化して月経を止め、黄疸などの肝臓の詰まりがもたらす疾患を改善する。傷に対してもすぐれた効果がある。

カウスリップ　Cowslips
　葉は頭や関節の痛みをやわらげる。最もよく使われる花の項を参照。

ハーブトゥルーラブ、ワンベリー　Herb True-love, One-berry
　傷・落下・擦過傷・膿瘍・炎症・陰部の潰瘍に有効である。冷やす性質がとても強い。粉末を一度に半ドラムのむとよい。

ウィンドフラワー　Wind-flower
　汁液を鼻から吸いこむと頭を浄化し、潰瘍をきれいにし、乳母の母乳を増やす。軟膏として外用すると、かったいを治す。

モンクス・ルハーブ　Monk's Rhubarb
　根の項を参照。

アレクサンダーズ　Alexanders, Alisanders
　後産を促し、痛みを伴う排尿困難を改善し、ガスを排出する。内服するか、つぶして硬膏のようにして子宮につけると、月経をもたらし後産を促す。

クラリセージ　Clary
　3度の熱と乾。背中を強化し、腎臓の化膿を止め、月経を促し、冷と湿によって不妊の女性を治す。多産をもたらすが、記憶力を減退させる。一般的にはバターで焼いて食べる。ヨモギギクを入れてもよい。

刺激的なアースマート　Arsmart
　あたためて乾かす性質で、できもの全般・けがにより凝固した血液・傷跡を消す。患部につけると、一般にひょうそと呼ばれる手足の指の炎症を改善する。痛風のすぐれた治療薬で、2枚のタイルに挟んで焼き、患部につける。寝室にまくと、ノミを一網打尽にする。これはいちばん

刺激的なアースマートの効能で、内服には適さない。ほかにより穏やかな種類もあり、冷やして乾燥させる性質で、潰瘍に効き、寄生虫を殺す。

ヒソップ　Hyssop
　咳・息切れ・喘鳴を治し、肺への体液がたまる症状を改善する。浄化作用を持つ。体内の寄生虫を殺し、全身の肌の色をよくし、むくみ・脾臓・喉の腫れ・耳鳴りを改善する。

ヘンベイン　Henbane
　白いヘンベインは３度の冷、黒い一般的なヘンベインと黄色いヘンベインは４度の冷。感覚をまひさせるので、内服してはならない。外用すると、炎症や熱を持った痛風を改善する。こめかみにつけると、眠りをもたらす。

セントジョーンズワート　St.John's Wort
　最もすぐれた傷薬である。内服しても、傷に直接つけてもよい。あたためて乾かす性質で、詰まりをとり、喀血や吐血を改善し、腎臓を浄化する。月経を促し、胃腸の血管で固まった血をとり、てんかん・まひ・けいれんと関節の痛みを抑える。粉にして、あるいはつくりやすい煎じ汁にして使うとよい。

アレクサンドリア産のローレル　Laurel of Alexandria
　排尿と月経を促し、分娩を助ける。

サイアティカクレス　Sciatica Cresses
　この名は坐骨神経痛（サイアティカ）あるいは無名骨の痛風を改善する効力からついたと思われる。

セットワート、シャートワート　Setwort, Shart-wort
　すりつぶしてつけると、できもの（陰部のものも）、肛門の炎症や脱肛を改善する。

ウォード　Woad
　乾かして固める作用がある。脇腹を浸すと脾臓の痛みをやわらげ、潰瘍を浄化する。

レタス　Lettuce
　冷やして湿らせる性質があり、胃の炎症を抑える。睡眠を誘い、酔いを防ぎ、酒の悪影響をとり去る。血液を冷やし、渇きを癒やし、母乳を出させ、胆汁質の体や錯乱して興奮した者に有効である。生よりも煮て食べたほうが健康的である。

ラベンダー　Lavender
　3度の熱と乾。汁液をこめかみと額につける。またにおいをかぐと、発熱を伴わない卒倒・強硬症・てんかんに効果がある。花の項を参照。

ベイ　The Bay Tree
　あたためて乾かす性質がある。酔いを防ぎ、穏やかに固めて膀胱の疾患を改善し、ハチに刺された際に有効である。胃の痛みをやわらげ、乾かして癒やし、肝臓と脾臓の閉塞を開き、感染症に抵抗する。

マスチック　Mastich-tree
　葉も樹皮も下痢・喀血・吐血・脱肛を止める。2度の熱と乾。

ダックミート　Duckmeat
　2度の冷と湿。あたためて患部につけると、炎症・熱を持った腫れ・脱肛を改善する。

ディテンダー、ペッパーワート　Dittander, Pepperwort

〝傷の草〟とも言う。猛烈に刺激的で、患部につけると痛風にすぐれた効果がある。手に持っただけで歯痛をやわらげ、それを握った手に暗青色のしみを残す。

ラビッジ　Lovage

視界をはっきりさせ、顔の赤みやそばかすをとる。

トードフラックス　Toad-flax, Wild-flax

あたためて乾かす性質がある。腎臓と膀胱を浄化し、排尿を促す。肝臓と脾臓の詰まりをとり、それによる疾患を改善する。外用すれば、皮膚の黄色い変色と荒れをとる。

ハーツタン　Hart's-tongue

乾燥させて固める作用がある。出血・月経・下痢を止め、肝臓と脾臓の詰まりをとり、それにより生じる疾患を治す。

シー・ビューグロス　Sea-bugloss, Marsh-bug-loss, Sea-Lavender

種は乾かして固める作用がとても強く、下痢と月経を止め、さしこみと痛みを伴う排尿困難を改善する。

スイート・トレフォイル　Sweet Trefoyl

穏やかな性質で、視力を妨げるものを目から穏やかにとり去り、新しい傷やヘルニアを治し、血尿や擦過傷を改善し、衣類を蛾から守る。

ホップ　Hops

開いて浄化する作用があり、排尿を促す。若芽は肝臓と脾臓の詰まりをとり、血液を浄化し、皮膚をきれいにし、かさぶたとかゆみをとり、おこりを治し、黄胆汁を排出する。通常は煮てアスパラガスのように食

べるが、保存したいときは砂糖漬けにするかシロップにするとよい。

メース　Macis
皮の項を参照。

マスターワート　Masterwort
3度の熱と乾。毒・感染症・腐敗してよどんだ空気に効果があり、胃のガスを減らし、食欲を増進させる。落下や傷、凝固した血液、狂犬にかまれた傷にとても有効である。葉を口に入れてかむと、脳から過剰な体液をとり除き、無気力や卒中を防ぐ。

マロウ　Mallows
1度の冷と湿。野生種のマロウが最もすぐれている。毒のある生き物にかまれたり、ハチに刺されたりしたときに有効である。内服すると毒に抵抗し、排便を促す。外用すると陰部などの硬いできものを落ち着かせる。浣腸として使うと、内臓・膀胱・肛門の荒れやただれを改善する。煎じ汁をのむと、下血に有効である。

マンドレーク　Mandrakes
通俗的な用途には適さず、冷やすための軟膏としてのみ使われる。

ホアハウンド　Horehound
一般的なホアハウンドは2度の熱、3度の乾。肝臓と脾臓を開き、乳房と肺を浄化し、しつこい咳・脇腹の痛み・肺の潰瘍を治し、月経を促し、難産を楽にし、後産を促す。黒いホアハウンドとにおうホアハウンドは単一の種類であり、3度の熱と乾。狂犬にかまれた傷を治し、肛門と子宮の硬いしこりをとり、潰瘍を浄化する。

マスチック　Herb Mastich
3度の熱と乾。けいれんとひきつけに有効である。

フィーバーフュー　Feverfew
3度の熱、2度の乾。開いて排出する作用をもつ。子宮に起こりやすい疾患など、女性特有の疾患に対する特効薬であり、分娩を楽にし、そのあとに生じる異常を整える。めまいを改善し、憂鬱で悲しい思いを消す。単独で煮ても、同じ作用を持つハーブと合わせて煮てもよい。手首につけると、おこりを治す。

メリロット　Melilot
内服すると排尿を促し、結石を砕き、腎臓と膀胱を浄化し、肺の濃い粘液を切り、浄化する。液汁を目にさせば視界をはっきりさせ、耳に垂らせば痛みと耳鳴りをやわらげる。酢を混ぜた液汁を頭につけると、痛みをとる。湿布として外用すると、陰部をはじめとする各部位のできものを抑える。

バーム　Balm
あたためて乾かす性質がある。塩と混ぜて首につけると、るいれきを治し、狂犬や毒のある生き物にかまれた場合、また首を正常に保てない場合に症状を改善する。内服すると、冷えて湿った胃のすぐれた治療薬となり、心臓を活気づけ、気分を爽快にし、悲嘆や不安を消して、代わりに喜びと陽気さを生みだす。

スペアミント　Spear Mints, Garden Mints
3度の熱と乾。食欲をかきたて、胃に優しく、吐き気を抑える。月経を止め、子供の不機嫌をなだめ、胃を強化して消化を促す。外用としては狂犬にかまれた際に効果がある。ただし、妊娠を妨げる。

ウォーターミント　Water Mints

腹部の痛み・頭痛・吐き気をやわらげ、腎臓の結石と砂をとる。

マーキュリー（雄性と雌性）　Mercury, male and female

どちらも2度の熱と乾。浄化して消化する作用があり、漿液を排出して受胎を促す。

ヤロウ　Yarrow

適度に冷やして固める性質があり、傷薬となって出血を止める。汁液を鼻から吸うと出血の原因となり、そこから〝鼻血〟とも呼ばれるという説もある。下痢と月経を止め、腎臓の化膿を改善し、陰茎の炎症と擦過傷を改善し、さまざまな傷の炎症も抑える。

モス　Mosse

冷やして固める性質があるが、通常は貼りついている木の性質を帯びる。たとえばオークの木に貼りついて育つものは、乾かして固める性質が強い。これを浸したワインをのむと、吐き気と下痢を止める。

マートル　Myrtle-tree

葉は冷やす土の性質があり、乾かして固める作用があり、下痢・喀血・吐血に効果がある。月経を止める。

トゥリークルマスタード　Treacle Mustard

3度の熱と乾。激しい排出力があり、妊婦には危険である。外用すると痛風に効果がある。

タバコ　Tobacco

2度の熱と乾。浄化の性質を持つ。葉をあたためて頭につけると、しつこい頭痛とめまいにすぐれた効果があり、冷えかガスが原因の疾患で

あればその性質を変えることによって治し、首の凝りなどをとる。喘息や、肺胞に頭からの粘液がたまるなどの胸の病変を落ち着かせる。胃の痛みをやわらげ、たまったガスを減らす。火にかけてあたためたまま脇腹にあてると、腹部をゆるめ、寄生虫を殺す。同じようにして膀胱の部位にあてると結石を砕く。へそにあてると子宮の発作をたちどころにやわらげる。関節にあてれば冷たい痛みをとる。煎じ汁はかさぶたとかゆみを確実に、すばやく治す。この葉からつくった軟膏以上にすぐれた傷薬は存在しない。傷を浄化し、骨にまで達した膿を引きだし、傷の底から新しい肉を盛りあげて治す。しかもその作用はすばやい。毒が仕込まれた武器による傷が治った実例も多数ある。癰や感染性のできものに対しては、最も秀でた治療薬となる。新しい傷は即座に治す。人間だけではなく動物の潰瘍や壊疽も迅速に治すため、インドではこのハーブは神にささげられている。パイプで吸っても、ほぼ同じ効能が期待できる。疲労をとり、飢えと渇きの感覚を消し、排便を促す。インドでは食事も飲み物も持たず、この葉を少量口の中でかむだけで四日間旅をするという。体内の過剰な体液を減らし、詰まりをとる。

マネーワート、ハーブトゥペンス　Moneywort, Herb Twopence

冷やして乾かす性質で、固める作用がある。下痢を改善し、月経を止め、肺の潰瘍を改善する。外用としては、傷に対するすぐれたハーブである。

バジル　Basil

あたためて湿らす性質がある。最もすぐれた効能は、すばやい分娩をもたらすことである。一度に粉で半ドラム以上のませないようにする。また流産の危険があるので、臨月までは与えないよう注意する。

オリーブ　Olive leaves

イングランドで見つけるのは難しい。

レストハロウ　Rest Harrow
　根の項を参照。

アダーズタン　Adder's tongue
　乾かす性質がとても強い。油で煮てつくったよい香りの香膏は、新しい傷にすぐれた効果がある。内服すると、内臓の傷を改善する。

パースニップ　Parsnips
　根の項を参照。

穏やかなアースマート　Arsmart
　刺激的なアースマートの項を参照。アースマートの穏やかな種類として、その項で記している。

シンクフォイル　Cinquefoil
　乾かす作用がとても強いが、熱の程度はさほどでない。口の中の潰瘍・気管の荒れ（声がれや咳をもたらす）・下痢・進行性の潰瘍・黄疸を改善する。1枚の葉は毎日熱を、3枚なら三日熱を、4枚なら四日熱を治すと言われる。賢明な者が扱うなら、その知識がなくともおこりを治療できる。しかしそうでなければ、山ほどの量を使っても治すことはできない。

パースリー　Parsley
　セロリの項を参照。

ピーチ　Peach Leaves
　穏やかだが、黄胆汁とそれにより生じる疾患を完全に追い払う。穏やかな性質のため、子供に投与するのに適している。白ワインで煮るとよい。一度にひとつかみを入れれば充分だろう。

プランテン　Plantain

冷やして乾かす性質である。ありふれたハーブだが、軽んじてはならない。煎じ汁は内臓のつらい痛みやただれ、下血にきわめて有効で、月経を止め、喀血・肺の瘻孔や消耗・腎臓の化膿・頭痛・錯乱を治す。外用では視野を明瞭にし、炎症・かさぶた・かゆみ・帯状疱疹・進行性のできもの全般をとり、庭で育てられるハーブの中では最も健康によい。

パースレイン　Purslain

２度あるいは３度の冷と湿。熱を持った胃を冷やし、すっぱいリンゴを食べたせいで歯が浮いている際に推奨できる。血液や肝臓を冷やし、熱を持った疾患、全身の炎症に有効で、下痢と月経を止め、あらゆる内臓の炎症を改善する。

リーキ　Leeks

根の項を参照。

セルフヒール　Self-heal

適度にあたためて乾かす性質があり、固める作用がある。効能は同じなので、セイヨウキランソウの項を参照。

ペニーロイヤル　Pennyroyal

３度の熱と乾。排尿を促し、腎臓の結石を砕く。女性の背中を強化し、月経を促して、安産をもたらし、後産を促す。吐き気を止め、脳を強化し、ガスを排出し、めまいを改善する。

ラングワート　Lungwort

声がれ・咳・喘鳴・息切れなど肺の異常を改善する。ヒソップなど肺を強化する作用のあるハーブの蒸留水で煮るとよい。

フリーベイン　Fleabane
　3度の熱と乾。毒のある生き物にかまれた際、傷・腫れ・黄疸・てんかん・乏尿などを改善する。焼いて出る煙は寝室の羽虫やノミを殺す。妊婦には危険である。

野生種のペア　Wild Pear Tree
　知る限り、葉に効能はない。

ウィンターグリーン　Winter-green
　冷やして乾かす性質で、固める作用が強く、下痢、月経を止め、新しい傷にすぐれた効果がある。

オーク　The Oak Leaves
　ウィンターグリーンとよく煮た性質である。皮の項を参照。

クロウフット　Crowfoot
　キングコブ、ゴールドカップス、ゴールドノブズ、バターフラワーズなどの英語名を持つ。あたためる性質が強く、内服には適さない。根をすりつぶして感染性のできものにつけると、毒を引き寄せる顕著な作用がある。

ローズマリー　Rosemary
　2度の熱と乾。固める作用があり、下痢を止め、頭の詰まりや黄疸を改善し、記憶力を強め、ガスを排出する。花の項を参照。

ドック　Dock
　冷やして乾かす作用があり、下痢を止める。葉は薬用にはほとんど使われない。

ラズベリー　Raspis, Raspberries, Hind-berries
知る限り、葉にさしたる効能はない。

ルー　Rue, Herb of Grace
3度の熱と乾。精子を消し去るために生殖の敵であり、呼吸困難・肺の炎症・脇腹の痛み・陰茎と子宮の炎症を改善する。妊婦には禁忌である。これ以上に毒に対して抵抗力のあるハーブはない。心臓を非常に強化し、感染症に対しては最もすぐれたハーブである。服用の仕方は問わない。

サビナ　Savine
3度の熱と乾。月経を強力に促し、また分娩と後産を促し、（油で煮て軟膏にすると）進行性の潰瘍を抑え、顔のしみ・そばかす・日焼けをとる。子供の腹部に塗ると、寄生虫を殺す。

セージ　Sage
2度か3度の熱と乾。固める作用があり、流産を防ぎ、多産をもたらす。脳にとりわけすぐれた効果があり、感覚と記憶力を強め、喀血や吐血を改善する。少量の酢を加えて加熱し、脇腹につけると、さしこみや痛みをやわらげる。

ウィロー　Willow leaves
冷やして乾かす性質で固める作用があり、喀血や下痢を止める。枝を寝室につるすと驚くほど空気を冷やし、発熱した者を回復させる。葉を頭につけると、頭部の熱を持った疾患や錯乱を改善する。

サニクル　Sanicle
2度の熱と乾。傷と潰瘍を浄化する。

ソープワート、ブリーズワート　Sopewort, Brusewort
擦り傷や指を切ったときなどに広く使われるほか、性病にもよく使われる。

ウィンターセイボリー、サマーセイボリー　Savory
サマーセイボリーは３度の熱と乾。ウィンターセイボリーはそこまで熱くはない。どちらもガスを排出する。

ホワイトサキシフレイジ　White Saxifrage
ガスを排出し、さしこみと結石を改善する。

スカビアス　Scabious
２度の熱と乾。胸や肺を浄化し、しつこい咳や呼吸困難を改善する。排尿を促し、化膿した膀胱を浄化する。膿瘍をつぶし、かさぶたやかゆみを治す。白ワインで煮るとよい。

スキナンス　Squinanth
熱く、固める作用がある。血管の通りをよくして開く。間違いなく、最も強力にガスを排出するハーブである。

ウォーター・ジャーマンダー　Water-Germander
あたためて乾かす性質があり、内臓の潰瘍を浄化する。排尿と月経を促し、肝臓・脾臓・腎臓・膀胱・子宮の詰まりをとり、毒に強力に抵抗し、粘液で圧迫された乳房を落ち着かせる。

フィグワート　Figwort
首にかけるだけで、名前の由来となるスクロフラと呼ばれる、るいれきを治すと言われる。その真偽はともあれ、すりつぶして患部につけると痔を改善する。

マザーオブタイム　Mother of Thyme
　3度の熱と乾。白ワインで煮たものは月経を促し、痛みを伴う排尿障害や尿閉、腹部の締めつける痛み・ヘルニア・けいれん・肝臓の炎症・無気力・脾臓の障害を改善する。

ソロモンシール　Solomons seal
　根の項を参照。

ナイトシェイド　Nightshade
　冷やして乾かす性質が強く、固める作用がある。熟練した者の手を借りずに内服すると危険である。外用すると、帯状疱疹・丹毒・その他の炎症を改善する。

ビンドウィード　Bindweed
　2度の熱と乾。肝臓の閉塞を開き、漿液を排出するので、むくみにとても有効である。胃には有害であり、内服するときにはシナモン・ジンジャー・アニスの種などで充分に中和する必要がある。

ソウシスル　Sow Thistles, smooth and rough
　冷やす性質で水っぽいが固める作用があり、錯乱を抑える。乳母の母乳を増やし、彼女たちが育てる子供の血色をよくし、熱を持った胃の痛みをやわらげる。外用では炎症、熱を持った腫れを改善し、肛門と陰部の熱を冷やす。

フラックスウィード　Fluxweed
　あたためたり冷やしたりはせず、乾かす性質がある。通常は古い廃墟のような建物のまわりで見つかる。この名は、下痢（フラックス）を止める作用からつけられている。

フレンチラベンダー　French Lavender
　すぐれた解毒薬で、肝臓と脾臓の閉塞を開き、子宮と膀胱を浄化し、腐敗した体液を処理し、排尿を促す。

デビルズビット　Devil's-bit
　2度の熱と乾。内服すると子宮の発作をやわらげ、ガスを消し、口の中のできものや顎についた膿性の粘液をとり去る。〝耳のアーモンド〟と俗に呼ばれる、首のできものに対しては、このハーブをすりつぶしてつける以上に即効性のある治療法はない。

タンジー　Tansy
　2度の熱、3度の乾。そのにおいだけで女性の流産を止める作用がある。すりつぶしてへそにつけると、排尿を促し、痛風にとりわけ効果がある。

ダンデライオン　Dandelion
　フランス語ではダン・ド・リヨン、すなわち英語で表すなら〝ライオンの歯〟である。チコリの一種であり、その項目を参照されたい。

タイム　Thyme
　3度の熱と乾。咳と息切れを改善し、月経を促し、胎児が死んでしまった場合は子宮の外に出し、後産を促す。痰を切り、胸・肺・腎臓・子宮を浄化する。坐骨神経痛、胸の痛みをやわらげ、各部位のガスを排出し、恐怖や憂鬱、しつこい頭痛をとり去る。においをかぐことで、てんかんにも効果がある。

トーメンティル　Tormentil
　根の項を参照。

パンジー、ハーツイース　Pansies, Heart's-ease
　葉も花も冷やして湿らせる性質があり、胸と肺の炎症・けいれん・てんかんに対してすぐれた効果がある。性病に対しても有効である。

トゥレフォイル　Trefoil
　3度の乾と冷。メドウ・トレフォイルは内服でも浣腸でも、腸に貼りつく粘性の体液を浄化する。外用すると、炎症を消し去る。

コルツフット　Coltsfoot
　冷やして乾かす性質がややあるため、炎症を抑える。咳・肺病・息切れなどにすぐれた効果がある。刻んで少量のアニスの種の油と混ぜてタバコのパイプで吸うことが多く、効果をあげている。

バレリアン　Valerian, Setwall
　根の項を参照。

マレイン　Mullein, Higtaper
　乾かす性質がややある。消化と浄化作用があり、下痢を止め、痔の症状を抑え、声がれ・咳・肺気腫などを治す。

バーベイン　Vervain
　あたためて乾かす性質があり、開いて浄化し、癒やす効能が強い。黄疸・腎臓と膀胱の機能不全・頭痛を改善する。つぶして首にかけると、陰部のあらゆる疾患に効く。軟膏にすると、しつこい頭痛や錯乱の特効薬となり、皮膚をきれいにして血色をよくする。

ヴァイオレットリーブス　Violet leaves
　冷やす性質で、熱が引き起こす頭痛や錯乱を内服でも外用でもやわらげる。胃の熱や肺の炎症にも効果がある。

栽培種のヴァイン　The manured Vine
　冷やして固める性質がある。ヴァインの茎を焼いた灰で磨くと、歯は雪のように白くなる。歯は出血・下痢・胸焼け・吐き気を止め、妊婦の性欲も抑える。焼いたヴァインを粉にしてハチミツに混ぜたものでこすれば、歯は象牙のように白くなる。

スワローワート　Swallow-wort
　葉でつくった湿布は乳房と子宮のできものやただれを改善する。

メドウスイート　Meadsweet
　根の項を参照。

ネイビルワート　Navil-wort
　冷やして乾かす性質で、固める作用があるため、あらゆる炎症を抑える。かかとのあかぎれにとても効果がある。患部を液で浸すか、葉をただれた場所につけるとよい。

ネトル　Nettles
　とてもよく知られたハーブなので、漆黒の闇の中でも手探りで見つけることができるかもしれない。あたためるハーブだが、極端に熱くはない。汁液は出血を止める。性欲を増進させ、呼吸困難・胸膜炎・肺の炎症・百日咳を改善する。結石を砕く作用が強く、排尿を促し、首をまっすぐに伸ばせない者を助ける。白ワインで煮るとよい。

《花》

ボリジ、ビューグロス　Borage and Bugloss
　脳を強化し、発熱に効果がある。

カモミール　Camomile flowers
できものや腸の炎症をあたためて鎮める。ガスを消す。さしこみや結石に悩まされている者に、浣腸か液剤として与えると効果がある。

サフラン　Saffron
体を傷つける体液を体外に出し、炎症を抑える。外用すると性欲をかきたて、排尿を促す。

クローブジリフラワー　Clove Gilliflowers
感染症に抵抗し、心臓・肝臓・胃を強化し、性欲をかきたてる。

ラベンダー　Lavender-flowers
脳の冷たい症状全般・けいれん・てんかんを抑える。冷えた胃を強化し、肝臓の閉塞を開き、排尿と月経を促し、分娩と後産を促す。

ホップ　Hops
腸の詰まりをとる。その目的のためには、エールよりビールがよい。

レモンバーム　Balm-flowers
心臓と生命精気を活気づけ、胃を強化する。

ローズマリー　Rosemary-flowers
脳を非常に強化し、狂気を防ぐ。視界を明瞭にする。

ウィンタージリフラワーズ、ウォールフラワーズ
Winter-Gilliflowers or Wall-flowers
子宮の炎症を抑え、月経を促し、口の中の潰瘍を改善する。

ハニーサックルズ　Honey-suckles
　排尿を促し、脾臓の痛みをやわらげ、息がほとんどできない者に有効である。

マロウ　Mallows
　咳をやわらげる。

赤いローズ　Red Roses
　冷やして固める性質で、生命的能力と動物的能力をともに強化し、消耗を回復させて強化する。その性質は多岐にわたるので、ここではあえて簡潔にまとめる。

ヴァイオレット　Violets
　冷やして湿らせる性質がある。眠りを誘い、腹部をゆるめ、熱をさげ、炎症を抑え、黄胆汁の熱をとる。頭痛をやわらげ、気管の荒れ・喉の疾患・胸や脇腹の炎症・胸膜炎を改善し、肝臓の詰まりをとり、黄疸を改善する。

チコリ　Chicory
　エンダイブと同様に、肝臓を冷やして強化する。

ウォーターリリー　Water Lillies
　黄胆汁と熱による頭痛をやわらげ、眠りを誘い、炎症を抑え、熱を冷ます。

ザクロ　Pomegranate-flowers
　乾かして固める性質があり、下痢と月経を止める。

カウスリップ　Cowslips
　脳・感覚・記憶を大いに強化し、けいれん・てんかん・まひなどそれにかかわる疾患全般を防ぐ。

セントーリー　Centaury
　黄胆汁と大量の体液を排出して黄疸を改善し、肝臓の閉塞を開き、脾臓の痛みをやわらげる。月経・分娩・後産を促す。

エルダー　Elder flowers
　むくみを改善し、血液を浄化し、皮膚をきれいにする。肝臓と脾臓の詰まりをとり、それにより生じる疾患を治す。

ビーンズ　Bean-flowers
　皮膚をきれいにし、目に流れこむ体液を止める。

ピーチ　The Peach Tree flowers
　黄胆汁を穏やかに排出する。

ブルーム　Broom-flowers
　尿を排出し、むくみに効果がある。

　これらすべての性質は、葉とまったく同じか、ほとんど変わらないかである。
　花の使い方については、あえて記さなかった。ほとんどが砂糖漬けにするのが普通であるためで、それを朝にナツメグの量だけとるとよい。すべて乾燥して1年は保存でき、他のハーブと煮るとそれらの効能を発揮する。

《果実》

イチジク　Green Figs
　汁液は悪影響を与えると考えられているが、実のところイングランドではそれほど悩まされることはない。乾燥したフィグは咳を止め、胸を浄化し、肺の障害や息切れを改善し、腹部をゆるめ、腎臓から排出し、肝臓と脾臓の炎症を抑える。外用するとできものを消す効果がある。

マツの実　Pine-nuts
　消耗から回復させ、肺の不調を治し、痰を整える。頭痛にはまったく効果がない。

ナツメヤシ　Dates
　固める作用があり、潰瘍につけると傷の広がりを止める。弱った胃にはとてもよく、すばやく消化されて上質な栄養となる。腎臓・膀胱・子宮の不調を改善する。

スズメイヌヂシャ　Sebestens
　黄胆汁、胃の激しい熱を冷やし、舌と気管の荒れを抑え、腎臓と膀胱を冷やす。

天日干しのレーズン　Raisins of the Sun
　胸と肝臓の不調を改善し、消耗を回復させ、穏やかに浄化して排便を促す。

ウォルナット　Walnuts
　寄生虫を殺し、感染症に対抗する（乾燥させたものではなく、生のもの）。

ケイパー　Capers

食前に食べると、食欲をかきたてる。

ナツメグ　Nutmegs

脳・胃・肝臓を強化し、排尿を促し、脾臓の痛みをやわらげ、ゆるみを止める。頭痛と関節の痛みをやわらげ、体を強化し、冷えによる虚弱を消し、息を甘くする。

クローブ　Cloves

消化を助けてゆるみを止め、性欲をかきたて、視力を回復させる。

コショウ　Pepper

固める作用があり、ガスを排出してさしこみをやわらげる。冷えにより停滞する消化を速め、胃をあたためる。

ペア　Pears

胃に優しく、乾かす作用があり、下痢を改善する。

プラム　All plums

総じて刺激的ですっぱいものは固める作用が、甘いものはゆるめる作用がある。

キューカンバー　Cucumbers

胃の熱を冷ます。膀胱の潰瘍に有効である。

カボチャ　Pompions

冷やして湿らせる性質があり、栄養は少ない。外用すると排尿を促す。その果肉は炎症ややけどを治す。額につけると目の炎症を改善する。

メロン　Melons
効能は少ない。

アンズ　Apricots
胃にとても優しく、その体液を乾かす。ピーチも同様の効能を持つ。

ヒッチョウカ　Cubebs
3度の熱と乾。ガスを排出し、胃から粘性の体液を浄化し、脾臓の痛みをやわらげる。子宮の冷たい疾患を改善し、頭の粘液を浄化して脳を強化し、胃をあたためて性欲をかきたてる。

ビターアーモンド　Bitter Almonds
1度の熱、2度の乾。濃い体液を浄化して切り、肺を浄化する。毎朝食べると酔いを防ぐと言われる。

ヤマモモ　Bay-berries
熱してガスを排出し、痛みをやわらげる。子宮の不調やむくみにすぐれた効果がある。

サクランボ　Cherries
異なる味ごとに異なる性質を持つ。甘いものは消化が最も速いが、すっぱいものは熱を持った胃には最も優しく、食欲を増進させる。

メドラー　Medlars
胃を強化し、固める作用がある。熟していない青いものは、熟れたものよりも固める力が強く、乾燥させたものは生のものよりもさらに作用が強い。

オリーブ　Olives
冷やす性質と固める作用がある。

スグリ　English-currants
胃を冷やし、急性の発熱に効果がある。喉の渇きを癒やし、吐き気を抑え、黄胆汁の熱を冷やし、食欲を増進させ、顔のほてりに有効である。

サーヴィストゥリー　Services or Chockers
メドラーと同じ性質だが、効能はそれよりも弱い。

バーベリー　Barberries
喉の渇きを癒やし、黄胆汁の熱を冷やす。感染症に抵抗し、吐き気と下痢を抑え、月経を止める。寄生虫を殺し、喀血を改善し、ぐらつく歯を固定して歯茎を強化する。

ストロベリー　Strawberries
胃・肝臓・血液を冷やすが、おこりの患者にはとても有害である。

ホオズキ　Winter-Cherries
排尿を強く促し、結石を砕く。

カッシア　Cassia-fistula
性質は穏やかで、黄胆汁や痰をゆるやかに排出し、血液をきれいにし、熱をさげる。胸と肺を浄化し、腎臓を冷やして結石の出血を抑え、排尿を促すので、腎臓の化膿にきわめてすぐれた効果がある。

ミロバラン　Myrobalans
すべての種類が、胃からの排出作用を持つ。インド産のミロバランはとりわけ黒胆汁を、ほかは痰を排出する。ただし、腸の詰まりがある際

には使わないよう注意する。冷やして乾かす性質で、心臓・脳・腱・胃を強化し、感覚を落ち着かせ、震えとめまいをとり去る。単独で使われることはほとんどない。

プルーン　Prunes
冷やしてゆるめる性質がある。

タマリンド　Tamarinds
２度の冷と乾。黄胆汁を排出し、血液を冷やし、吐き気を抑える。黄疸を改善し、喉の乾を癒やし、熱を持った胃と肝臓を冷やす。

これらの使い方についても省いたのは、３歳以上の子供であればその必要はないと判断したためである。レーズンやサクランボについて、まさか誰かに食べ方をきいたりはしないだろう。

《種》

コリアンダー　Coriander seed
あたためて乾かす性質があり、ガスを排出するが、頭には有害である。不健康な蒸気を脳に送りこむため、錯乱した人には危険である。

コロハ　Fenugreek seeds
やわらげて排出する作用がある。内臓と体表の炎症を鎮める。すりつぶして酢と混ぜたものは脾臓の痛みをやわらげる。脇腹につけると、子宮の硬化と腫れを抑え、煮たあとの煎じ汁は頭のかさぶたをとる。

アマニ　Lin-seed
コロハと同じ効能を示す。

グロムウェル　Gromwell seed
　排尿を促し、さしこみをやわらげ、結石を砕き、ガスを排出する。白ワインで煮る。ただし、最初にすりつぶすこと。

ルピナス　Lupines
　脾臓の痛みをやわらげ、寄生虫を殺して体外に出す。外用すると潰瘍や壊疽を浄化し、かさぶた・かゆみ・炎症を改善する。

ディル　Dill seed
　乳母の母乳を増やし、ガスを排出し、吐き気を抑え、排尿を促す。ただし視力を低下させ、生殖の敵である。

セロリ　Smallage seed
　排尿と月経を促し、ガスを排出し、毒に抵抗する。内臓痛をやわらげ、体の各部位の詰まりをとる。ただし、てんかんの患者と妊婦には有害である。

ロケット　Rocket seed
　排尿を促し、性欲をかきたてて精子を増やし、寄生虫を殺し、脾臓の痛みをやわらげる。

バジル　Basil seed
　心臓を活気づけ、湿った胃を強化し、黒胆汁を排出し、排尿を促す。

ネトル　Nettle seed
　性欲をかきたて、子宮の詰まりをとり、脇腹と肺の炎症を抑え、胸からきれいに排出する。すりつぶして白ワインで煮る。

ビショップスウィード　The seed of Ammi, or Bishop's-weed

あたためて乾かす性質があり、排尿困難とさしこみを改善し、毒のある生き物にかまれた際に効果がある。月経を促し、子宮から排出する。

アニス　Annis seeds

あたためて乾かす性質があり、痛みをやわらげ、ガスを排出する。息を甘くし、むくみを改善し、毒に対抗する。母乳を出させて性欲をかきたて、頭痛をやわらげる。

カルダモン　Cardamons

あたためる性質がある。寄生虫を殺し、腎臓を浄化し、排尿を促す。

フェンネル　Fennel seed

ガスを消し、排尿と月経を促し、乳母の母乳を増す。

クミン　Cummin seed

あたためて乾かす性質で、固める作用がある。血液を止め、ガスを排出し、痛みをやわらげる。毒のある生き物にかまれた際に役立つ。

キャロット　Carrot seeds

ガスをため、性欲を強くかきたてて精子を増やす。排尿と月経を促し、分娩を速め、後産を促す。どの場合にも、白ワインで煮るとよい。

クロタネソウ　Nigella seeds

油で煮て額につけると、頭痛をやわらげ、かったい・かゆみ・ふけ・しらくもをとる。内服では寄生虫を殺し、排尿と月経を促し、呼吸困難を改善する。

ヒエンソウ　Stavesacre

頭についたシラミを殺す。内服には適さない。

乳香　Olibanum
　同量の去勢したブタの脂と混ぜ（最初に乳香をつぶして粉にする）、一緒に煮てつくった軟膏は、子供の頭についたシラミを殺し、シラミがつきやすい場所につかないようにする。安くて安全でたしかな効果があり、脳にはなんの副作用もない。

クレソン　The seeds of Water-cresses
　あたためる性質だが、胃と腹部を傷つける。脾臓の痛みをやわらげるものの、妊婦にはとても危険で、性欲をかきたてる。外用では、かったい・しらくも・抜け毛・癰・関節の熱を持たない潰瘍を改善する。

マスタード　Mustard seed
　あたためる性質で、薄める作用があり、脳から水分をとる。頭を剃ってマスタードを塗ると、無気力に対するすぐれた治療となる。潰瘍や口の中の硬いできものを改善し、冷えが原因のしつこい痛みをやわらげる。

フランス産のバーリー　French Barley
　冷やす性質があり、栄養を与えて母乳を増やす。

ソレル　Sorrel seeds
　毒に強く抵抗し、下痢や食欲不振を改善する。

サッコリー　Succory seed
　血液の熱を冷やし、性欲を抑え、肝臓と腸の詰まりをとる。体の熱を鎮め、血色をよくし、胃・肝臓・腎臓を強化する。

ポピー　Poppy seeds
　痛みをやわらげ、眠りをもたらす。最もよい方法は、オオムギ湯で乳液をつくることである。

マロウ　Mallow seeds
　膀胱の痛みをやわらげる。

ヒヨコマメ　Chich-pease
　ガスをため、性欲をかきたて、乳母の母乳を増やし、月経を促す。外用ではかさぶた・かゆみ・陰嚢の炎症・潰瘍などを改善する。

ホワイトサキシフレイジ　White Saxifrage seeds
　排尿を促し、ガスを排出し、結石を砕く。白ワインで煮る。

ガーデンルー　Rue seeds
　尿をためられない症状を改善する。

レタス　Lettuce seeds
　血液を冷やし、性欲を抑える。
　同様に、ウリ、キューカンバー、メロン、パースレイン、エンダイブの種は血液・胃・脾臓・腎臓を冷やし、発熱をさげる。ポピーの種と同様にして使うこと。

ワームシード　Wormseed
　ガスを排出し、寄生虫を殺す。

アッシュの翼果　Ash-tree Keys
　脇腹の痛みをやわらげ、むくみを改善し、仕事で疲れた男性を回復させ、性欲をかきたて、体を細身にする。

ピオニー　Piony seeds
　悪夢を防ぎ、子宮の発作などの不調を改善し、月経を止め、けいれんを防ぐ。

ブルーム　Broom seed
排尿を強力に促し、結石を砕く。

シトロン　Citron seeds
心臓を強化し、生命精気を活気づけ、感染症と毒に対抗する。

《しずく、酒、樹脂》

アヘンチンキ　Laudanum
あたためてやわらげる性質を持つ。血管を開き、抜け毛を防ぎ、耳の痛みをやわらげ、子宮の硬化を改善する。硬膏として外用にのみ使われる。

アサフェティダ　Assafœtida
においをかがせて子宮の発作を抑えるために広く使われている。内服すると性欲をかきたて、ガスを排出する。

ニオイベンゾイン　Benzoin or Benjamin
上質の香水の原料となる。

アロエ　Aloes
黄胆汁と痰を排出する。他の排出薬の強引な作用を抑えるため、きわめて慎重にこのハーブが併用されることがよくある。感覚の働きを保ち、理解力を高め、肝臓を強化し、黄疸を改善する。ただし、痔やおこりにはまったく効果がない。生で投与することは好まない。

マンナ　Manna
適度にあたためる性質がある。膨張作用がきわめて強く、ガスをため、

黄胆汁を穏やかに浄化し、喉と胃も浄化する。子供の場合、一度に1オンスをミルクに溶かしてのむと垢がとれ、かさぶたなどの皮膚の汚れに効果がある。

スカモニア、ディアグリディウム　Scamony or Diagridium

　いずれか好きな名前で呼ぶとよい。強烈な排出作用があり、その熱や、ガスをつくる性質、腐食・浸食作用、効果の激しさゆえに体に有害である。田舎の人々には、いっさい使わないことをすすめたい。医師たちに財布をむしばまれるのと同じくらいあっという間に、体までむしばまれてしまう。

オポパナックス　Opopanax

　あたためる性質で、やわらげて消化する作用がある。

エレミ　Gum Elemi

　頭蓋骨骨折にきわめて有効である。傷にも効果があり、その目的のために硬膏として使われる。

トラガカントゴム　Tragacanthum

　ガム・ドラゴンとも呼ばれる。咳や声がれ、肺への体液がたまる症状を改善する。

ブデリウム　Bdellium

　あたためてやわらげる性質がある。硬いできもの・ヘルニア・脇腹の痛み・腱の硬化を改善する。

ガルバヌム　Galbanum

　あたためて乾かす性質があり、排出作用がある。子宮に使うと、分娩と後産を速める。へそにつけると、俗に〝母親の発作〟と呼ばれる子宮

の収縮を抑える。患部につけると脇腹の痛みや呼吸困難を改善し、そのにおいはめまいやふらつきを改善する。

ミルラ　Myrh

あたためて乾かす性質があり、子宮を開いてやわらげ、分娩と後産を促す。内服するとしつこい咳・声がれ・脇腹の痛みを改善し、寄生虫を殺す。口臭を減らし、歯茎の異常を改善し、歯を固定する。外用すると傷を治し、潰瘍を肉芽で埋める。一度に半ドラムを服用するとよい。

マスチック　Mastich

胃を劇的に強化し、吐血や喀血を改善し、口に入れてかむと歯を固定し、歯茎を強化する。

テレビン油　Turpentine

腎臓から排出して浄化し、その化膿を改善する。

ヘンナ　Camphire

熱による頭痛をやわらげ、炎症を抑え、どの部位でもつけた場所を冷やす。

《汁液》

すべての汁液は、もとのハーブや果実と同じ効能を持つ。ここではごく一部を例にあげ、簡潔に紹介するにとどめる。

シトロン　The juice of Citrons

血液を冷やし、心臓を強化し、激しい発熱を抑える。

レモン　The juice of Lemons
　シトロンと同じ効果があるが、それほど強力ではない。

リコリス　Juice of Liquorice
　肺を強化し、咳と風邪を改善する。

《植物から育つもの》

　これらは2つを除いて紹介ずみである。その2つとは以下のとおりである。

アガリクス　Agarick
　痰・黄胆汁・黒胆汁を脳・神経・筋肉・背中の脊髄（より正確には脳）から排出し、胸・肺・肝臓・胃・脾臓・腎臓・子宮・関節を浄化する。排尿と月経を促し、寄生虫を殺し、関節の痛みをやわらげ、血色をよくする。単独で使われることはほとんどない。

ミスルトー　Misselto of the Oak
　内服しても、首にかけても、てんかんを改善する。

《動物》

ヤスデ　Millepedes
　英語で〝1000本の足〟という名前がついたのはその足の多さからだが、現実には1000本もない。すりつぶしてワインと混ぜたものは、排尿を促し、黄疸を改善する。油で煮て外用とし、耳に1滴入れると痛みをやわらげる。

クサリヘビ　Vipers

　クサリヘビの肉を食べると、視界をはっきりさせ、神経の欠陥を治し、毒に強烈に対抗する。クサリヘビにかまれたとき、そのヘビの頭ほどすぐれた治療薬となるものはない。すりつぶしてかまれた箇所につけるか、その肉を食べるか（一度に1ドラム以上は食べる必要はない）、トローチをつくって服用する。同様に、ハチやスズメバチに刺されたときには、その刺したハチをすりつぶして刺された場所にあてるのがいちばんである。

サソリ　Land Scorpion

　サソリに刺されたときには、同じようにそのサソリからつくったものをつければ治る。焼いた灰は排尿を強烈に促し、結石を砕く。

ミミズ　Earth-worms

　患部につけると神経の切断に対してすぐれた治療薬となる。排尿を促す。ミミズの粉を歯の穴に詰めると、その歯は抜ける。

アリ　Ants

　痛みなく歯を抜くには、陶製のるつぼいっぱいにアリを卵もろとも詰めて焼き、その灰をつければよい。

ウナギ　Eels

　ワインかビールに入れて殺したあとにのむと、その酒を2度とのめなくなる。

カキ　Oysters

　生きたまま感染性のできものにつけると、そこから毒を抜きだす。

クラブフィッシュ　Crab-fish
　焼いて灰にしたものを毎朝1ドラムのむと、狂犬や他の有毒な生物にかまれた際に効果がある。

ツバメ　Swallows
　ツバメを食べると視界をはっきりさせ、焼いてその灰を食べると酔いを防ぎ、直接塗りつければ喉の腫れや炎症を改善する。

バッタ　Green-hoppers
　さしこみや膀胱の痛みをやわらげる。

ヨーロッパカヤクグリ　Hedge Sparrows
　塩漬けにするか、乾燥させてそのまま食べると、結石に対するすぐれた治療法となる。

コバト　Young Pigeons
　腎臓の痛みを抑え、しぶり腹をやわらげる。

《動物に由来するもの》

スズメの脳　Brain of Sparrows
　性欲を極度にかきたてる。

ノウサギの脳　head of an Hare
　焼いて食べると震えを改善し、子供の歯茎にすりこめば歯がすぐに生えてくる。頭に塗れば、はげや抜け毛を改善する。

トビの若鳥の頭　head of a young Kite
　焼いて灰にし、毎朝それを1ドラム少量の水でのむと、痛風に対するすぐれた治療効果がある。

カニの目　Crab-eyes
　結石を砕き、腸の詰まりをとる。

キツネの肺　lungs of a Fox
　充分に乾燥させると（ただし焼いてはならない）、肺を強化する。

カモの肝臓　liver of a Duck
　下痢を止め、肝臓を強化する。

カエルの肝臓　liver of a Frog
　乾燥させて食べると、四日熱を鎮める。

カストリウム（ビーバーの分泌液）　Castoreum
　毒に対抗し、有毒な生物にかまれた際に効果がある。月経を促し、分娩と後産を促進する。ガスを排出し、痛み・うずき・けいれん・ため息・無気力を改善する。においをかぐと、子宮の発作を抑える。内服すると震え・てんかん・その他の脳と神経の異常による疾患を改善する。一度に1スクループルで充分である。

羊かヤギの膀胱　Sheep's or Goat's bladder
　焼いて、その灰をのむと糖尿病に効く。

皮をはいだネズミ　flayed Mouse
　乾燥させてつぶした粉を1回のむと頻尿を、3日連続してのめば糖尿病を改善する。

象牙　Ivory, or Elephant's tooth
　固める作用があり、おりものを止め、心臓と胃を強化し、黄疸を改善し、多産にする。

ウサギの前脚　fore-feet of an Hare
　小さな骨をつぶして粉にし、ワインでのむと、排尿を強力に促す。

ガチョウと去勢したニワトリの脂　Goose grease, and Capons grease
　どちらも柔らかくする作用を持ち、痛みを伴うできもの、子宮の硬化を改善し、痛みをやわらげる。

ヤギのスエット　suet of a Goat
　少量のサフランと混ぜたものは、痛風（とりわけ膝）にすぐれた効果がある。

クマの脂　Bears grease
　抜け毛を防ぐ。

キツネの脂　Fox grease
　耳の痛みをやわらげる。

ヘラジカのひづめ　Elk's Claws
　てんかんの特効薬である。指輪にしてはめただけで効果があるが、内服すればはるかに有効である。右後ろ足のひづめでなければならない。

ミルク　Milk
　きわめてガスをためやすい飲み物であるがゆえに、頭痛には効果がない。ただし、あらゆる部位の内臓の潰瘍・ただれ・傷・腎臓と膀胱の痛みに対してすぐれた効果がある。一方で、肝臓と脾臓の疾患・てんかん・

めまい・発熱・頭痛には逆に悪影響を与える。ヤギとロバのミルクは消耗熱・喘息・肺病に対して、牛のミルクよりもすぐれた効果がある。

乳清　Whey

　黄胆汁と黒胆汁を弱めて浄化し、憂鬱と狂気をとり去り、腸の詰まりをとる。むくみ・脾臓の詰まり・くる病・心気症的な憂鬱に悩まされている者に効果がある。それらの疾患には、それぞれの薬に乳清を混ぜあわせるとよい。外用すれば黄胆汁や黒胆汁がもたらすかさぶた・かゆみ・水疱・かったいなどの皮膚の異常を浄化する。

ハチミツ　Honey

　すぐれた浄化作用を持ち、体のあらゆる箇所の内臓の潰瘍に有用である。静脈を開き、腎臓と膀胱を浄化する。副作用はないが、すぐに黄胆汁に変換される。

ミツロウ　Wax

　柔らかくして熱を加え、できものを肉芽で覆う作用もわずかにあり、乳房で母乳が固まらないようにする。一度に10グレインをのめば、下血を止める。

ローシルク　Raw-silk

　熱を加え、乾かし、心臓を活気づけ、悲しみをとり去り、自然・生命・動物のすべての精気を落ち着かせる。

《海のもの》

鯨蝋（げいろう）　Sperma Cœti

　侵食性の潰瘍、天然痘の跡に外用すると効果がある。視野を明瞭にし、

発汗を促す。内服すると傷と神経の緊張を改善するため、産後の女性に有用である。

アンバーグリース（マッコウクジラの腸にできる分泌物） Amber-grease
　冷えが原因による異常がある際に、脳と神経をあたためて乾かし、強化する。感染症に抵抗する。

海の砂　Sea-sand
　むくみのある者を海の砂に埋めると、体の過剰な水をすべて排出させる。

アカサンゴ　Red Coral
　冷やして乾かし、固める作用があり、月経の不正出血・下血・腎臓の化膿・おりものを止め、喀血を改善し、てんかんの治療効果も認められる。体を健康に保ち、発熱を防ぐ。アカサンゴ10グレインを新生児に他の何かを口に入れる前に少量の母乳と混ぜてのませると、てんかんやけいれんを完全に予防できる。常用量は10グレインから30グレインである。

真珠　Pearls
　心臓を強化するすばらしい効能を持つ。乳母の母乳を増やし、また完全に止める。消耗から回復させる。体を健康に保ち、発熱を防ぐ。用量は10グレイン以下である。それ以上のまないのは、高価なせいではなく、害をもたらすためである。

琥珀　Amber
　あたためて乾かす性質があるため、頭の湿った疾患を治す。激しい咳・肺病・喀血・おりものを改善する。鼻血を止め、排尿困難を改善する。一度に10あるいは20グレインを服用する。

海の泡　Froth of the Sea

あたためて乾かす性質があり、かさぶた・かゆみ・かったい・やけどなどを改善する。皮膚を浄化し、排尿困難を改善する。これをつけてこすると歯を白くし、頭を洗うとはげを治して、ふさふさの髪にする。

《金属・鉱物・石》

金　Gold

性質は穏やかで、心臓と生命精気を劇的に強化する。その好例として以下に詩の1節を掲げる。

金には強心作用がある。それが理由で
あの強欲な守銭奴はかくも長く生きているのだ

けれども強心薬として、憂鬱・失神・発熱・てんかん・その他の生命精気と動物精気のどちらかに付随する異常を抑えることはたしかである。

ミョウバン　Alum

あたためて固め、排出する。潰瘍を洗い流し、ぐらつく歯を固定する。

硫黄　Brimstone

硫黄の花（精製された硫黄）は薬効がより強い。咳と痰を減らし、軟膏として外用するとかったい・かさぶた・かゆみをとる。内服では、とりわけ少量の硝石と混ぜると、黄疸を改善し、腹部の寄生虫を駆除する。鼻から吸いこむと無気力を改善する。

リサージ（金と銀） Litharge
固めて乾燥させる。潰瘍を肉芽で埋めて治す。

鉛　Lead
冷やして乾かす性質を持つ。患部につけると炎症全般を鎮め、体液を乾燥させる。

サファイア　Sapphire
感覚を鋭敏にし、有毒な生物にかまれた際に効果があり、腸の潰瘍を改善する。

エメラルド　Emerald
性欲を抑えるために、貞節な石と呼ばれる。指輪にしてはめると効果があり、てんかんやめまいを改善する。記憶力を強化し、男の奔放な情熱を抑える。

ルビー　Ruby
あるいはガーネットでもよい。性欲を抑え、感染症に対抗する。怠惰で愚かな考えを消し、陽気な気分にする。

大理石　Granite
心臓を強化するが、脳を傷つけ、怒りをもたらし、眠りを妨げる。

ダイヤモンド　Diamond
身につける者を不幸にすると言われる。

アメジスト　Amethist
身につける者を厳粛で堅実にし、泥酔や眠りすぎを防ぎ、機知をあふれさせ、狩りや戦いに有用で、頭からの蒸気を排出する。

ベゾアール　Besoar

　羊などの反芻動物の体内の結石で、強力な強心作用を持ち、害はもたらさず危険はない。内服すると発熱・感染症・肺病にきわめて有効である。この石は宝石として飾りに使われることはない。粉を有毒な生物による傷につけると、毒を排出する。

トパーズ　Topas

　沸騰した湯にこの石を入れると、冷やす性質がとても強いために両手をそこに突っこんでもやけどすることはない。だとしたら、この石に触れることで体の炎症を冷やしてくれるはずだ。

蟇石　Toadstone

　有毒な生物にかまれた場所につけると、すみやかに毒を体外に排出する。ヒキガエルが近くに置かれた蟇石を奪えば、それが正しいことが実証される。

ジャスパー（碧玉）　Jasper

　身につけると出血を止め、安産をもたらし、性欲を減退させ、発熱とむくみを抑える。

ラピス・ラズリ（青金石）　Lapis Lasuli

　内服すると黒胆汁を排出する。宝石として身につけると、陽気な気分にし、幸運と富をもたらす。

《ハーブの気質と度数》

	熱	乾	寒	湿
Acanthus			2	2
Adders Tongue	t	2		
Agrimony	2	2		
Agrimony, Water	2	2		
Alder Tree, Black			t	1
Alder Tree, Common			2	2
Alexander	3	3		
Alkanet			t	2
All Heal	3	3		
Amaranthus		2	2	
Anemone	2	2		
Angelica	2	2		
Archangel			1	1
Arrach, Garden			3	3
Arrach, Wild			3	3
Arssmart	4	4		
Artichokes	2			2
Asarabacca	3	3		
Ash-Tree	2	2		
Asparagus	t			
Avens	2	2		
Balm	2	2		
Barberry	1	1		
Barley			1	1
Bastard Rhubarb	2	2		
Bay-Tree	3	3		
Bazil, Garden	3			3
Beans			1	1
Beans, French			1	1
Bed Straw, Ladies	1	1		
Beech Tree			1	1
Beets	2	2		
Betony, Water	2			2
Betony, Wood	2	2		
Bifoil			1	1
Bilberries	1	1		
Birch Tree			2	2
Birds Foot			1	1
Bishops Weed	3	3		
Bistort	t	3		
Black Hellebore			2	4
Black Thorn			2	2
Blites			1	1
Blue Bottle			2	2
Borage			t	2
Bramble			3	1
Briony	3	3		
Brook Lime	2	2		
Broom	2	2		
Bucks Horn Plantain			2	2
Bucks Horn			2	2
Bugle	1			1
Burdock	1	1		
Burnet	t	1		
Burnet Saxifrage	3	3		
Butchers Broom	2	1		
Butter Bur	2	2		
Cabbages	t	1		
Calamint	3	3		
Caltrops, Water			3	3
Camomile	2	2		
Campion Wild			3	3
Carduus Benedictus	2	2		
Carraway	3	3		
Carrots, Wild			t	1
Celandine, Great	3	3		
Celandine, Lesser	2	2		
Centaury, Small	3	3		
Cherry-Tree	2			2
Cherries, Winter	2			2
Chervil	1			1
Chestnut Tree	2	2		
Chestnuts, Earth			3	3
Chick-pease	1			1
Chickweed			3	3
Cinquefoil	t			
Cives	4	4		
Clary, Garden			1	1
Clary, Wild			1	1
Cleavers			1	1
Clowns Wound Wort			2	2
Cocks Head	2			2
Colewort, Sea	t	1		

654

Herb					Herb				
Colts Foot	1			1	Flower de Luce	2	2		
Columbines	2			2	Fluellin			2	2
Comfrey		3	3		Fox Gloves	2	2		
Coral Wort			2	2	French Mercury	3	3		
Costmary	2	2			Fuller's Thistle			t	1
Cowslips	t				Fumatory		1	1	
Crabs Claw			1	1	Furze Bush	3	3		
Cress, Black	3	3			Garden Patience	2	2		
Cresses, Sciatica		2	2		Garden Tansy	2	3		
Cress, Water	3	3			Garden Valerian	2	2		
Croswort		2	2		Garlic	4	4		
Crowfoot	3	3			Gentian	3	2		
Cuckoo Pint	3	3			Germander	3	3		
Cucumbers			1	2	Gilliflowers	t			
Cudweed	2			2	Golden Maiden Hair	2	2		
Daises			1	2	Golden Rod	2			2
Dandelion	t	1			Gooseberry Bush		2	2	
Darnel		2	2		Gout Wort	2	2		
Devils Bit	2	2			Grass Polly			1	1
Dill	3	2			Gromwell	2	2		
Dock	t	3			Ground Ivy	1	1		
Dog Mercury	1	1			Ground Pine	2	3		
Dog's Grass	t				Garden Rue	3	4		
Dove's Foot	2	2			Groundsell	2	2		
Dragons	4	4			Hart's Tongue			1	1
Duck Weed			3	3	Hawthorn	3	3		
Elecampane	3	3			Hawk Weed		2	2	
Eim Tree		2	2		Hazel Nut	t	1		
Endive		2	2		Hearts Ease			1	2
English Tobacco	2	2			Heart Trefoil	3	3		
Eryngo	2			2	Hedge Hyssop	3	3		
Eyebright	3	3			Hedge Mustard	2	2		
Fennel	2	1			Hemlock		3	4	
Fennel, Hog's	2	1			Hemp		1	1	
Fern, Male	2	2			Henbane		1	4	
Fern, Water		1	1		Herb Robert	2			2
Fever Few	2	3			Herb True-Love			t	1
Fig Tree	2	2			Holly Holm	2	2		
Fig Wort	4	4			Honeysuckle		1	1	
Fillependula	2			2	Hops	2	2		
Flax Weed	t	3			Horehound	2	3		
Flea Wort			2	t	Horsetail			2	2

Hound's Tongue		2	2		Nep	2	2		
Houseleek			3	t	Nettles	2	2		
Hyssop	t	2			Nightshade		4	4	
Ivy	2	2			Oak, The		3	1	
Juniper Bush	3	1			Oats		1	1	
Kidney Wort			t	1	One Blade	1	1		
Knap Weed		3	3		Onions	4	4		
Knot Grass		2	2		Orchis	1	1		
Ladies Mantle	2	2			Orpine		2	2	
Ladies Smock	3	3			Parsley	3	2		
Lady's Thistle	2	2			Parsley, Macedonian	2	2		
Lavender	3	3			Parsley Pert	2	2		
Lavender Cotton	3	3			Parsnip	1	1		
Lettuce		1	3		Peach Tree			2	2
Lilly of the Valley	1	1			Pear Tree			t	1
Liquorice	t				Pearl Trefoil			2	2
Liverwort		1	1		Pellitory of Spain	3	3		
Loosestrife		1	1		Pellitory of the Wall	2	2		
Lovage	1	1			Pennyroyal	3	3		
Lung Wort		1	1		Peony	2	2		
Madder		1	1	1	Pepperwort	4	3		
Mallows			t		Periwinkle	2	1		
Maple Tree	t				Pimpernel	3	3		
Marigold	1	1			Primroses	1	1		
Masterwort	3	3			Plaintain		2	2	
Meadow Rue	3	3			Plums		1	1	1
Medlar		3	3		Pollypody	t	1		
Melancholy Thistle	2	2			Poplar Tree		1	1	1
Mellilot	1	1			Poppy		4	2	
Mint	3	3			Privet		1	1	
Miseltoe	2	2			Purslane		3	2	
Mithridate Mustard	3	3			Queen of the meadow	2	2		
Moneywort		1	1		Quince Tree		2	1	
Moonwort		1	1		Radish	3	2		
Mosses		2	1		Ragwort	2	2		
Motherwort	2	2			Rattle Grass			1	1
Mouse Ear	2	2			Rest Harrow	3	3		
Mugwort	1	2			Rhubarb	2	2		
Mulberry Tree		1	1		Rocket	3	3		
Mullein	t	1			Rosa Solis	4	4		
Mustard	4	4			Rosemary	3	3		
Nailwort	2	2			Roses	t	2		

Rupture Wort		2	1	Violets			1	1
Rye		1	1	Vipers Bugloss			t	2
Saffron	2	2		Wall Flowers	t			
Sage	2	3		Wallnut Tree	3	3		
Samphire	2		2	Wall Rue	1	1		
Sanicle	2	3		Water Flag	4	4		
Saracens Confound		2	2	Water Lily			3	3
Sauce Alone	4	4		Wheat	1	t		
Savine	3	3		White Lilies			2	2
Savory	2	2		White Saxifrage	2	2		
Scabious	2	2		Wild Majoram	2	2		
Scurvy Grass	3	3		Wild Thyme	2	2		
Self Heal	1	1		Willow Tree			2	2
Service Tree		1	1	Winter Green			3	2
Shepherd's Purse		3	3	Winter Rocket	3	3		
Silver Weed	2	3		Woad			3	3
Smallage		2	2	Wold	2	2		
Soapwort	2	2		Woodbine	1	1		
Solomon's Seal	1	1		Wood Sage	2	2		
Sorrel	1	1		Wood Sorrel			2	1
Southern Wood	1	1		Woollen Thistle	3	3		
Sow Thistle		2	1	Wormwood	1	1		
Spignel	3	2		Yarrow			2	1
Spleen Wort	1	2						
St. John's Wort	2	2						
St. Peter's Wort	2	2						
Star Thistle	2	2						
Stinking Gladwin	3	3						
Stone Crop		2	2					
Strawberries			1	1				
Succory	1	1						
Sweet Marjoram	3	3						
Tamarisk Tree	3	3						
Thistle, Cotton	2	2						
Thorough Wax		2	2					
Thyme	2	3						
Tormental	3	3						
Treacle Mustard	3	3						
Turnsole	3	3						
Tutsan		2	2					
Vervain	t	2						
Vine, The		3	1					

注) 1～4は、平均からの度数、t は平均

季節・元素・気質・人生の段階

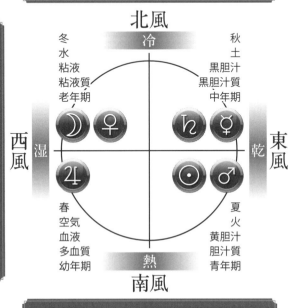

乾がその反対の湿へ変化することにより
土が水に変わる

冷がその反対の熱へ変化することにより
水が空気に変わる

熱がその反対の冷へ変化することにより
火が土に変わる

北風　冷
冬／水／粘液／粘液質／老年期
秋／土／黒胆汁／黒胆汁質／中年期
西風　湿
東風　乾
春／空気／血液／多血質／幼年期
夏／火／黄胆汁／胆汁質／青年期
南風　熱

湿がその反対の乾へ変化することにより
空気が火に変わる

♃	木星	木星は空気と血液のように熱にして湿
☉	太陽	火と黄胆汁のように熱にして乾
♂	火星	
♄	土星	土と黒胆汁のように冷にして乾
☿	水星	
☽	月	水と粘液のように冷にして湿
♀	金星	

各惑星に対応する身体部分と性質及び四体液

惑星	対応する身体部分	性質	関連付けられる体液
♄ 土星	脾臓、骨、歯、右耳	冷・乾	黒胆汁
♃ 木星	肺、肝臓、肋骨、脇腹、静脈	熱・湿	血液
♂ 火星	胆嚢、左耳	熱・乾	胆汁
♀ 金星	生殖器官、腎臓、喉、乳房	冷・湿	粘液
☿ 水星	脳、「とくにその理性的な部分」、舌、手、足、移動力	冷・乾	黒胆汁
☉ 太陽	心臓と動脈、視力と目、男性の右目、女性の左目	熱・乾	胆汁
☽ 月	脳の大部分、胃、腸、膀胱、男性の左目、女性の右目	冷・湿	粘液

12星座と対応する身体部分

星座	対応する身体部分
牡羊座	頭と首
牡牛座	首、喉
双子座	肩、腕、手、指
蟹座	胸、肋骨、肺、胃、肝臓、女性の乳房
獅子座	心臓と心膜、背中、横隔膜
乙女座	腹、腸、脾臓、胃、横隔膜
天秤座	腎臓、臀部
蠍座	生殖器官、泌尿器、臀部
射手座	腰、尾骨、大腿骨
山羊座	膝
水瓶座	脚
魚座	足、足首、つま先

原書ハーブ名と別名対応表

	原書名	タイトル	別名
A	AMARA DULCIS	アマラ・ドゥルキス	ソラヌム・ドゥルカマラ、セイヨウヤマホロシ
	ALL-HEAL	オールヒール	オポパナックス・キロニウム
	ALKANET	アルカネット	アルカンナ・ティンクトリア
	ADDER'S TONGUE, SERPENT'S TONGUE	アダーズタン、サーペンツタン	オフィオグロッスム（ハナヤスリ）属
	AGRIMONY	アグリモニー	セイヨウキンミズヒキ
	WATER AGRIMONY	ウォーターアグリモニー	タウコギ
	ALEHOOF, GROUND-IVY	エルフーフ、グランドアイビー	グレコマ・ヘデラケア、カキドオシ
	ALEXANDER	アレクサンダーズ	スミルニウム・オルサトゥルム
	THE BLACK ALDER-TREE	ブラックオルダー	ヨーロッパハンノキ
	THE COMMON ALDER-TREE	コモンオルダー	ヨーロッパハンノキ
	ANGELICA	アンジェリカ	セイヨウトウキ
	AMARANTHUS	アマランサス	
	ANEMONE	アネモネ	ウィンドフラワー
	GARDEN ARRACH	ガーデンアレック	アトゥリプレックス・ホルテンシス
	ARRACH, WILD AND STINKING	ワイルドアレック、スティンキンググーズフット	ケノポディウム・ウルウァリア
	ARCHANGEL	アークエンジェル、デッドネトル	ラミウム（オドリコソウ）属
	ARSSMART	アースマート	ポリゴヌム（タデ）属
	ASARABACCA	アサラバッカ	オウシュウサイシン
	ASPARAGUS, SPARAGUS, SPERAGE	アスパラガス	アスパラグス・オッフィキナリス
	PRICKLY ASPARAGUS, SPERAGE	プリックリーアスパラガス	アスパラグス・アフィルルス
	ASH TREE	アッシュ	セイヨウトネリコ
	AVENS, COLEWORT, HERB BONET	アベンス、コールワート、ハーブ・ボネット	ゲウム・ウルバヌム、セイヨウダイコンソウ
B	BALM	バーム、レモンバーム	メリッサ、コウスイハッカ
	BARBERRY	バーベリー	セイヨウメギ
	BARLEY	バーリー	オオムギ
	GARDEN BAZIL, SWEET BAZIL	ガーデンバジル、スイートバジル	メボウキ
	THE BAY TREE	ベイ	ローリエ、ローレル、ゲッケイジュ
	BEANS	ビーンズ	ソラマメやフジマメなど
	FRENCH BEANS	フレンチビーンズ	インゲンマメ

LADIES BED-STRAW	レディーズベッドストロー	ガリウム・ウェルム、ガリウム・パルストゥーレ
BEETS	ビーツ	ホワイトビートはテンサイ、レッドビートはテーブルビート
WATER BETONY	ウォーターベトニー	スクロフラリア・ウムブローサ
WOOD BETONY	ウッドベトニー	カッコウチョロギ
THE BEECH TREE	ビーチ	ブナ
BILBERRIES, SOME WHORTS, WHORTLE-BERRIES	ビルベリー、サムホーツ、ホートルベリー	
BIFOIL, TWABLADE	バイフォイル、トゥワブレイド	ネオッティア・オウァタ
THE BIRCH TREE	バーチ	カバノキ
BIRD'S FOOT	バーズフット	オルニトプス（ツノウマゴヤシ）属
BISHOP'S-WEED	ビショップスウィード	ドクゼリモドキ
BISTORT, SNAKEWEED	ビストート、スネイクウィード	イブキトラノオ
ONE-BLADE	ワンブレイド	マイアンテム・ビフォリウム、ヒメマイヅルソウ
THE BRAMBLE, BLACK-BERRY BUSH	ブランブル、ブラックベリー	ブラックベリー
BLITES	ブライツ	イヌビユ
BORAGE and BUGLOSS	ボリジ と ビューグロス	ボリジはルリジサ、ビューグロスはアンチューサやアルカネット、コモン・ビューグロスはアンクーサ・オッフィキナリス
BLUE-BOTTLE	ブルー・ボトル、コーンフラワー	ヤグルマギク
BRANK URSINE	ブランクアーサイン	トゲハアザミ
BRIONY, WILD VINE	ブライオニィ、ワイルドヴァイン	ブリオニア
BROOK LIME, WATER-PIMPERNEL	ブルックライム	ウェロニカ・ベッカブンガ
BUTCHER'S BROOM	ブッチャーズブルーム	ナギイカダ
BROOM	ブルーム	エニシダ
BROOM-RAPE	ブルームレイプ	オロバンケ（ハマウツボ）属,オロバンケ・ラプムゲニスタエ
BUCK'S HORN PLANTAIN	バックスホーンプランテイン	セリバオオバコ
BUCK'S HORN	バックスホーン	ラムヌス・カタルティカ
BUGLE	ビューグル	アユガ・レプタンス、セイヨウジュウニヒトエ
BURNET	バーネット	ワレモコウ属、ミツバグサ属
THE BUTTER-BUR, PETASITIS	バターバー、ペタサイティス	コルツフット、フキ
THE BURDOCK	バードック	ゴボウ

C	CABBAGE and COLEWORTS	キャベツ と　コールワート	コールワートはケールの仲間
	THE SEA COLEWORTS	シーコールワート	ハマナ
	CALAMINT, MOUNTAIN MINT	カラミント、マウンテンミント	クリノポディウム
	CAMOMILE	カモミール	カミツレ
	WATER-CALTROPS	ウォーターキャルトロップ	ヒシ
	CAMPION WILD	ワイルドキャンピオン	シラタマソウ
	CARDUUS BENEDICTUS	カルドゥウス・ベネディクトゥス	ケンタウレア・ベネディクタ、サントリソウ
	CARROTS	キャロット	ニンジン
	CARRAWAY	キャラウェイ	ヒメウイキョウ
	CELANDINE	セランダイン	クサノオウ
	THE LESSER CELANDINE, PILEWORT, FOGWORT	レッサー・セランダイン、パイルワート、フォッグワート	キクザキリュウキンカ
	CENTAURY	セントーリー	ケンタウリウム、ベニバナセンブリ
	THE CHERRY TREE	チェリー	オウトウ
	WINTER-CHERRY	ウィンターチェリー	ウィタニア・ソムニフェラ、アシュワガンダ
	CHERVIL	チャービル	セルフィーユ、ウイキョウゼリ
	SWEET CHERVIL, SWEET CICELY	スイート・チャービル、スイート・シスリー	ミルリス・オドラータ
	CHESTNUT TREE	チェスナット	クリ
	EARTH CHESTNUTS	アースチェスナッツ	コノポディウム・マユス
	CHICKWEED	チックウィード	ハコベ
	CHICK-PEASE, CICERS	チックピー	ヒヨコマメ
	CINQUEFOIL, OF FIVE-LEAVED GRASS	シンクフォイル	ポテンティルラ（キジムシロ）属
	CIVES	チャイブ	エゾネギ
	CLARY, CLEAR-EYE	クラリセージ、クリアアイ	オニサルビア
	WILD CLARY	ワイルドクラリー	サルウィア・ウィリディス
	CLEAVERS	クリーバーズ	ガリウム・アパリネ
	CLOWN'S WOODWORT	クラウンズウンドゥワート	オトメイヌゴマ
	COCK'S HEAD, RED FITCHING, MEDICK FETCH	コックスヘッド、レッドフィッチング、メディックフェッチ	オノブリキス・カプトゥガルリ
	COLUMBINES	コロンバイン	アクイゲリア、オダマキ
	COLTSFOOT	コルツフット	フキタンポポ
	COMFREY	コンフリー	ヒレハリソウ
	CORALWORT	コーラルワート	タネツケバナ
	COSTMARY, ALCOST, BALSAM HERB	コストマリー、アルコスト、バスサム・ハーブ	タナケトゥム・バルサミタ

	CUDWEED, COTTONWEED	カッドウィード、コットンウィード	ハハコグサ属やガモカエタ属
	COWSLIPS, PEAGLES	カウスリップ、ピーグルス	キバナノクリンザクラ
	CRAB'S CLAWS	クラブズクロウ	クラブズ・クロストゥラティオテス・アロイデス）
	BLACK CRESSES	ブラッククレス	クロガラシ
	SCIATICA CRESSES	サイアティカクレス	イベリス、マガリバナ
	WATER CRESSES	ウォータークレス	クレソン、オランダガラシ
	CROSSWORT	クロスワート	クルキアータ・ラエウィペス
	CROWFOOT	クロウフット	ラヌンクルス（キンポウゲ）属
	CUCKOW-POINT	カックーポイント	アルム・マクラトゥム
	CUCUMBERS	キューカンバー	キュウリ
D	DAISIES	デイジー	ヒナギク
	DANDELION, PISS-A-BEDS	ダンデライオン、ピスアベッズ	タンポポ
	DARNEL	ダーネル	ロリウム（ドクムギ）属
	DILL	ディル	イノンド
	DEVIL'S-BIT	デビルズビット	スクキサ・プラテンシス
	DOCK	ドック	スイバ
	DODDER OF THYME, EPITHYMUM and OTHER DODDERS	ドッダーオブタイムなどのドッダー類	クスクータ・エピティムムなどのクスクータ（ネナシカズラ）属
	DOG'S-GRASS, COUCH GRASS	ドッグズグラス、カウチグラス	シバムギ
	DOVE'S-FOOT, CRANE'S-BILL	ドブズフット、クレインズビル	ヤワゲフウ
	DUCK'S MEAT	ダックズミート	レムナ・ミノル、コウキクサ
	DRAGONS	ドラゴン	ドゥラコンティウム
	ELDER	エルダー	セイヨウニワトコ
	DWARF-ELDER	ドワーフエルダー	サムブクス・エブルス
E	THE ELM TREE	エルム	ニレ
	ENDIVE	エンダイブ	キクチシャ
	ELECAMPANE	エレキャンペーン	オオグルマ
	ERINGO, SEA-HOLLY	シーホーリー	エリンギウム・マリティムム、ヒイラギサイコ
	EYEBRIGHT	アイブライト	コゴメグサ
F	FERN	ファーン	シダ
	OSMOND ROYAL, WATER FERN	オズモンドロイヤル、ウォーターファーン	レガリスゼンマイ
	FEVERFEW, FEATHERFEW	フィーバーフュー、フィーザーフュー	ナツシロギク
	FENNEL	フェンネル	ウイキョウ

	SOW-FENNEL, HOG'S-FENNEL	ソーフェンネル、フォッグズフェンネル	ペウケダヌム・オッフィキナレ
	FIG-WORT, THROAT-WORT	フィグワート、スロートワート	スクロフラリア・ノドサ
	FILIPENDULA, DROP-WORT	フィリペンドゥラ、ドロップワート	フィリペンドゥラ・ウルガリス、ロクベンシモツケソウ
	THE FIG TREE	フィグ	イチジク
	THE YELLOW WATER-FLAG, FLOWER-DE-LUCE	イエローウォーターフラッグ、フラワーデュルース	キショウブ
	FLAX-WEED, TOAD-FLAX	フラックスウィード、トードフラックス	リナリア・ウルガリス、ホソバウンラン
	FLEA-WORT	フリーワート	ディットゥリキア・ウィスコーサ
	FLUXWEED	フラックスウィード	デスクライニア・ソフィア、クジラグサ
	FLOWER-DE-LUCE	フラワーデュルース	イリス、ジャーマンアイリス
	FLUELLIN, LLUELLIN	フリューエリン、リューエリン	ウェロニカ・オッフィキナリス、セイヨウグンバイヅル
	FOX-GLOVES	フォックスグローブ	ジギタリス
	FUMITORY	フミトリー	カラクサケマン
	THE FURZE BUSH	フルーズブッシュ	ゴース、ハリエニシダ
G	GARLICK	ガーリック	ニンニク
	GENTIAN, FELWORT, BALDMONY	ゲンチアナ、フェルワート、ボールドマニィ	セイヨウリンドウ
	CLOVE GILLIFLOWERS	クローブジリフラワー、クローブピンク	カーネーション
	GERMANDER	ジャーマンダー	テウクリウム（ニガクサ）属
	STINKING GLADWIN	スティンキンググラッドウィン	ミナリアヤメ
	GOLDEN ROD	ゴールデンロッド	ソリダゴ（アキノキリンソウ）属
	GOUT-WORT, HERB GERRARD	ゴートワート、ハーブジェラード	イワミツバ
	GROMEL	グロメル	リトスペルムム・オッフィキナレ、セイヨウムラサキ
	GOOSEBERRY BUSH	グズベリー	セイヨウスグリ
	WINTER-GREEN	ウィンターグリーン	ピロラ・ミノル、エゾイチヤクソウ
	GROUNDSEL	グラウンドセル	ノボロギク
H	HEART'S-EASE	ハーツイース、パンジー	サンシキスミレ
	ARTICHOKES	アーティチョーク	チョウセンアザミ
	HART'S-TONGUE	ハーツタン	コタニワタリ
	HAZEL-NUTS	ヘーゼルナッツ	セイヨウハシバミ
	HAWK-WEED	ホークウィード	ヒエラキウム・ムロルム

	HAWTHORN	ホーソーン	セイヨウサンザシ
	HEMLOCK	ヘムロック	ドクニンジン
	HEMP	ヘンプ	アサ
	HENBANE	ヘンベイン	ヒヨス
	HEDGE HYSSOP	ヘッジヒソップ	グラティオーラ・オッフィキナリス
	BLACK HELLEBORE	ブラックヘレボア、クリスマスローズ	
	HERB ROBERT	ハーブロバート	ヒメフウロ
	HERB TRUE-LOVE, ONE-BERRY	ハーブトゥルーラブ、ワンベリー	パリス・クアドゥリフォリア
	HYSSOP	ヒソップ	ヒソップ（ヤナギハッカ）
	HOP	ホップ	セイヨウカラハナソウ
	HOREHOUND	ホアハウンド	ニガハッカ
	HORSETAIL	ホーステイル	スギナ
	HOUSELEEK, SENGREEN	ハウスリーク、セングリーン	センペルヴィヴム
	HOUND'S TONGUE	ハウンズタン	キノグロッスム・オッフィキナレ
	HOLLY, HOLM, HULVER BUSH	ホーリー、ホルム、ハルバーブッシュ	セイヨウヒイラギ
	ST. JOHN'S WORT	セントジョーンズワート	セイヨウオトギリソウ
I	IVY	アイビー	ヘデラ、キヅタ
J	JUNIPER BUSH	ジュニパー	セイヨウネズ
K	KIDNEYWORT, WALL PENNYROYAL, WALL PENNYWORT	キドゥニーワート、ウォール・ペニーロイヤル、ペニーワート	ウムビリクス・ルペストゥリス
	KNAPWEED	ナップウィード	ケンタウレア（ヤグルマギク）属、コモン・ナップウィードはクロアザミ
	KNOTGRASS	ノットグラス	ミチヤナギ
L	LADIE'S MANTLE	レディスマントル	アルケミルラ
	LAVENDER	ラベンダー	ラベンダー
	LAVENDER-COTTON	コットンラベンダー	サントリナ、ワタスギギク
	LADIES-SMOCK, CUCKOW-FLOWER	レディーススモック、カッコウフラワー	ハナタネツケバナ
	LETTUCE	レタス	チシャ
	WATER LILY	ウォーターリリー	スイレン
	LILY OF THE VALLEY	リリーオブザバレー	スズラン
	WHITE LILY	ホワイトリリー	マドンナリリー
	LIQUORICE	リコリス	カンゾウ
	LIVERWORT	リバーワート	コケ類

	LOOSESTRIFE, WILLOWHERB	ルーズストライフ、ウィロウハーブ	リシマキア（オカトラノオ）属
	LOOSESTRIFE, WITH SPIKED HEADS OF FLOWERS	パープルルーズストライフ	エゾミソハギ
	LOVAGE	ラビッジ	ラビッジ
	LUNGWORT	ラングワート	ロバリア・プルモナリア、コナカブトゴケ
M	MADDER	マダー	アカネ
	MAIDEN HAIR	メイドゥンヘアー、アジアンタム	
	WALL RUE, WHITE MAIDEN-HAIR	ウォールルー、ホワイトメイドゥンヘアー	イチョウシダ
	GOLDEN MAIDEN HAIR	ゴールデンメイドゥンヘアー	ウマスギゴケ
	MALLOWS and MARSHMALLOWS	マロウ と マーシュマロウ	マロウはウスベニアオイ、マーシュマロウはウスベニタチアオイ
	MAPLE TREE	メープル	カエデ
	WIND MARJORAM	オレガノ	ワイルドマジョラム、ハナハッカ
	SWEET MARJORAM	スイートマジョラム	マジョラム、マヨラナ
	MARIGOLDS	ポットマリーゴールド、カレンデュラ	キンセンカ
	MASTERWORT	マスターワート	ペウケダヌム・オストルティウム
	SWEET MAUDLIN	スイートモードリン	スイートヤロー、アキルレア・アゲラトゥム
	THE MEDLAR	メドラー	セイヨウカリン
	MELLILOT, KING'S CLAVER	メリロット、キングズクレイバー	コシナガワハギ
	FRENCH MERCURY	フレンチマーキュリー	メルクリアリス・アンヌア
	DOG MERCURY	ドッグマーキュリー	メルクリアリス・ペルンニス
	MINT	ミント	ハッカ
	MISSELTO	ミスルトー	ヤドリギ
	MONEYWORT, HERB TWOPENCE	マネーワート、ハーブトゥペンス	コバンナスビ
	MOONWORT	ムーンワート	ボトリキウム、ハナワラビ
	MOSSES	モス	コケ
	MOTHERWORT	マザーワート	モミジバキセワタ
	MOUSE-EAR	マウスイヤー	オランダミミナグサ
	MUGWORT	マグワート	オウシュウヨモギ
	THE MULBERRY-TREE	マルベリー	クワ

	MULLEIN	マレイン	ビロードモウズイカ
	MUSTARD	マスタード	カラシ
	THE HEDGE-MUSTARD	ヘッジマスタード	カキネガラシ
N	NAILWORT, WHITLOWGRASS	ネイルワート、ウィトゥローグラス	ヒメナズナ
	NEP, CATMINT	ネップ、キャットミント	ネペタ、イヌハッカ
	NETTLES	ネトル	セイヨウイラクサ
	NIGHTSHADE	ナイトシェイド	広義にはナス科、コモンナイトシェイドはイヌホオズキなど
O	THE OAK	オーク	ナラ
	OATS	オート	カラスムギ
	ORCHIS	オルキス	ラン
	ONIONS	オニオン	タマネギ
	ORPINE	オーピン	ムラサキベンケイソウ
P	PARSLEY	パースリー	パセリ
	PARSLEY PIERT, PARSLEY BREAK-STONE	パースリー・ピアート、パースリー・ブレイク・ストーン	ノミノハゴロモグサ
	PARSNIPS	パースニップ	パースニップ
	COW PARSNIPS	カウパースニップ	ヘラクレウム・スフォンディリウム
	THE PEACH TREE	ピーチ	モモ
	THE PEAR TREE	ペア	セイヨウナシ
	PELLITORY OF SPAIN	ペリトリーオブスペイン	アナキクルス・ピレトゥルム
	PELLITORY OF THE WALL	ペリトリーオブザウォール	パリエタリア・オッフィキナリス
	PENNYROYAL	ペニーロイヤルミント	メグサハッカ
	MALE and FEMALE PEONY	メイルピオニィ と フィメイルピオニィ	メイルピオニィはパエノイア・マスクラ、フィメイルピオニィはオランダシャクヤク
	PEPPERWORT, DITTANDER	ペッパーワート、ディテンダー	レピディウム・ラティフォリウム、ベンケイナズナ
	PERIWINKLE	ペリウィンクル	ウィンカ
	ST. PETER'S WORT	セントピーターズワート	アスキルム・スタンスやヒペリクム・テトラプテルムなど
	PIMPERNEL	ピンパーネル	アナガルリス・アルウェンシス
	GROUND PINE, CHAMEPITYS	グラウンドパイン、シャミピティズ	アユガ・カマエピティス
	PLANTAIN	プランテン	オオバコ
	PLUMS	プラム	スモモ
	POLYPODY OF THE OAK	ポリポディ	オオエゾデンダ
	THE POPLAR TREE	ポプラ	

	POPPY	ポピー	ケシ
	PURSLAIN	パースレイン	スベリヒユ
	PRIMROSES	プリムローズ	サクラソウ
	PRIVET	プリベット	イボタノキ
Q	QUEEN OF THE MEADOWS, MEADOW SWEET, MEADSWEET	クイーンオブザメドウズ、メドウスイート	セイヨウナツユキソウ
	THE QUINCE TREE	クインス	マルメロ
R	RHADDISH, HORSE-RHADDISH	ラディッシュ、ホースラディッシュ	ラディッシュはハツカダイコン、ホースラディッシュはセイヨウワサビ
	RAGWORT	ラグワート	ヤコブボロギク
	RATTLE GRASS	ラトルグラス	リナントゥス（オクエゾガラガラ）属
	REST HARROW, CAMMOCK	レストハロウ、カモック	オノニス（ハリモクシュク）属
	ROCKET	ロケット	ワイルドロケットはセルバチコ（ロボウガラシ）
	WINTER-ROCKET, CRESSES	ウィンターロケット、クレス	ウィンタークレス、バルバレア、ヤマガラシ
	ROSE	ローズ	バラ
	ROSA SOLIS, SUN DEW	ロサソリス、サンデュー	モウセンゴケ
	ROSEMARY	ローズマリー	マンネンロウ
	RHUBARB, REPHONTIC	ルバーブ、リフォンティック	ショクヨウダイオウ
	GARDEN-PATIENCE, MONK'S RHUBARB	ガーデンペイシャンス、モンクス・ルバーブ	ルメックス・アルピヌス
	GREAT ROUND-LEAVED DOCK, BASTARD RHUBARB	グレイトラウンドリーブドドック、バスタードルバーブ	エゾノギシギシ
	MEADOW-RUE	メドウルー	タリクトゥルム、カラマツソウ類
	GARDEN-RUE	ガーデンルー、ルー	ヘンルーダ
	RUPTURE-WORT	ラプチャーワート	コゴメビユ
	RUSHES	ラッシュ	イグサ属
	RYE	ライ	ライムギ
S	SAFFRON	サフラン	サフラン
	SAGE	セージ	ヤクヨウサルビア
	WOOD-SAGE	ウッドセージ	テウクリウム・スコロドニア
	SOLOMON'S SEAL	ソロモンシール	アマドコロ
	SAMPHIRE	サムファイア	クリトゥムム・マリティムム
	SANICLE	サニクル	サニクラ・エウロパエア
	SARACEN'S CONFOUND, SARACEN'S WOUNDWORT	サラセンズコンファウンド、サラセンズウンドゥワート	キオン

	SAUCE-ALONE, JACK-BY-THE-HEDGE-SIDE	ソースアロン、ジャックバイザヘッジサイド	ニンニクガラシ
	WINTER and SUMMER SAVORY	ウィンターセイボリー と サマーセイボリー	
	SAVINE	サヴィン	サビナビャクシン
	THE COMMON WHITE SAXIFRAGE	ホワイトサキシフレイジ	サキシフラーガ・グラヌラータ やサキシフラーガ・パニクラータ
	BURNET SAXIFRAGE	バーネットサキシフレイジ	ピムピネラ・サキシフラーガ
	SCABIOUS, THREE SORTS	スカビアス3種（フィールドスカビアス、デヴィルズビットスカビアス、コーンスカビアス）	フィールドスカビアスはクナウティア・アルウェンシス、デヴィルズビットスカビアスはスクキサ・プラテンシス、コーンスカビアスはスカビオーサ・コルムバリア
	SCURVYGRASS	スカルビーグラス	トモシリソウ属
	SELF-HEAL	セルフヒール	ウツボグサ
	THE SERVICE-TREE	サーヴィストゥリー	ソルブス・ドメスティカ
	SHEPHERD'S PURSE	シェパーズパース	ナズナ
	SMALLAGE	スモーレッジ、セロリ	オランダミツバ
	SOPEWORT, BRUISEWORT	ソープワート、ブリーズワート	サボンソウ
	SORREL	ソレル	スイバ
	WOOD SORREL	ウッドソレル	コミヤマカタバミ
	SOW THISTLE	ソウシスル	ノゲシ
	SOUTHERN WOOD	サザンウッド	キダチヨモギ
	SPIGNEL, SPIKENARD	スピグネル、スパイクナード	メウム・アタマンティクム
	SPLEENWORT, CETERACH, HEART'S TONGUE	スプリーンワート、セトラック、ハーツタン	アスプレニウム（チャセンシダ）属
	STAR THISTLE	スターシスル	ムラサキイガヤグルマギク
	STRAWBERRY	ストロベリー	イチゴ
	SUCCORY, CHICORY	サッコリー、チコリ	キクニガナ
	STONE-CROP, PRICK-MADAM, SMALL-HOUSELEEK	ストーンクロップ、プリックマダム、スモールハウスリーク	オウシュウマンネングサ
T	ENGLISH TOBACCO	イングリッシュ・タバコ	
	THE TAMARISK TREE	タマリスク	ギョリュウ属
	GARDEN TANSY	ガーデンタンジー、タンジー	ヨモギギク
	WILD TANSY, SILVER WEED	ワイルドタンジー、シルバーウィード	ヨウシュツルキンバイ
	THISTLE	シスル	アザミ
	THE MELANCHOLY THISTLE	メランコリーシスル	キルシウム・ヘテロフィルム

	OUR LADY'S THISTLE	アワレディスシスル、ミルクシスル	マリアアザミ、オオアザミ
	THE WOOLLEN, COTTON THISTLE	ウーリン、コットンシスル	オノポルドゥム・アカンティウム、ゴロツキアザミ
	THE FULLER'S THISTLE, TEASLE	フーラーズシスル、ティーズル	ディプサクス・フルロヌム、オニナベナ
	TREACLE MUSTARD	トゥリークルマスタード	エリシムム・ケイラントイデス、エゾスズシロ
	MITHRIDATE MUSTARD	ミスリデイトマスタード	トゥラスピ・アルウェンセ、グンバイナズナ
	THE BLACK THORN, SLOE-BUSH	ブラックソーン、スローブッシュ	スピノサスモモ
	THOROUGH WAX, THOROUGH LEAF	ソローワックス、ソローリーフ	ブプレウルム・ロトゥンディフォリウム、ツキヌキサイコ
	THYME	タイム	ティムス・ウルガリス、タチジャコウソウ
	WILD THYME, OR MOTHER OF THYME	ワイルドタイム、マザーオブタイム	ティムス・セルピルルム
	TORMENTIL, SEPTFOIL	トーメンティル、セプトフォイル	タチキジムシロ
	TURNSOLE, HELIOTROPIUM	ターンソール、ヘリオトゥロピウム	ヘリオトロープ、キダチルリソウ
	MEADOW TREFOIL, HONEYSUCKLES	メドウトゥレフォイル、ハニーサックルズ	レッドクローバー、ムラサキツメクサ
	HEART TREFOIL	ハートトゥレフォイル	モンツキウマゴヤシ
	PEARL TREFOIL	パールトゥレフォイル	
	TUSTAN, PARK LEAF	タスタン、パークリーフ	ヒペリクム・アンドゥロサエムム、コボウズオトギリ
V	GARDEN VALERIAN	ガーデンバレリアン、バレリアン	セイヨウカノコソウ
	VERVAIN	バーベイン	クマツヅラ
	VINE	ヴァイン、グレープ	ブドウ
	VIOLETS	ヴァイオレット、スイートバイオレット	ニオイスミレ
	VIPER'S BUGLOSS	バイパーズビューグロス	シベナガムラサキ
W	WALL FLOWERS, WINTER GILLI-FLOWERS	ウォールフラワーズ、ウィンタージリフラワーズ	ニオイアラセイトウ
	THE WALNUT TREE	ウォルナット	クルミ
	WOLD, WELD, DYER'S WEED	ウォールド、ウェルド、ダイアーズウィード	ホソザキモクセイソウ
	WHEAT	ウィート	コムギ
	WILLOW TREE	ウィロー	ヤナギ
	WOAD	ウォード	ホソバタイセイ

	WOODBINE, HONEY-SUCKLES	ウッドゥバイン、ハニーサックルズ	ハニーサックル、ニオイニンドウ
	SEA WORMWOOD	シーワームウッド	ミブヨモギ
	ROMAN WORMWOOD	ローマンワームウッド	アルテミシア・ポンティーカ
	COMMON WORMWOOD	コモンワームウッド	ニガヨモギ
Y	YARROW, CALLED NOSE-BLEED, MILFOIL, THOUSAND-LEAF	ヤロウ	セイヨウノコギリソウ

本書に出てくる単位の換算表

1オンス……………………約30ml（ミリリットル）

1パイント…………………約500ml（リットル）

1クオート…………………約1.1ℓ（リットル）

1ガロン……………………約4.5ℓ（リットル）

1ガロン＝4クオート

1クオート＝2パイント

1グレイン…………………約0.064g（グラム）

1スクループル……………約1.3（グラム）

1ドラム……………………約4g（グラム）

1ポンド……………………約373g（グラム）

1ドラム＝3スクループル

2015年12月4日 初版第1刷発行

フェニックスシリーズ ㉛
カルペパー ハーブ事典

著　者	ニコラス・カルペパー
監修者	木村正典
訳　者	戸坂藤子
発行者	後藤康徳
発行所	パンローリング株式会社
	〒160-0023　東京都新宿区西新宿7-9-18-6F
	TEL 03-5386-7391　FAX 03-5386-7393
	http://www.panrolling.com/
	E-mail　info@panrolling.com
装　丁	パンローリング装丁室
印刷・製本	株式会社シナノ

ISBN978-4-7759-4150-8
落丁・乱丁本はお取り替えします。
また、本書の全部、または一部を複写・複製・転訳載、および磁気・光記録媒体に
入力することなどは、著作権法上の例外を除き禁じられています。

©Pan Rolling 2015　Printed in Japan

【免責事項】
本書で取り上げられたハーブの利用法は、現代では薦められないものも含まれています。
貴重な古典を再現するため、原書に忠実に翻訳していますが、実用書ではなく、あくまで
当時の知識を知るための参考文献としてお読みください。